新工科软件工程专业

卓越人才培养系列

附
微课视频

UML 与 Rose

建模实用教程 第2版

吕云翔　赵天宇◎编著

人民邮电出版社

北京

图书在版编目（ＣＩＰ）数据

UML与Rose建模实用教程 ：附微课视频 / 吕云翔，
赵天宇编著. -- 2版. -- 北京 ：人民邮电出版社，
2024.5
　（新工科软件工程专业卓越人才培养系列）
　ISBN 978-7-115-62902-9

Ⅰ．①U… Ⅱ．①吕… ②赵… Ⅲ．①面向对象语言－
程序设计－教材 Ⅳ．①TP312.8

中国国家版本馆CIP数据核字(2023)第192041号

内　容　提　要

本书介绍使用 UML 进行软件建模的基础知识以及使用 Rational Rose 进行 UML 建模的基本方法。

本书主要分为 3 部分。第一部分简要介绍软件工程的产生、发展过程等，并对面向对象方法的概念和原则加以阐释，由此推出 UML 的概念和作用，对 UML 建模的重要工具——Rational Rose 进行介绍。第二部分从 UML 概念模型出发，对每种 UML 图进行具体介绍，涵盖 UML 中的用例图、类图、对象图、包图、顺序图、协作图、状态图、活动图、组件图、部署图等。第三部分首先结合 UML 的实用过程，介绍统一软件开发过程的相关概念；然后通过小型网上书店系统、小型二手货交易系统、汽车服务管理系统 3 个具体案例，帮助读者更深刻地认识 UML 在实际开发过程中的使用。

本书既可以作为高等院校计算机与软件相关专业的教材，也可以作为软件从业人员的学习指导书。

◆ 编　著　吕云翔　赵天宇
　　责任编辑　刘　博
　　责任印制　王　郁　陈　犇
◆ 人民邮电出版社出版发行　　北京市丰台区成寿寺路 11 号
　　邮编 100164　电子邮件 315@ptpress.com.cn
　　网址 https://www.ptpress.com.cn
　　固安县铭成印刷有限公司印刷
◆ 开本：787×1092　1/16
　　印张：16.75　　　　　　　　2024 年 5 月第 2 版
　　字数：441 千字　　　　　　 2025 年 1 月河北第 3 次印刷

定价：69.80 元

读者服务热线：(010)81055256　印装质量热线：(010)81055316
反盗版热线：(010)81055315
广告经营许可证：京东市监广登字 20170147 号

前言 PREFACE

本书自 2016 年 4 月正式出版以来，经过了多次印刷，深受学校师生的喜爱，许多高校将其作为"UML 面向对象分析与设计"课程的教材，创造了良好的社会效益。但从另外一个角度来看，编者有责任和义务保证本书的质量，及时更新本书的内容，做到与时俱进。

这些年来，随着新技术的发展，即使是在前一版中已经涉及的一些内容，由于有了进一步的发展，也有必要对其做出及时的更新。本书改动内容如下。

（1）对各章的内容重新进行了梳理，弥补了其中不足之处。

（2）针对各章、节的重要知识点配备了微课视频（见表 C-1），如在讲述类图的正向工程和逆向工程时，就通过微课视频进行具体举例来辅助说明，这样能够更形象地使读者理解类图的正向工程和逆向工程。

（3）将附录中的"习题答案"改为附录 A 的"附加案例"和附录 B 的"软件设计模式及其应用"。

（4）提供完整案例的开发文档（包括软件开发计划书、需求规格说明书、软件设计说明书和测试分析报告），以及代码（见表 C-2）。这样能够让读者真正理解如何将所学的知识应用到实际的项目开发过程中。

书中部分章节带有"（＊）"的内容是为学有余力的读者提供的选学内容。

希望在进行这样的修改之后，教师和学生会更喜欢本书。本次改版将延续信息容量大、知识性强等特点，全面培养学生面向对象的开发能力和实际应用能力。

本书的编者为吕云翔、赵天宇，曾洪立也参与了部分内容的编写并进行了素材整理及配套资源制作等。

本书中的 5 个项目案例，选自编者所教授的"软件工程基础"课程的大作业。完成项目案例的团队有陈聪涌团队、李勇杰团队、刘子明团队、刘子辰团队、赵瑞琪团队，在此向他们表示衷心的感谢。此外，向对本书的编写提供过帮助的其他教师和学生也一并表示衷心的感谢。

最后，请读者不吝赐教，及时提出宝贵意见（yunxianglu@hotmail.com）。

编者
2024 年 4 月

目 录 CONTENTS

第一部分　概述

1 第1章　软件工程与面向对象方法　2

2 第2章　统一建模语言　9

3 第3章　Rational Rose 工具概述　19

6 第 6 章 类图与对象图   75

7 第 7 章 包图   106

8 第 8 章 顺序图   116

第三部分　建模过程剖析

14 第14章　统一软件开发过程　190

15 第15章　案例：小型网上书店系统　208

16 第 16 章 案例：小型二手货交易系统 218

17 第 17 章 案例：汽车服务管理系统 230

附录 A 附加案例 240

附录 B 软件设计模式及其应用 242

第一部分　概述

01

第1章 软件工程与面向对象方法

20世纪60年代中期以来，软件系统规模越来越大，系统的复杂性也不断增加。由于人们当时难以掌握软件的开发过程和开发方法，最终出现了软件危机。为了解决这一问题，软件工程的思想被提出并逐步为人们所重视，至今已取得了令人瞩目的成就。然而，由于当时主流的开发方法是结构化的分析与设计，伴随着软件工程的发展，这种方法的缺陷也逐渐暴露出来。因此，人们逐渐寻找到了一种新的开发方法——面向对象方法。自20世纪60年代后期面向对象的概念出现以来，面向对象已经发展成为一种完整的思想与方法体系并且获得了广泛应用。面向对象方法在软件开发方面呈现出的巨大优越性，使得人们将其作为解决软件危机的一个突破口。如今，面向对象方法已经延伸到软件开发的各个环节并逐步形成一个完善的机制。

1.1 软件工程简介

软件工程以系统性的、规范化的、可定量的过程化方法去开发和维护软件，并研究如何把经过时间考验而被证明正确的管理技术和当前能够得到的最好的技术方法结合起来。本节将主要介绍软件工程的发展过程、目标和原则。

1.1.1 软件工程的发展过程

从20世纪60年代中期开始，软件行业进入大发展时期。软件开始作为一种产品被使用，同时也产生了许多软件公司。然而，随着软件规模的扩大，复杂性的增加，功能的增强，使用早期的自由软件开发方式来开发高质量的软件变得越来越困难。在软件开发的过程中，经常会出现不能按时完成任务、产品质量得不到保证、工作效率低和开发经费严重超支等情况，失败的软件项目比比皆是。这一系列问题导致了"软件危机"的产生。

软件危机的出现及其日益严重的趋势，充分暴露了软件行业在早期发展过程中存在的各种各样的问题。可以说，人们对软件产品认识的不足以及对软件开发内在规律的理解偏差是软件危机出现的根本原因。为了解决软件危机，人们逐渐认识到软件产品的特性以及软件开发的内在规律，并尝试用工程化的思想去指导软件开发，于是软件工程诞生了。

1968年，在一次学术会议上，科学委员们在讨论软件的可靠性与软件危机的问题时，首次提出了"软件工程"的概念，并将其定义为"为了经济地获得可靠的和能在实际机器上高效运行的软件，而建立和使用的健全的工程原则"。这个定义肯定了工程化的思想在软件工程中的重要性，但是并没有提到软件产品的特性。

经过多年的发展，软件工程已经成为一门独立的学科，人们对软件工程也逐渐有了更全面、更科学的认识。在现代，软件工程是指应用计算机科学技术、数学和管理学的原理，运用工程学的理论、方法和技术，研究和指导软件开发和演化的一门交叉学科。它强调按照软件产品的特性，采用工程化的思想来指导软件开发，在高效的软件生产和科学的项目管理的基础上得到高质量的软件产品。

相对于其他学科而言，软件工程是一门比较"年轻"的学科，它的思想体系和理论基础还有待进一步修正和完善。软件工程学包括的内容有软件工程原理、软件工程过程、软件工程方法、软件工程模型、软件工程管理、软件工程度量、软件工程环境和软件工程应用等。

1.1.2 软件工程的目标和原则

一般来说，软件工程的目标主要包括以下 6 个。

- 使软件开发的成本能够被控制在预计的合理范围内。
- 使软件产品的各项功能和性能能够满足用户需求。
- 提高软件产品的质量。
- 提高软件产品的可靠性。
- 使生产出来的软件产品易于移植、维护、升级和使用。
- 使软件产品的开发周期能够被控制在预计的合理范围内。

为了达到上述目标，软件工程设计、工程支持以及工程管理在软件开发过程中必须遵循一些基本原则。著名软件工程专家贝姆（Boehm）综合有关意见并总结多年来软件开发的经验，提出了软件工程的 7 条基本原则。

- 用分阶段的生命周期计划进行严格的管理。
- 坚持进行阶段评审。
- 实行严格的产品控制。
- 采用现代化程序设计技术。
- 软件工程结果应能清楚地审查。
- 开发小组的人员应该少而精。
- 承认不断改进软件工程实践性的必要性。

1.2 面向对象方法简介

一切事物皆对象。通过面向对象的方式，将现实世界的事物抽象成对象，将现实世界的关系抽象成类，可以帮助人们实现对现实世界的抽象与数字建模。面向对象的概念极大地丰富了软件开发方法，这也是 UML 出现的背景和基础。本节将主要介绍面向对象的相关内容。

1.2.1 什么是面向对象方法

如今，面向对象方法（Object-Oriented Method，OOM）已深入计算机软件领域的各个分支。它不仅是一些具体的软件开发技术与策略，而且是一整套关于如何看待软件系统与现实世界的关系，用什么观点来研究问题并进行问题求解，以及如何进行软件系统构造的软件方法学。

　　面向对象方法解决问题的思路就是从客观世界固有的事物出发来构造软件系统，提倡用人类在现实生活中常用的思维方法来认识、理解和描述客观事物，强调最终建立的系统能够映射问题域，也就是说，系统中的对象以及对象之间的关系能够如实地反映问题域中的固有事物及其关系。一般来说，面向对象方法是一种运用一系列面向对象的指导软件构造的概念和原则（如类、对象、抽象、封装、继承、多态、消息等）来构造软件系统的开发方法。从本质上讲，面向对象方法是对这些概念和原则的应用。

　　面向对象的思想已经被软件开发过程的各个阶段所应用，例如，面向对象分析（Object-Oriented Analysis，OOA）、面向对象设计（Object-Oriented Design，OOD），以及面向对象程序设计（Object-Oriented Programming，OOP）。

1.2.2　面向对象方法的发展历史

　　人们普遍认为，第一门面向对象的程序设计语言（即面向对象语言）是于 1967 年诞生的 Simula 67。它由挪威计算中心（Norwegian Computing Center，NCC）的克利斯登·奈加特（Kristen Nygaard）与奥利-约翰·达尔（Ole-Johan Dahl）设计开发。尽管这门语言没有后继版本，但其首先引入了类、对象、继承等概念，对后来的许多面向对象语言的设计者产生了很大的影响。

　　面向对象技术进入实用化的标志是 20 世纪 70 年代诞生的 Smalltalk，它是由美国施乐帕洛阿尔托研究中心（Xerox Palo Alto Research Center，XPARC）的艾伦·凯（Alan Kay）设计实现的。最初的版本 Smalltalk-72 在 1972 年发布，其中正式使用了"面向对象"这个术语。XPARC 先后发布了 Smalltalk-72、Smalltalk-76 和 Smalltalk-78 等版本，直至 1980 年推出该语言完善的版本 Smalltalk-80。Smalltalk-80 的问世被认为是面向对象语言发展史上最重要的里程碑。Smalltalk-80 提供了比较完整的面向对象技术解决方案，如类、对象、抽象、封装、泛化、继承、多态等。它是第一门完善的、能够实际应用的面向对象语言。

　　20 世纪 80 年代中期到 20 世纪 90 年代，是面向对象语言走向繁荣的阶段。比较实用的面向对象语言大量涌现，如 Objective-C、C++、Eiffel 和 CLOS 等。其中诞生于 1983 年的 C++语言对面向对象技术的发展起到了重要作用。面向对象技术能够发展到今天，正是因为 C++语言的广泛应用，它使得面向对象技术真正从实验室阶段走到了商业化阶段，当今的 Java、C#等面向对象语言都有 C++的影子。

　　20 世纪 80 年代末到 20 世纪 90 年代初，随着软件工程技术的日益成熟，面向对象的软件工程也得到了迅速发展，面向对象方法从编程发展到设计、分析，进而发展到整个软件生命周期。在此期间，大量关于面向对象方法的著作问世，并各有自己的一套概念、定义、表示法、术语和适用的开发过程。于是它们之间出现了许多差异，这给使用者带来了很大的困惑。一些人尝试将各种方法中使用的各种概念进行统一，最终由格雷迪·布奇（Grady Booch）、詹姆斯·朗博（James Rumbaugh）和伊瓦尔·雅各布森（Ivar Jacobson）发起的统一建模语言（Unified Modeling Language，UML）在 1997 年 11 月被对象管理组织（Object Management Group，OMG）全体成员一致通过，并被采纳为标准。UML 的产生标志着面向对象方法学的统一，从而为面向对象方法的应用扫除了最后一个障碍。

1.2.3　面向对象方法的基本概念

　　面向对象方法以类和对象作为核心，并存在着很多与之相关的原则。面向对象的这些基本概念决定了面向对象方法的本质特征。使用这些概念并遵循相关原则，才是真正符合面向对象思想的解决方案。下面对这些概念进行介绍。

1. **对象**

对象（Object）有着广泛的含义，难以被精确地定义。一般来说，世界上万事万物都可以看作对象。这些现实中的实体又被称作客观对象。可以抽象客观对象某些属性和方法来研究在某个问题或场景中的性质，这被称为问题对象。抽象出来的问题对象通过封装等过程成为计算机中含有数据和操作的集合体，这被称为计算机对象。3 种对象之间的关系如图 1-1 所示。

图1-1　3种对象之间的关系

一个对象应该是一个具有状态、行为和标识符的实体，并且对象之间往往可以通过通信互相交互。一般来说，对象有下列 4 个特性。

- 自治性：对象有一定的独立处理问题的能力，且对象自身的状态变化是不直接受到外界影响的。
- 封闭性：对象是相对封闭的。外界只能通过发送消息来对对象施加影响，无法直接对其进行修改。对象隐藏了属性与操作的实现方法，只有操作声明对外可见。
- 通信性：对象具有能与其他对象进行通信的能力。具体来说，就是对象能向其他对象发送消息，也能接收其他对象发送来的消息。对象通过通信来建立联系，并协作完成系统的某项任务。
- 被动性：虽然对象自身状态变化不受外界的直接影响，但是对象的存在和状态转换都是由外界驱动的。即对象只有在接收到外界消息后，自身才可以进行某种转换。

2. **类**

对象是存在于某个时空的具体实体，而类（Class）则是拥有共同的结构、行为和语义的一组对象的抽象。例如，我们可以定义一个"哺乳动物"类，则所有满足全身披毛、恒温胎生、体内有膈的脊椎动物对象都属于该类。类可以作为对象的一种描述机制，用来刻画一组对象的公共属性与公共行为，也可以作为程序的一个单位，用来形成程序中更大的模块。

与对象相似，类也应该具有数据、操作及标识符，并且类之间通过接口使一些操作对外可见。一般来说，类可以从以下 4 个角度来理解。

- 类是面向对象程序中的构造单位。一个面向对象程序就是一组相关的类。
- 类是面向对象语言的基本成分。在面向对象语言中，类内的成分是无法单独构成程序的，程序应该至少包含一个完整的类。
- 类是抽象数据类型的具体表现。类可以表示一种数据类型的抽象并给出具体的数据结构表示与操作的实现方法。
- 类刻画了一组相似对象的共同特性。在面向对象程序运行时，对象是根据类的定义而创建的，同类的对象具有相同的属性与操作。对象又被称为类的实例。

3. **抽象**

抽象（Abstraction）就是揭示一个事物区别于其他事物的本质特征，去除从某一个角度看来不重要的细节的行为。抽象是一个分析与理解问题的过程，它取决于使用者的目的，应该包括使用者所需要的那些问题，而忽略掉其他不相关的部分。因此抽象过程并没有唯一的答案，同一个实体在不同的场景中可能有不同的抽象。从对象到类的过程就是抽象的过程，即将所见到的具体实体抽象成概念，从而可以在计算机中对其进行描述并采取各种操作。

在面向对象中，抽象具有静态的属性与动态的属性。例如，一个文件对象有文件名与文件内容，这些是静态的属性。而在对象的生命周期中，这些属性的值是动态的——文件名与内容都可能被改变，这些就被抽象为对象的操作。

4. 封装

封装（Encapsulation），即对其用户隐藏对象的属性和实现细节，仅对外公开接口，并控制程序中属性的读和修改的访问级别。封装是软件模块化思想的体现，其目的是增强安全性和简化编程，使用者不必了解具体的实现细节，而只需通过外部接口以特定的访问权限来使用类的成员即可。简单来说，封装强调两个概念，即独立和封闭。

- 独立是指对象是一个不可分割的整体，它集成了事物全部的属性和操作，并且它的存在不依赖于外部事物。
- 封闭是指与外部的事物通信时，对象要尽量地隐藏其内部的实现细节，它的内部信息对外界来说是隐蔽的，外界不能直接访问对象的内部信息，而只能通过有限的接口与对象建立联系。

可以说，类是数据封装的工具，而对象是封装的实现。类的成员又分为公有成员、私有成员和保护成员，它们分别有不同的访问控制机制。

5. 泛化

泛化（Generalization）是类目的一般描述和具体描述之间的关系，具体描述建立在一般描述的基础之上，并对其进行了扩展。具体描述完全拥有一般描述的特性、成员和关系，并且包含补充的信息。例如，中学生是学生中具体的一种，中学生保持了学生的基本特性并加入了附加特性，二者就构成了泛化关系。实现泛化关系的机制为继承（inheritance）。一个子类（subclass）继承一个或多个父类（superclass），实现不同的抽象层次，从而实现了二者之间的泛化关系。通过这种关系，子类可以共享其父类的结构和行为，从而复用已经存在的数据和代码，并实现多态处理。

6. 多态

多态（Polymorphism）是在同一接口下表现多种行为的能力，是面向对象技术的根本特征。具体来说，多态允许属于不同类的对象对同一消息做出不同的响应。当一个对象接收到进行某项操作的消息时，多态机制将根据对象所属的类，动态地选用该类中定义的操作。面向对象方法正是利用多态提供的动态行为特征来封装变化的，适应变更，从而保证系统稳定的。首先需要有泛化关系的支持，然后才能表现多态。例如，先定义一个父类"几何图形"，它具有"计算面积"的操作，然后定义一些子类，如"三角形""长方形""圆形"，它们可继承父类"几何图形"的各种属性和操作，并且在各自的定义中重新描述"计算面积"的操作。这样，当有计算几何图形面积的消息发出时，对象会根据类的类型做出不同的响应，采用不同的面积计算公式。

1.2.4　面向对象方法的优势

面向对象方法是在传统的结构化设计方法出现很多问题的情况下应运而生的。它之所以能够被广泛认可和应用，是因为其自身的优势，这些优势体现在很多方面。

传统的结构化设计方法侧重于计算机处理事情的方法和能力，面向对象方法则对客观世界存在的事物进行抽象，更符合人类的思维习惯。这一特点能够让软件开发人员更有效地实现业务和系统之间的理解和转换，从而更快速、有效地解决用户问题。

在软件开发过程中，需求的不稳定性是影响软件工程的一个非常重要的因素。在现实使用时，数据和功能最容易发生改变，而对象则是相对稳定的。为此，使用面向对象方法可以用较稳定的对象将易变的数据和功能进行封装，从而保证较小的需求变化不会导致大的系统结构改变。

复用性也是面向对象方法的优势之一。面向对象方法通过封装、继承等手段，在不同层次上提供各种代码复用，以此提高软件的开发效率。

除此之外，面向对象方法还有改善软件结构、增强扩展性、支持迭代式开发等优势。这些优势使面向对象方法得到了更广泛的应用。

小结

本章简要介绍了软件工程的概念以及面向对象的概念。软件危机的出现促进了软件工程的兴起，同时结构化设计方法的不足也促进了面向对象思想的诞生。如今，面向对象的思想已经进入计算机软件领域的许多方面，占据着不可替代的位置。同时，面向对象的兴起也促进了 UML 的诞生和发展。

习题

1. 选择题

（1）软件工程的概念是在（　　）年被首次提出的。

  A. 1949   B. 1968   C. 1972   D. 1989

（2）下列不属于软件工程的目标的是（　　）。

  A. 提高软件产品的质量   B. 提高软件产品的可靠性

  C. 减少软件产品的需求   D. 控制软件产品的开发成本

（3）软件危机产生的主要原因是（　　）。

  A. 软件工具落后   B. 软件生产能力不足

  C. 人们对软件认识不够   D. 软件本身的特点及开发方法

（4）人们公认的第一门面向对象语言是（　　）。

  A. Simula 67 B. Smalltalk C. C++   D. Java

（5）下列程序设计语言中不支持面向对象的特性的是（　　）。

  A. C++   B. ANSI C   C. Java   D. Objective-C

（6）下列不是面向对象方法的相关概念的是（　　）。

  A. 封装   B. 继承   C. 多态   D. 结构

（7）（　　）是面向对象方法中用来描述"对用户隐藏对象的属性和实现细节"的概念。

  A. 封装   B. 继承   C. 多态   D. 抽象

（8）下列不属于面向对象方法的优势的是（　　）。

  A. 复用性强   B. 改善了软件结构

  C. 软件的执行效率更高   D. 抽象更符合人类的思维习惯

2. 填空题

（1）20 世纪 60 年代，随着软件系统规模增大、复杂性增加，人们难以掌握软件开发过程和开发方法，这导致了"＿＿＿＿"。

（2）第一门面向对象的程序设计语言是 1967 年诞生的＿＿＿＿，使面向对象技术进入实际领域的标志是 20 世纪 70 年代 _____的诞生，诞生于 1983 年的_____语言的广泛应用使得面向对象技术真正从实验室阶段走向了商业化阶段，_____的产生标志着面向对象方法学的统一。

（3）对象具有一定的独立处理问题的能力，且自身的状态不直接受到外界干预，这体现了对象的_____。

（4）对象隐藏了属性与操作的实现方法，只有操作声明对外部可见，这体现了对象的_____。

（5）对象只有在接收到外界消息后，自身才可以进行某种转换，这体现了对象的_____。

（6）____是面向对象程序中的构造单位，它的实例被称为_____。

（7）从对象到类的过程是_____的过程。

（8）封装强调的两个概念是_____和封闭，前者是指对象是一个不可分割的整体，后者是指对象要尽量地隐藏其内部的实现细节。

（9）实现泛化关系的机制为_____。

（10）_____是在同一接口下表现多种行为的能力。

3．判断题

（1）软件就是程序，编写软件就是编写程序。　　　　　　　　　　　　　　　（　　）

（2）软件危机的主要表现是软件需求增加，软件价格上升。　　　　　　　　（　　）

（3）C 语言对面向对象的发展起到了重要作用。　　　　　　　　　　　　　（　　）

（4）面向对象方法中的对象是从客观世界中抽象出来的一个集合体。　　　　（　　）

（5）面向对象可以保证开发过程中的需求变化不会导致系统结构的变化。　　（　　）

（6）面向对象方法就是使用面向对象语言进行编程。　　　　　　　　　　　（　　）

（7）对象的自治性指的是对象是完全封闭的，不受任何外界影响。　　　　　（　　）

（8）类是面向对象程序中的构造单位，也是面向对象语言的基本成分。　　　（　　）

4．简答题

（1）简述软件危机产生的原因和可能的解决方案。

（2）软件工程的目标有哪些？

（3）什么是面向对象方法？简述其优势。

（4）简述对象、类、抽象、封装、泛化与多态的概念。

02 第2章 统一建模语言

随着面向对象方法的出现和其种类的不断增多，使用何种开发方法往往成为软件开发人员的一个大问题，这也妨碍了不同项目开发组之间的交流。因此，一种标准统一的、综合了各种开发方法优势的 UML 应运而生。本章主要讲解软件建模的相关概念，并对 UML 进行简要概述。通过对本章的学习，读者可以对软件建模和 UML 有总体的认识。

2.1 软件建模简介

建模是研究系统的重要手段和前提。建模用于定义应用程序的要求，确定可能被其他企业级应用程序重复使用的数据和服务，并为将来扩展奠定强有力的基础。本节将简要介绍软件建模的相关内容。

2.1.1 什么是模型

模型（model）是用某种媒介对相同媒介或其他媒介里的一些事物进行抽象的表现形式。从建模角度出发，模型就是要抓住事物的重要方面而简化或忽略其他方面。简而言之，模型就是对现实的简化。建立模型的过程，称为建模。

模型提供了系统的蓝图。它既可以包括系统的详细计划，也可以包括系统的总体计划。每个系统都可以从不同方面用不同模型来描述、刻画，每个模型都是在特定语义上闭合的一个系统抽象。模型可以是结构性的或行为性的，这对应静态与动态的两种建模机制。

软件系统的模型用建模语言来表达，包括语义信息和表示法，可以使用图形和文本等多种不同形式。本书中讨论的 UML 就是以图形作为表现形式的一种建模语言。

2.1.2 建模的重要性

建模可以帮助理解正在开发的系统，这是需要建模的基本理由。人对复杂问题的理解能力是有限的。建模可以帮助开发者缩小问题的范围，每次着重研究一个方面，进而对整个系统有更加深入的理解。可以明确地说，越大、越复杂的系统，建模的重要性就越大。建模对一个系统主要有以下几点作用。

- **捕获和精确表达项目的需求和应用领域的知识，以使全部涉众能够理解并达成一致。** 通过建模，可以捕获关于软件的应用领域、使用方法、模块拆分和构造模式等方面的需求信息。这里的涉众包括软件架构师、系统分析员、程序员、项目经理、客户、投资者、最终用户和使用软件的操作员。

- **完成系统设计。** 在编写代码前，软件模型可以帮助软件开发人员方便地研究多种架构和设计方案。一个好的建模语言可以让设计者对软件系统的架构有全面的认识。
- **分离需求与具体实现细节。** 在软件开发过程中，客户往往更关注软件系统是否实现了相关业务需求，而对具体的设计和实现细节并不关心。软件系统的其中一类模型可以向客户展示系统的外部行为，即需求的实现效果；另一类模型则可以展示系统中的类及实现系统外部行为所需的内部操作，即具体的实现细节。
- **帮助生成有用的工作产品。** 通过软件建模可以获得类的声明、过程体、用户交互界面、数据库、系统有效的使用场景、配置脚本以及系统异常列表等。这些工作产品可以减少软件开发人员在开发过程中遇到的困难，提高系统开发效率。
- **方便研究多种解决方案。** 针对一个大型软件系统，可以提出多个设计方案进行建模并且进行比较。即使是一个粗糙的模型也能反映出最终设计所需解决的诸多问题。通过建模，可以在设计阶段清晰、有效地选择更好的解决方案，有效地降低开发成本。
- **全面把握复杂的系统。** 大型软件系统因其复杂性可能无法直接进行研究，而模型可以在不损失细节的情况下，将系统抽象到更便于理解的层次上。人们可以对模型进行分析来找出系统可能存在的问题。这样，在对系统进行改动前，就可以通过模型得出这种改动会带来何种影响。此外，模型也能够展示出应该如何调整系统来减少相关负面影响。

2.1.3　建模的基本原理

各个工程学科都有其丰富的建模运用经验，这些经验形成了建模的4条基本原理。

- **选择创建什么模型对如何解决问题和如何形成相应解决方案意义深远。** 换句话说，就是要认真选择模型。正确的模型能说明问题所在，而错误的模型容易使人误入歧途。使用不同的建模方法将获得不同类型的系统，并且代价和收益也是不同的。
- **可以在不同的层次级别上表示不同模型。** 在软件开发过程中，有时需要一个快速、简洁的用户界面模型，有时则需要进入底层对一个处理二进制数据的过程建模。最好的模型应该是根据使用者的身份及使用原因提供不同详细程度的模型。
- **最好的模型总是与现实世界联系密切。** 如果一个模型不能与现实中的事物在同样条件下以相同方式做出反应，那么这个模型是不准确的，甚至有时是极其危险的。所有模型都是对现实世界的简化，关键是简化不能掩盖任何重要的细节。
- **单个模型或视图是不充分的。** 优秀的系统需要用一组几乎独立的模型从多个角度去诠释。就像在建造一所建筑物时，没有任何一张设计图能描述该建筑物的所有细节。这里所说的"几乎独立"指的是各种模型能够被单独进行研究和构造，而模型之间仍然是互相联系的。

2.2　UML简述

UML是一种通用的可视化建模语言，可以用来描述、可视化、构造和文档化软件密集型系统的各种工件。它是由信息系统和面向对象领域的3位著名的方法学家布奇、朗博和雅各布森提出的。它记录了与被构建系统有关的决策和理解，可用于对系统的理解、设计、浏览、配置、维护及控制系统的信息。这种建模语言已经得到了广泛的支持和应用，并且已被国际标准化组织（International Organization for Standardization，ISO）发布为国际标准。

UML 可以用来捕获系统静态结构和动态行为。其中静态结构定义了系统中对象的属性和方法，以及这些对象间的关系。动态行为则定义了对象在不同时间、不同状态下的变化以及对象间的相互通信。此外，UML 可以将模型组织为包的结构组件，使得大型系统可分解成易于处理的单元。

UML 是独立于开发过程的，它适用于各种软件开发方法、软件生命周期的各个阶段、各种应用领域以及各种开发工具。UML 没有定义一种标准的开发过程，它更适用于迭代式的开发过程，它是为支持现今大部分面向对象的开发过程而设计的。

UML 不是一种程序设计语言，但用 UML 描述的模型可以和各种程序设计语言相联系。我们可以使用代码生成器将 UML 模型转换为多种程序设计语言代码，或者使用逆向工程将程序设计语言代码转换成 UML 模型。把正向代码生成工程和逆向工程这两种方式结合起来就可以产生双向工程，使得既可以在图形视图下工作，也可以在文本视图下工作。

UML 是一种博大多变的建模语言，有着一定的复杂度。UML 的 3 位创始人对其做了如下几点评价。

- UML 是凌乱的、不精确的、复杂的和松散的。这种看法是错误的，但也是一个事实。
- 你不必知道或使用 UML 的每一项特征，就像你不需要了解一个大型软件或程序设计语言的每一项特征一样。被广泛使用的核心概念只有一小部分，其他的特征可以逐步学习，在需要时再使用。
- UML 能够并且已经在实际的开发项目中使用。
- UML 不只是一种可视化的表示法。UML 模型可以用来生成代码和测试用例。这要求进行适当的 UML 特性描述、使用和目标平台匹配的工具以及在多种实现方式中做出选择。
- 没有必要对 UML 专家的建议言听计从。正确使用 UML 的方法有很多种。优秀的开发人员会从很多工具中选出一种使用，不必使用这一种方式去解决所有问题。如果能够得到同事或者软件工具的配合，你也可以适时改变以满足自己的需求。

2.3　UML的发展历史

UML 由软件行业的资深专家创造，并不断吸取众多软件工程思想的精华，从而能够一直走在软件工程的前沿。本节将主要介绍 UML 的发展历程，以及 UML 2 规范。

2.3.1　UML的出现背景

随着 20 世纪 80 年代面向对象语言的广泛使用，首批介绍面向对象开发方法的著作出现了。萨莉·史莱尔（Sally Shlaer）、彼得·科德（Peter Coad）、布奇、朗博等人的著作，再加上关于早期程序设计语言的著作，开创了面向对象方法学的先河。随后，在 1989—1994 年，许多关于面向对象方法的著作问世，面向对象方法从不足 10 种增加到 50 种以上，它们各有自己的一套概念、定义、表示法、术语和各自适用的开发过程。各种面向对象方法相互借鉴，进行修改、扩充，使得面向对象领域出现了一些被广泛使用的核心概念和许多个别人采纳的概念。然而即使在广泛接受的核心概念里，各种面向对象方法之间也存在着一些差异。这些方法之间的不同往往会使得使用者在使用时感到困惑，不知道该采用哪种方法。在这场"方法大战"中，一些优点突出的方法脱颖而出，包括 Booch、伊瓦尔·雅各布森的面向对象软件工程（Object Oriented Software Engineering，OOSE）和詹姆斯·朗博的对象建模技术（Object Modeling Technique，OMT）等方法。这些方法中的每一种方法都是完整的，它们各有优劣。简单来说，Booch 方法在项目的设计和构造阶段的表达力极强；OOSE 方法对以用例驱动需求获取、分析和高层设计的开发过程提供了极好的支持；而 OMT 方法对分析和数据密集型信息系统最为有用。

在这种情况下，出现了一些将各种方法中使用的概念进行统一的方法，比较有名的是德里克·科尔曼（Derek Coleman）等人开发的 Fusion 方法。这种方法结合了 OMT、Booch、CRC 这 3 种方法中使用的概念。但由于开发这些方法的人并没有参与这项工作，因此这种方法应该被视为一种新方法而不是原有方法的替代。第一次成功合并和替换现存的各种方法的尝试始于 1994 年朗博和格雷奇·布奇（Grady Booch）在 Rational 公司的合作，他们开始合并 OMT 和 Booch 方法中使用的概念，并于 1995 年 10 月提出了第一个解决方案，当时被称为 UM 0.8（Unitied Method 0.8）。几乎同时期，雅各布森也加入 Rational 公司，力图将 OOSE 方法也统一进来。3 位优秀的面向对象方法学的创始人共同合作，为他们的工作增加了强大的动力。

2.3.2　UML的诞生及标准化

1996 年 6 月，格雷奇·布奇、朗博和雅各布森将 UM 更名为 UML 并发布 UML 0.9。同年 10 月，UML 0.91 被发布。在当时，UML 就获得了工业界、科技界的广泛支持。到 1996 年底，UML 已经占了面向对象技术市场 85%的份额，成为事实上的可视化建模语言的工业标准。

1996 年全年，UML 的 3 位创始人在软件工程界征求和收集反馈意见，倡议成立了一个 UML 伙伴（UML Partners）组织，当时的成员有 DEC、HP、I-Logix、IntelliCorp、IBM、ICON Computing、MCI Systemhouse、Microsoft、Oracle、Rational、TI 和 Unisys。同年，OMG 发布了对外征集面向对象建模的标准方法的提案需求。1997 年 1 月，作为对该提案的响应，UML 1.0 规范草案诞生并且提交给 OMG。同时，UML Partners 成立了一个语义任务组来规范化语义并与其他的标准化工作合并。同年 7 月，UML 1.1 规范作为最终成果进行发布并被提交给 OMG 进行标准化审查。

1997 年 11 月，UML 1.1 规范被 OMG 全体成员通过，并被采纳为正式规范，OMG 也承担了进一步完善 UML 的工作。UML 的出现深受计算机界欢迎，许多软件开发工具供应商声称其产品支持或计划支持 UML，许多软件工程方法学家宣布他们将使用 UML 进行以后的研究工作。UML 已经代替了大部分先前出现在开发过程、建模工具和技术文献中的表示法，它的出现减少了各种软件开发工具之间无谓的分歧。

在 1997—2002 年，OMG 成立的 UML 修订任务组对 UML 进行了修订，陆续发布了 UML 的 1.3、1.4 和 1.5 版本。2005 年，UML 1.4.2 被 ISO 正式发布为国际标准。

2.3.3　UML 2 规范

在有了若干年对 UML 的使用经验后，OMG 提出了升级 UML 的建议方案，以解决使用过程中发现的问题，并扩充一部分应用领域中所需的额外功能。升级方案自 2000 年 11 月开始起草，至 2003 年 7 月完成。OMG 的定案任务组对这个版本进行了为期一年的评审，之后不久 UML 2.0 规范就被 OMG 全体成员采纳。被采纳后的 UML 2.0 规范经过 OMG 在定稿过程中修正了初始实现中的出现的错误和问题后，于 2005 年 7 月得到最终的 UML 2.0 规范。在 2007—2011 年，UML 陆续发布了几个版本的规范。其中，2011 年 8 月发布的 UML 2.4.1 在 2012 年被 ISO 正式确定为国际标准。2015 年 6 月，OMG 发布 UML 2.5。

> **注意** 本书中的UML 1或UML 1.×表示UML规范中1.1~1.5的所有版本，UML 2指的是UML 2.0规范及更高的版本。

总的来说，UML 2 与 UML 1 大部分是相同的，尤其是常用的核心特征。UML 2 更改了一些问题区间，做了一些大的改进，修正了许多小的错误，但是 UML 1 的使用者在使用 UML 2 时应该不会有什么问题。UML 2 中一些重要改变如下。

- 大部分类元都可以嵌套。在 UML 2 中，几乎模型的每一个构造块（类、对象、组件、状态机等）都是一个类元。这种功能可以让使用者逐步建模以实现复杂的行为。
- 对行为模型进行了改进。在 UML 1 中，不同行为模型之间是互相独立的；而在 UML 2 中，除用例以外，所有行为模型都由一个基本行为的定义派生而来。
- 改善了结构模型和行为模型之间的关系。例如，UML 2 允许用户指定一个状态机或顺序图属于某一个类或某一个组件的行为。

2.4 UML的目标与应用范围

"工欲善其事，必先利其器。"只有了解了 UML 的作用及其产生的目的，才能最大限度地运用这一工具。本节将介绍 UML 的目标与 UML 的应用范围。

2.4.1 UML的目标

UML 成功的关键就在于它能满足软件开发人员的各种需要。为了使制定出的标准更加实际并且耐用，能够真正成为解决软件研发实际问题的标准，UML 的创造者谨慎地确定它的特征边界。因此，OMG 为 UML 确定了以下目标。

- **为用户提供可用的、富有表达力的、可视化的建模语言，以开发和交换有意义的模型。** UML 作为实用的建模标准，要使用户在针对不同开发环境、程序设计语言和其他环境时，都能够应用 UML 进行建模工作。为了实现这一目标，UML 必须定义其作为建模语言的语义和可视化的表示法。语义保证了模型和模型元素应用的一致性，可视化的表示法则有利于建模技巧的使用。此外，规范应该是全面的，它必须包含对大部分软件项目普遍有效的核心模型元素。
- **提供可扩展性和特殊化机制以延伸核心概念。** 按照普遍认可的二八定律，通过 20% 的核心概念可以对 80% 的系统建模。如果核心概念不够用，UML 就需要从核心概念中扩展出所需的内容。UML 提供了至少 3 种方法让用户创建新的模型元素：将 UML 核心定义的基础概念结合起来；UML 核心为一个概念提供多重定义；限定在某概念的某几个定义上时，UML 允许对概念进行定义。UML 定义的完整扩展方案被称为特征文件，它预定义了一个独有或通用的模型元素集合，以这种方式实现对模型元素的裁剪。特征文件能更精确地描述其目标环境，同时不会失去 UML 概念的语义清晰性。
- **支持独立于程序设计语言和开发过程的规范。** 建模的一个重要目标就是使具体的设计细节与需求分离，所以将 UML 附属于某一种或几种程序设计语言都将极大限制 UML 的使用。然而，UML 必须与大多数面向对象语言里的设计结构保持一致，这可以保证能够实现代码和模型的互相转换。这个目标可以通过特征文件来实现，无须对 UML 进行改变。特征文件建立了一个独立的映射层来定义模型元素与执行结构之间的对应关系，以此保证 UML 与程序设计语言的独立性。

- **为理解建模语言提供正式的基础。**建模语言必须既精确又实用，才能使模型能够正确地完成建模工作并且对使用者足够友好。UML 使用类图描绘了模型元素对象及它们之间的关系，并且对语义和符号选项用文本给出了详细说明。对于模型元素之间的完整性约束条件，使用对象约束语言（Object Constraint Language，OCL）进行描述。
- **推动面向对象建模工具市场的发展。**建模工具市场依赖于建模、模型仓库、模型互换的统一标准。UML 作为一个面向对象建模的统一规范和标准，可以降低建模工具开发商在这些方面的开发成本，使其可以致力于改善建模环境。目前，UML 的作用已经显现，建模工具迅速增加，其中的功能也呈现爆炸式的增长，如改善编码环境的集成效果、代码生成与反向生成、导出超文本标记语言（Hypertext Markup Language，HTML）或可扩展标记语言（Extensible Markup Language，XML）报告、从其他工具导入等。
- **支持更高级的开发概念。**UML 标准需要支持建模的一些高级概念，如框架、模式、协作等。这样可以保证 UML 与时俱进，而不会成为落后于时代的废品。

2.4.2　UML的应用范围

UML 以面向对象的方式来描述系统。最广泛的应用是对软件系统进行建模，但它同样适用于许多非软件系统领域的系统。理论上来说，任何具有静态结构和动态行为的系统都可以使用 UML 进行建模。当 UML 应用于大多数软件系统的开发过程时，它从需求分析阶段到系统完成后的测试阶段都能起到重要作用。

在需求分析阶段，可以通过用例捕获需求。通过建立用例图等模型来描述系统的使用者对系统的功能要求。在分析和设计阶段，UML 通过类和对象等主要概念及其关系建立静态模型，对类、用例等概念之间的协作进行动态建模，为开发工作提供详尽的规格说明。在开发阶段，将设计的模型转化为程序设计语言的实际代码，指导编码工作并减轻其负担。在测试阶段，可以用 UML 图作为测试依据：用类图指导单元测试，用组件图和协作图指导集成测试，用用例图指导系统测试等。

2.5　UML建模工具

所谓"工欲善其事，必先利其器"，有了好的建模方法就需要有好的建模工具以提供支持。经过多年的发展，目前已经出现了很多 UML 建模工具。本节主要介绍几个常用的 UML 建模工具。

Rational Rose
的安装与使用

Enterprise
Architect的安装与
使用

1. **Rational Rose**

Rational Rose 将在 3.1 节中介绍。

2. **Enterprise Architect**

Enterprise Architect（EA）是 Sparx Systems 公司的旗舰产品，其界面如图 2-1 所示。EA 为用户提供了一个高性能、直观的工作界面，并联合 UML 2 规范，为桌面计算机工作人员、开发和应用团队打造先进的软件建模方案。EA 构建于 UML 2 规范的基础之上，不仅如此，使用 UML Profile 还可以扩大建模范围，与此同时，模型验证将确保其完整性。利用 EA，设计人员可以充分利用 UML 2 中所有图表的功能。EA 具备源代码的正向工程和逆向工程能力，支持多种通用语言，包括 C++、C#、Java、Delphi、VB.NET、Visual Basic 和 PHP，也可从源代码中获取完整框架。

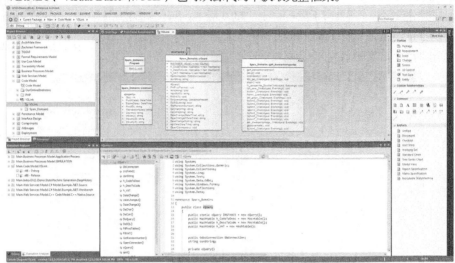

图2-1 Enterprise Architect界面

3. Rational Software Architect

Rational Software Architect（RSA）是 IBM 公司在 2003 年 2 月并购 Rational 公司以来，首次发布的 Rational 产品，其界面如图 2-2 所示。RSA 全面升级了之前的 Rational Rose，可以对系统进行建模、设计并维护架构、测试以及管理项目生命周期等操作。RSA 是 Rational Rose 的升级替代品，因此支持使用 UML 来确保软件开发项目中的众多相关者不断沟通，并使用定义的规范来进行开发，并且支持 UML 2 规范。RSA 支持 Java、C++、C#、WSDL、XSD 和 SQL 等语言的正向工程，以及 Java、C++和.NET 等语言的逆向工程。

Rational Software Architect
的安装与使用

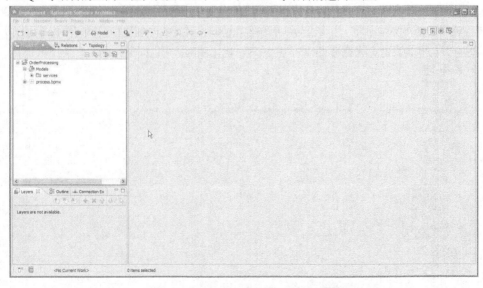

图2-2 Rational Software Architect界面

4. StarUML

StarUML 是一款开源 UML 工具，其界面如图 2-3 所示。StarUML 曾被遗弃过一段时间，直到 2014 年发布了重新编写的 2.0.0 版本。StarUML 的目标是取代较大型的商业应用，如 Rational Rose。StarUML 目前支持大多数在 UML 2 中指定的图类型（目前暂时缺少时间图和交互概览图）。

StarUML的安装与使用

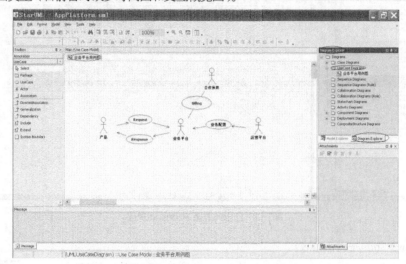

图2-3　StarUML界面

5. ProcessOn

ProcessOn 是一个面向垂直专业领域的作图工具和社交网络，支持绘制思维导图、流程图、UML 图、网络拓扑图、组织结构图、原型图、时间轴等。ProcessOn 界面如图 2-4 所示。

ProcessOn的安装与使用

ProcessOn 将全球的专家顾问、咨询机构、业务流程管理（Business Process Management，BPM）厂商、IT 解决方案厂商和广泛的企业用户紧密地连接在一起，提供基于云服务的免费流程梳理、创作协作工具。用户可与同事和客户协同设计，实时创建和编辑文件，并可以实现更改的及时合并与同步。这意味着跨部门的流程梳理、优化和确认可以即刻完成。

图2-4　ProcessOn界面

小结

本章主要介绍了软件建模的概念，并简要介绍了 UML 的发展历史、UML 的目标与应用范围，以及几种常见的 UML 建模工具。UML 是 20 世纪 80 年代到 90 年代的"面向对象方法大战"的产物，它的出现及标准化为面向对象建模提供了一套完整而统一的方案。

习题

1. 选择题

（1）下列关于模型的表述，不正确的是（　　）。

    A. 建模语言只能通过图形表示

    B. 模型所描绘的系统蓝图既可以包括详细的计划，也可以包括总体计划

    C. 模型可以帮助开发组生成有用的工作产品

    D. 最好的模型总是与现实世界联系密切

（2）UML 的全称是（　　）。

    A. Unify Modeling Language   B. Unified Modeling Language

    C. Unified Modem Language   D. Unified Making Language

（3）UML 主要应用于（　　）。

    A. 基于螺旋模型的结构化开发方法   B. 基于需求动态定义的原型化方法

    C. 基于数据的数据流开发方法   D. 基于对象的面向对象方法

（4）下列面向对象方法中不是 UML 所融合的方法的是（　　）。

    A. Booch   B. OOSE   C. OMT   D. Coad/Yourdon

（5）OMT 是由（　　）提出的。

    A. 布奇   B. 朗博   C. 科德   D. 雅各布森

（6）在 UML 所融合的方法中，（　　）是以用例来驱动需求获取的。

    A. Booch   B. OOSE   C. OMT   D. Coad/Yourdon

（7）正式的 UML 2.0 规范是在（　　）年通过的。

    A. 2001   B. 2003   C. 2005   D. 2007

（8）下列表述中不属于 UML 的目标的是（　　）。

    A. 为用户提供可用的、富有表达力的、可视化的建模语言

    B. 支持独立于程序设计语言和开发过程的规范

    C. 成为一门独立的程序设计语言

    D. 推动面向对象建模工具市场的发展

2. 填空题

（1）UML 描述的模型可以和各种程序设计语言相联系，将程序代码转换成 UML 模型的过程称为_____，它和正向代码生成（正向工程）结合起来可以产生双向工程。

（2）UML 规范必须定义其作为_____的和_____的表示法。前者保证了模型和模型元素应用的一致性，后者则有利于建模技巧的使用。

（3）UML 定义的完整性扩展方案被称为＿＿＿＿＿＿，它建立了一个独立的映射层来定义模型元素与执行结构之间的对应关系，以此保证 UML 与程序设计语言的独立性。

（4）UML 规范使用＿＿＿＿＿＿描绘模型元素对象及它们之间的关系。

（5）对于模型元素之间的完整性约束条件，使用＿＿＿＿＿＿/OCL 进行描述。

（6）UML 通过统一规范和标准，减小建模工具的开发＿＿＿＿＿＿，推动面向对象建模工具市场的成长。

（7）在＿＿＿＿＿＿阶段，UML 通过用例捕获需求。

（8）在分析和设计阶段，UML 通过类和对象等主要概念及其关系建立＿＿＿＿＿＿，对类、用例等概念之间的协作建立＿＿＿＿＿＿。

（9）在＿＿＿＿＿＿阶段，UML 将设计的模型转化为程序设计语言的实际代码。

（10）在测试阶段，UML 图可作为测试依据：用类图指导＿＿＿＿＿＿，用组件图和协作图指导集成测试，用用例图指导系统测试。

3. 判断题

（1）UML 是一种建模语言，是一种标准的表示，是一种方法。 （　　）

（2）UML 支持面向对象的主要概念，并与具体的开发过程相关。 （　　）

（3）在 UML 这个名称出现之前，朗博和布奇的合并 OMT 和 Booch 工作成果被称为 UM 0.8。 （　　）

（4）1997 年 11 月，UML 1.1 规范被 OMG 全体成员通过，并被采纳为正式规范。 （　　）

（5）UML 既是一门建模语言，也可以作为一门程序设计语言。 （　　）

（6）在 UML 出现之前，众多不同的面向对象方法同时存在，给用户带来了一定困扰。 （　　）

（7）UML 2.0 的出现彻底推翻了 UML 1.×中的核心概念，发展成了一门与之前截然不同的建模语言。 （　　）

（8）UML 提供了一些方法来用户创建出新的模型元素。 （　　）

4. 简答题

（1）什么是模型？为什么为软件系统建模非常重要？

（2）简述建模的几点基本原理。

（3）了解 UML 的历史，并简述 UML 出现的意义。

（4）简述 UML 的应用范围。

03 第3章 Rational Rose工具概述

UML 的出现使得软件可视化建模方法进入了一个全新的时期，许多软件厂商也在设计多种多样的建模工具来为软件开发人员提供便捷的建模服务。在众多的工具中，Rational Rose 工具以其诸多优势成为用户的一大选择。

3.1 Rational Rose简述

Rational Rose 是为 UML 量身定做的一款设计软件。就像戏剧导演设计剧本一样，软件设计师使用 Rational Rose 中各种可拖动的元素符号，就可以创造应用程序的框架。本节将简要介绍 Rational Rose 工具。

3.1.1 何谓Rational Rose

Rational Rose（简称 Rose）是由 Rational 公司研发的一种面向对象的可视化建模工具。Rose 为开发许多应用程序（包括 Ada、ANSI C++、C++、CORBA、Java、Java EE、Visual C++ 和 Visual Basic 等）提供了一系列的模型驱动功能。Rose 可以满足绝大多数的建模环境的需求，是国际知名的建模工具。2003 年 2 月，Rational 公司正式被 IBM 公司收购，Rational 软件也成为 IBM 软件集团旗下的第五大软件品牌。

Rose 有很强的校验功能，可以方便地检查出模型中的许多逻辑错误，还支持多种语言的双向工程，可以自动维护 C++、Java、Visual Basic、PB、Oracle 等语言和系统的代码。由于 UML 是在 Rational 公司诞生的，这样的渊源使得 Rose 力挫当前市场上很多基于 UML 可视化建模的工具。Rose 自推出以来就受到了业界的瞩目，并一直引领着可视化建模工具的发展。

目前，Rose 家族有以下几个成员。

- Rational Rose Modeler：可以创建独立于平台的模型，但不支持代码生成和逆向工程。
- Rational Rose Developer for Java：针对 Java 和 Java EE 环境进行建模，支持针对 Java 和 Java EE 的双向工程。
- Rational Rose Developer for UNIX：用于对基于 UNIX 和 Linux 的应用程序进行建模，支持针对 Java、C++和 CORBA 的双向工程。
- Rational Rose Developer for Visual Studio：为 Visual Studio 应用程序的开发提供可视化建模功能，支持针对 C++、ANSI C++、CORBA、Visual C++ 和

Visual Basic 的双向工程。

- Rational Rose Technical Developer：面向复杂系统开发的可视化建模工具，支持生成 C、C++ 和 Java 代码，但不支持逆向工程。

- Rational Rose Enterprise：为开发各种应用程序提供全面的可视化建模功能，支持双向工程。

近十几年来，Rose 不断升级，已经发展出众多版本。本书将以 Rational Rose 7.0（简称 Rose 7）作为教学软件，在此之前广泛使用的版本是 Rational Rose 2003，二者的操作大同小异，读者可自行选择安装。

3.1.2　Rose对UML的支持

Rose 支持 Booch、OMT 及 UML 这 3 种方法，尤其对 UML 提供了很好的支持，下面从 5 个方面进行简要说明。

1. 提供基本的绘图功能

作为一个可视化建模工具，为 UML 提供基本的绘图功能是 Rose 的工作基础。Rose 提供了大量绘图元素并对元素的定义、选择、放置和连接提供了卓越的技术支持，这使得绘制 UML 图变得更加简单、便捷。另外，Rose 还提供了用于支持和辅助建模人员绘制正确的图的机制。Rose 能够"理解"图中元素的语义信息，当其中出现一个用法不当的元素或者执行一个不一致的操作时，Rose 会向用户发送一条警告消息。同时，Rose 也提供了对各种 UML 图的布局设计的支持，包括对各种元素以及元素之间连接线的重新排列，使图更加清晰、易懂。

2. 提供模型库

Rose 的支持工具维护着一个模型库，包含模型中使用的各种元素的信息，这些信息是跨图的，即元素信息与来自哪个图无关，这确保了模型元素在不同图中的一致性。此外，模型库使得通用工具能够进行文档化和被重新利用。

借助模型库提供的支持，Rose 可以执行以下几项任务。

（1）非一致性检查

如果某个元素在一个图中的用法与在其他图中的不一致，那么 Rose 就会提出警告或禁止这一行为。在删除某个模型元素的时候，所有图中的这个元素都会被删除；对应地，在某个图中删除其中一个元素时，其他图中的这个元素会得到保留。

（2）审查功能

利用模型库中的信息，可以通过 Rose 提供的相关功能对模型进行审查，指出那些还未被明确定义的部分，或者对模型应用试探性的探索方法显示出那些可能的错误或不恰当的解决方案。

（3）报告功能

Rose 可以产生关于模型元素或图的相关报告。如执行菜单【Report】→【Show Usage】命令可以报告图中的某个元素的使用情况。

（4）重用模型元素和图功能

Rose 支持模型元素和图的重用，这使得同一个建模方案可以被不同项目共享。Rose 提供了单元控制（Unit Control）功能，可以在多人协作设计的时候，通过它来实现不同的包。例如，当一个包需要另外一个同事 A 进行完善时，可以把单元处于控制之中，并保存到单独文件里，然后由同事 A 进行完善，同时自己也可以进行其他包的设计工作。当同事 A 完善完毕，重新加载文件进去就可以继续使用了。

3. 提供导航功能

在使用多个视图或图来共同描述一个解决方案的时候，允许用户在这些视图或图中进行导航和切换，这是很重要的。这种导航功能不仅适用于各种模型的系统，而且便于用户的浏览。Rose 不仅允许用户在浏览不同的图时方便地进行切换，并且可以执行搜索某个模型元素的操作。

Rose 中的每一个模型元素都包含一些超链接信息，通过 Rose 提供的一些功能可以访问这些信息。另外，Rose 允许用户对包进行展开操作并浏览整个包的内容，或对包进行折叠操作以查看其周围的其他包。

4. 提供代码生成功能

通过 Rose 的代码生成功能，可以针对不同类型的目标语言生成相应的代码，这些目标语言包括 C++、Ada、Java 和 Visual Basic 等。这样生成的代码通常为一些静态信息，如类的相关信息，包括类的属性和函数，其中类的函数通常只有声明信息，函数中的具体内容需要由编程人员自行填补。

5. 提供逆向工程功能

逆向工程功能与代码生成功能的作用正好相反。通过逆向工程功能，Rose 可以读取用户编写的相关代码，进行相关分析后生成显示用户代码结构的 UML 图。一般来说，根据代码的信息只能创建出静态结构图，无法从代码中获取详细的动态信息。

使用逆向工程的很大一项优点就是可以对企业购买的未知代码、手动编写的代码或利用其他代码生成工具生成的代码进行逆向生成，并将生成的 UML 图给用户进行鉴别。对未理解的代码进行逆向工程可以从生成的 UML 图中反映出代码的结构并且非常有助于理解这些代码。

3.2　Rose的安装

本节主要介绍 Rose 的安装过程。

3.2.1　安装前的准备

要获取 Rose 的安装包，建议从正规渠道购买正版软件。读者可访问 IBM 官方网站获取有关信息。Rose 7 的运行环境如表 3-1 所示。

表 3–1　Rose 7 的运行环境

操作系统	• Windows 2000 Professional，Service Pack 4。 • Windows XP Professional，Service Pack 2。 • Windows 2000 或 Windows 2003 Server 及更高版本操作系统，Service Pack 3 或 Service Pack 4。 • Windows Vista、Windows 7 及更高版本操作系统
CPU	• 最低配置：主频 450MHz 及以上处理器。 • 推荐配置：主频 700MHz 及以上处理器
RAM	• 最低配置：256MB 及以上。 • 推荐配置：512MB 及以上
磁盘空间	• 最低配置：400MB 软件安装空间+50MB 工作空间。 • 推荐配置：2GB 以上

3.2.2 安装过程

（1）启动 Rose 7 的安装程序，进入安装向导启动界面，如图 3-1 所示。

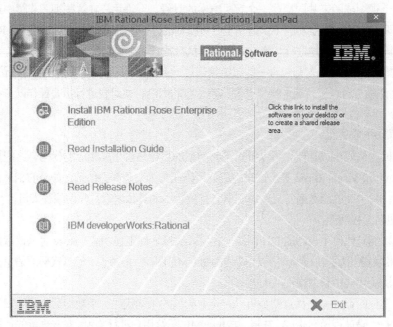

图3-1 Rose 7安装向导启动界面

（2）选择【Install IBM Rational Rose Enterprise Edition】，进入 Rational 安装向导欢迎界面，如图 3-2 所示。（此过程中安装程序在某些计算机上可能会出现升级安装向导的提示，选择进行升级即可。）

图3-2 Rational安装向导欢迎界面

（3）单击【下一步】按钮，进入部署方式选择界面，如图 3-3 所示。安装向导提供了两种部署方式进行选择。【Enterprise deployment［Create a network release area and customize it using Siteprep］】：对局域网内多台计算机进行部署，一般适用于企业部署。【Desktop installation from CD image】：从光盘中进行桌面安装。本书选择【Desktop installation from CD image】进行桌面安装。

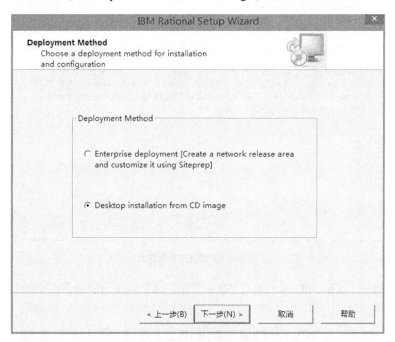

图3-3　部署方式选择界面

（4）单击【下一步】按钮，进入 Ration Rose 安装向导欢迎界面，如图 3-4 所示。

图3-4　Rational Rose安装向导欢迎界面

（5）单击【Next】按钮，进入安装注意事项界面，如图3-5所示。

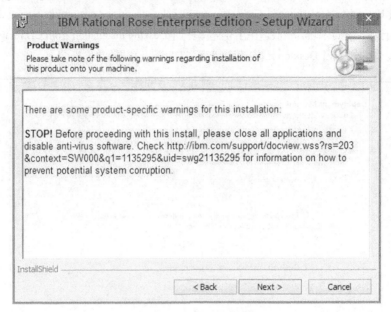

图3-5 安装注意事项界面

（6）单击【Next】按钮，进入软件许可证协议界面，如图 3-6 所示。协议阅读完毕单击【接受】按钮继续安装。

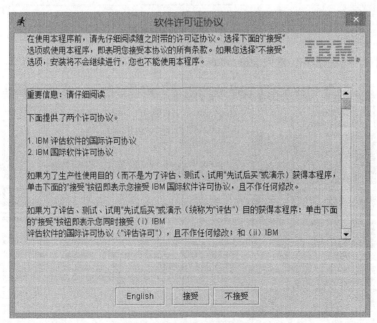

图3-6 软件许可证协议界面

（7）进入安装路径选择界面，如图 3-7 所示。单击【Change】按钮选择安装路径（也可直接使用默认安装路径）。

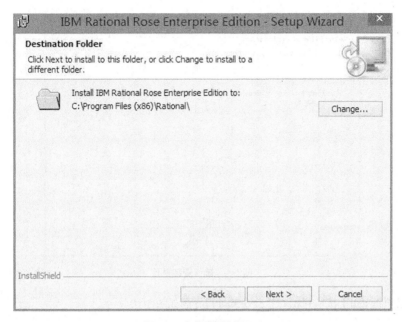

图3-7 安装路径选择界面

（8）单击【Next】按钮，进入自定义安装界面，如图 3-8 所示。用户可以根据个人实际需要选择安装其中的组件，本书按照默认设定进行安装。

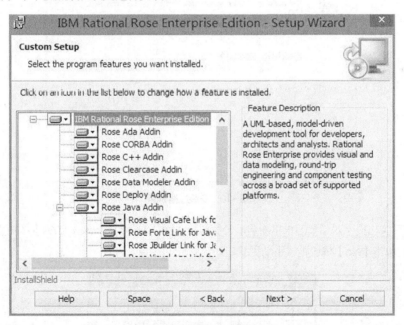

图3-8 自定义安装界面

（9）单击【Next】按钮，进入确认安装界面，如图 3-9 所示。

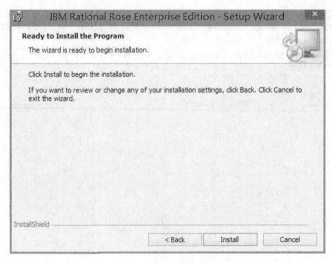

图3-9　确认安装界面

（10）单击【Install】按钮开始安装，安装过程界面如图 3-10 所示。

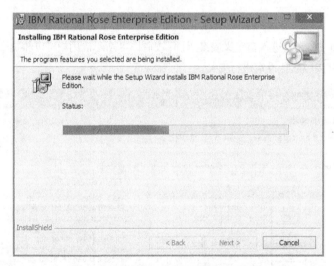

图3-10　安装过程界面

（11）之后弹出提示对话框要求重新启动计算机，如图 3-11 所示。单击【Yes】按钮立即重新启动计算机，或者单击【No】按钮稍候手动重新启动计算机。

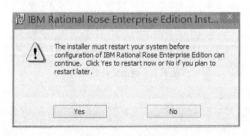

图3-11　提示对话框

（12）重新启动计算机后弹出安装完成界面和软件注册界面，如图 3-12 和图 3-13 所示。在安装完成界面，单击【Finish】按钮完成安装过程。

图3-12　安装完成界面

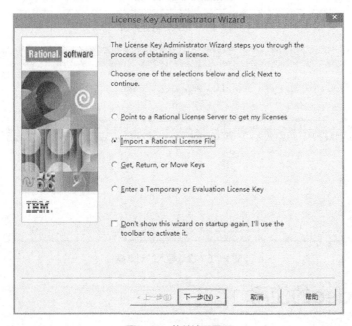

图3-13　软件注册界面

（13）在软件注册界面，用户可根据实际情况选择注册方式，如果用户使用的是试用版则不需要注册。本书选择使用第二项的【Import a Rational License File】（导入获得的许可证文件）进行注册。

（14）在软件注册界面，单击【下一步】按钮进入导入许可证界面，如图 3-14 所示。单击【Browse】按钮选择本地的许可证文件后，单击【Import】按钮进行导入操作。系统弹出一个确认导入的对话框，如图 3-15 所示。选择【Import】即可完成导入过程。注册成功后程序会通知注册成功。

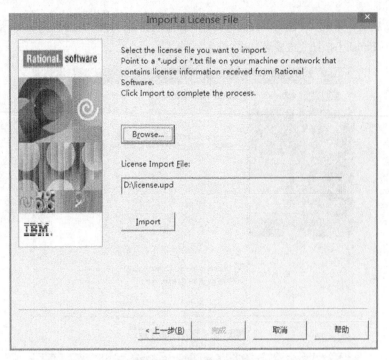

图3-14　导入许可证界面

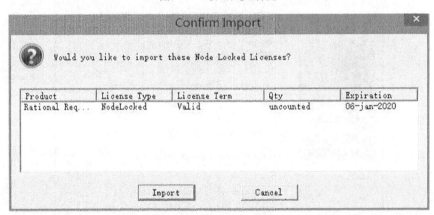

图3-15　确认导入的对话框

3.3　Rose的使用

本节主要介绍 Rose 的使用方法。

3.3.1　Rose界面介绍

启动 Rose 应用程序，出现图 3-16 所示的启动界面。

程序启动完毕，即可进入 Rose 主界面，此时会弹出一个对话框用来选择初始动作。对话框中有【New】【Existing】【Recent】这 3 个选项卡，分别表示"新建模型""打开已有模型""打开最近使用的模型"，如图 3-17~图 3-19 所示。

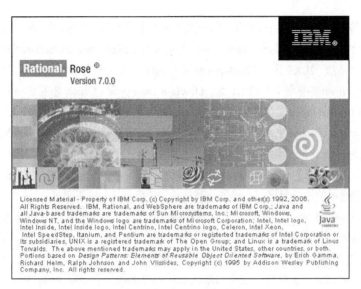

图3-16 Rose启动界面

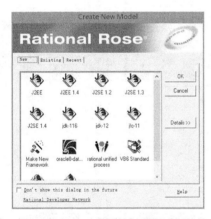

图3-17 【New】选项卡

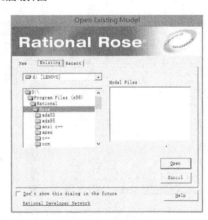

图3-18 【Existing】选项卡

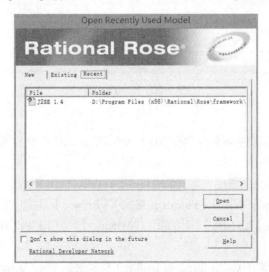

图3-19 【Recent】选项卡

在【New】选项卡中，用户可以根据需要选择与目标系统相对应的框架。目前 Rose 7 所支持的框架有 J2EE（Java 2 Enterprise Edition，Java 2 平台企业版）、J2SE（Java 2 Standard Edition，Java 2 平台标准版）的 1.2 至 1.4 版、JDK（Java Development Kit，Java 开发工具包）的 1.1.6 版和 1.2 版、JFC（Java Fundation Classes，Java 基础类库）的 1.1 版、Oracle 8 Datatypes（Oracle 8 的数据类型）、统一软件开发过程（Rational Unified Process，RUP）、VB 6 Standard（Visual Basic 6 标准程序）、VC6 ATL（Visual C++ 6 Active Templates Library，Visual C++ 6 活动模板库）和 VC6 MFC（Visual C++ 6 Microsoft Fundation Classes，Visual C++ 6 微软基础类库）的 3.0 版。选择【Make New Framework】可创建一个新框架。选择某一框架后单击【Details】按钮可以查看对该框架的详细描述，单击【OK】按钮即可创建该框架下的模型。如果想创建不使用任何框架的模型，直接单击【Cancel】按钮即可。

在【Existing】选项卡中，可以选择本地已存在的模型文件进行打开。在【Recent】选项卡中，可以浏览并打开最近使用的模型文件。

Rose 主界面如图 3-20 所示。主界面由标题栏、菜单栏、工具栏和主工作区构成。默认的主工作区由浏览器、文档窗口、日志窗口、模型绘制区及状态栏组成。下面对 Rose 主界面的各部分进行详细介绍。

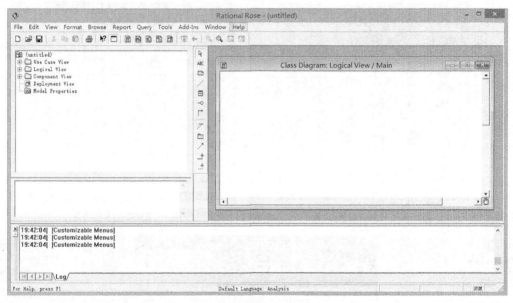

图3-20　Rose主界面

1. 标题栏

标题栏用于显示当前项目的名称。在图3-20中，由于项目尚未保存命名，因此标题栏显示为untitled。

2. 菜单栏

Rose 是菜单驱动式的应用程序，其菜单栏包括所有可以进行的操作。一级菜单包括【File】（文件）、【Edit】（编辑）、【View】（视图）、【Format】（格式）、【Browse】（浏览）、【Report】（报告）、【Query】（查询）、【Tools】（工具）、【Add-Ins】（附加项）、【Window】（窗口）和【Help】（帮助）等。

3. 工具栏

Rose 的工具栏包括标准工具栏（Standard Toolbar）和框图工具栏（Diagram Toolbar）。标准工具栏包含所有 UML 图都可以使用的选项；框图工具栏则随不同 UML 图而不同。

在默认设置下，标准工具栏位于菜单栏下方，其图标及功能如表 3-2 所示。

表 3–2　Rose 标准工具栏图标及功能

图标	功能	描述
	Create New Model or File	新建模型或文件
	Open Existing Model or File	打开现有的模型或文件
	Save Model, File or Script	保存当前的模型、文件或脚本内容
	Cut	剪切
	Copy	复制
	Paste	粘贴
	Print	打印当前活动文档
	Context Sensitive Help	显示所单击的按钮、菜单或窗口的帮助信息
	View Documentation	显示或隐藏文档
	Browse Class Diagram	浏览类图
	Browse Interaction Diagram	浏览交互图
	Browse Component Diagram	浏览组件图
	Browse State Machine Diagram	浏览状态机图
	Browse Deployment Diagram	浏览部署图
	Browse Parent	浏览该图的父图
	Browse Previous Diagram	浏览前一个图
	Zoom In	放大比例
	Zoom Out	缩小比例
	Fit in Window	调整比例使整个图显示在窗口中
	Undo Fit in Window	撤销 "Fit in Window" 操作

在默认情况下，框图工具栏位于模型绘制区的左侧，垂直显示。框图工具栏的按钮根据不同 UML 图而包含的元素不同。本书会在后文中进行详细介绍。

4. 浏览器

在默认情况下，浏览器位于模型绘制区的左侧上方，呈树状结构显示，可用来快速浏览模型内容，如图 3-21 所示。使用浏览器可以进行以下操作：浏览模型中所有元素及其关系；新增、移动、重命名、删除元素；将元素添加进图；将文件或统一资源定位符（Uniform Resource Locator，URL）链接至元素；将元素组成包；访问元素的规格说明；打开图等。

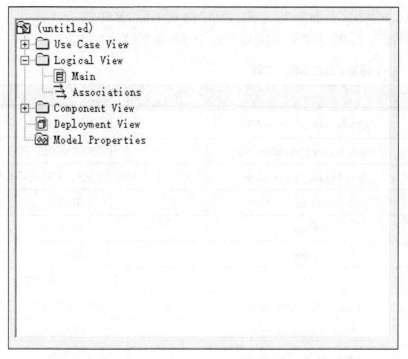

图3-21 浏览器

我们可以看到，Rose 的浏览器将模型分为了 4 种视图，即 Use Case View（用例视图）、Logical View（逻辑视图）、Component View（组件视图）和 Deployment View（部署视图）。这 4 种视图各自针对不同的内容，具有不同的作用。

（1）用例视图包括系统中所有的参与者、用例和用例图，还可能包括一些顺序图和协作图。用例视图中的内容与系统的实现无关，它只关注更高层次的系统功能，而不关心具体的实现方法。

（2）逻辑视图主要关注系统如何实现用例视图中提出的功能，即系统的逻辑结构。在逻辑视图中，要标识系统组件，检查系统的信息和功能，检查组件之间的关系，以达到复用的目的。

（3）组件视图包括模型代码库、可执行文件、运行库和其他组件的信息，主要由组件和组件图构成。组件是代码的实际模块；组件图显示组件及其相互关系。组件之间的关系可以帮助开发人员了解编译相关性，从而确定编译顺序。

（4）部署视图主要关注系统的实际部署情况，而部署情况可能与系统的逻辑结构有所不同。例如，一个典型的浏览器-服务器（Browser/Server，B/S）架构程序由表现层、业务逻辑层和数据访问层 3 层逻辑架构组成，而业务逻辑层与数据库往往部署在同一台机器上，构成两层部署。此外，部署视图还要处理容错、系统故障恢复和响应时间等其他问题。

5. 文档窗口

文档窗口默认位于浏览器下方，用于为模型元素建立文档，即为模型元素写一个简要的定义，如图 3-22 所示。将文档添加进类中时，文档窗口中的输入都会成为生成的类的代码的注释。从浏览器或图中选择某一元素时，文档窗口将自动更新显示所选元素的文档。另外，文档还会在 Rose 生成的报表中出现。

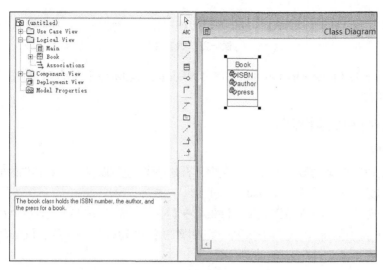

图3-22 文档窗口

6. 日志窗口

在默认情况下，日志窗口位于状态栏上方，用于记录对模型执行的所有命令的结果及错误信息，如图 3-23 所示。

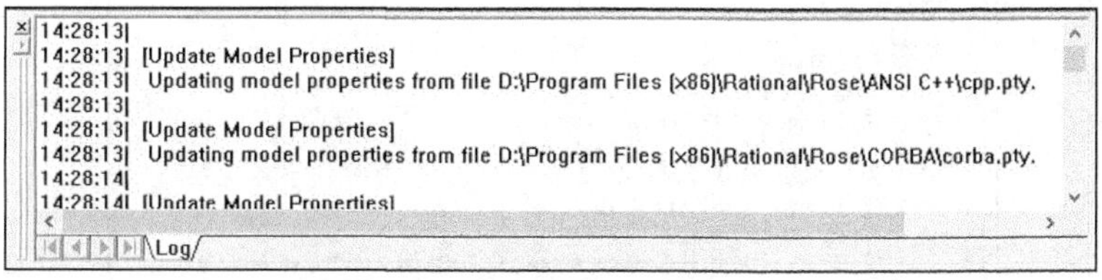

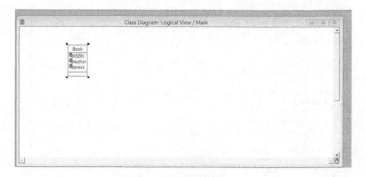

图3-23 日志窗口

7. 模型绘制区

模型绘制区为程序主要的工作环境，用来对模型的 UML 图进行浏览和绘制，如图 3-24 所示。模型绘制区中的元素与浏览器中所包含的元素是相互同步的，这保证了模型的一致性。

图3-24 模型绘制区

8. 状态栏

与绝大多数程序相同，状态栏位于程序底部，用于显示程序的相关状态信息，如图 3-25 所示。

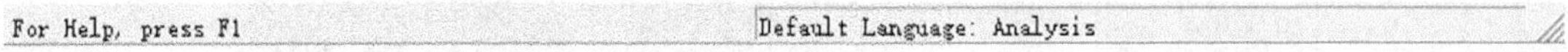

图3-25　状态栏

本小节分区域介绍了 Rose 的主界面及其作用，后文将陆续讲解更具体的实际操作，读者可以慢慢体会 Rose 的使用方法。

3.3.2　Rose的基本操作

1. 新建模型

新建模型是使用 Rose 的第一步。模型可以从零开始创建，也可以利用 Rose 提供的框架创建。Rose 模型的全部内容保存在一个扩展名为.mdl 的文件中。

要新建一个模型，可以在菜单栏中选择【File】→【New】，或者单击标准工具栏中的□按钮。在弹出的如图 3-17 所示的对话框中，选择要使用的框架并单击【OK】按钮，或者单击【Cancel】按钮不使用框架。

如果选择使用框架，则 Rose 将自动载入这个框架的默认包、类和组件。例如，选择使用 J2SE 1.4 框架，将在模型中自动添加 sun、java、javax 和 org 这 4 个包及包中的类、接口和组件等内容，如图 3-26 所示。如果不使用框架，则会创建一个空模型，需要用户从头开始创建模型。

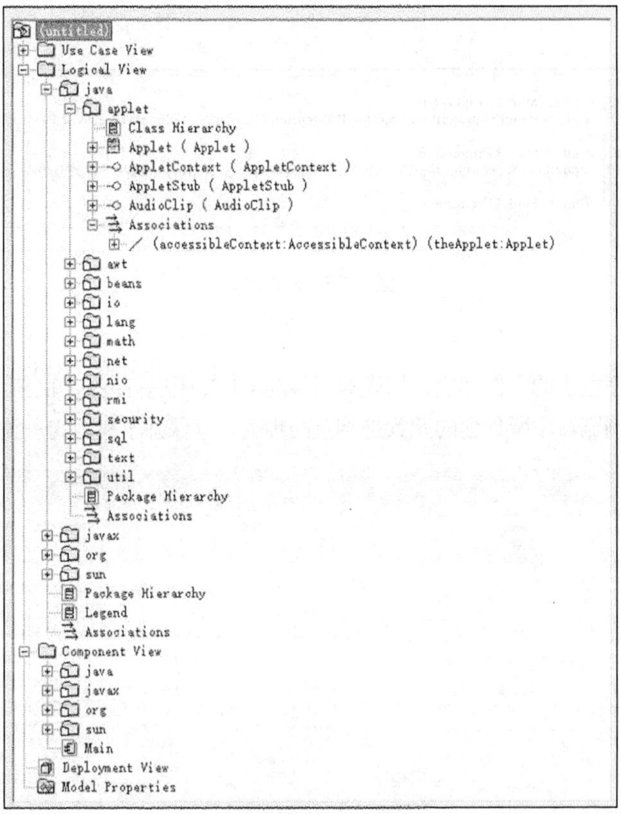

图3-26　J2SE 1.4框架

使用框架有两个好处。

● 用户不必浪费时间对已经存在的元素建模，而可以使建模工作的重点更多地放在项目独有的部分。

- 框架保证了项目之间的一致性。在不同的项目中使用同一种框架保证了开发团队使用相同的基础来建立项目。

另外,Rose 还提供了创建框架的选项。利用这个选项,开发团队或公司可以建立起自己的建模结构体系,然后以此为基础设计多种产品。

2. 保存与打开模型

Rose 的保存模型与打开模型的方法与其他应用程序的类似,这里不再赘述。值得一提的是,单击【File】菜单或用鼠标右键单击日志窗口并选择【Save Log As】可以将日志保存为扩展名为.log 的文件。

3. 导入与导出模型

复用作为面向对象方法的一大优点,不仅适用于代码,也同样应用在模型中。Rose 支持对模型和部分模型元素的导入与导出操作以复用模型或模型元素。

要导出模型,选择菜单【File】→【Export Model】,在弹出的对话框中输入导出文件名即可保存模型;要导出模型中的包元素或类元素,首先选中要导出的包或类,在菜单【File】下会多出【Export <包名或类名>】项,选择此项后在弹出的对话框中输入导出文件名即可。导出后将保存为扩展名为.ptl 的文件。

要导入模型,选择菜单【File】→【Import】,在弹出的对话框中选择要导入的文件即可。支持导入的文件类型有.ptl、.mdl、.cat 和.sub。

4. 发布模型为 Web

利用 Rose 可以方便地将模型发布到网络上。这样,需要浏览模型的人不需要安装 Rose 也能方便地浏览模型,省去了打印大量模型文档的麻烦。

要将模型发布为 Web,可以选择菜单【Tools】→【Web Publisher】,弹出图 3-27 所示的对话框。在左侧选择要发布的模型视图和包。在【Level of Detail】区域选择细节层次,其中【Documentation Only】选项表示显示高级信息而不显示模型元素的属性;【Intermediat】选项表示只显示模型元素规格说明中General 标签中的属性;【Full】选项表示发布所有属性,包括模型元素规格说明中 Detail 标签下的信息。在【Notation】区域选择发布时的图示方法,Rose 支持 Booch、OMT 与 UML 这 3 种方法的表示,我们使用默认选择 UML 即可。此外,还可以选择是否发布继承元素、是否发布元素属性、是否发布关联,以及是否发布浏览器中的文档。

输入要生成的 HTML 根文件名与路径,并单击【Diagrams】按钮,弹出图 3-28 所示的对话框,选择发布时使用的图形格式类型。可以选择【Windows Bitmaps】、【Portable Network Graphics(PNG)】或【JPEG】,也可以选择不发表任何图。准备完成后,单击【Publish】按钮,Rose 将自动创建模型的所有 Web 界面。如果需要,可以单击【Preview】按钮预览发布的模型。

图3-27 【Rose Web Publisher】对话框

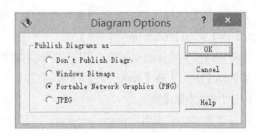

图3-28 【Diagram Options】对话框

5. 使用控制单元

Rose 可以通过控制单元来支持多用户的并行开发。Rose 中的控制单元可以是用例视图、逻辑视图或组件视图中的任何包，还可以是部署视图和模型属性单元。当控制一个单元时，其中的所有元素就会存放在独立于模型其他部分的文件中。

要创建控制单元，可以用鼠标右键单击要控制的单元，在弹出的快捷菜单中选择【Units】→【Control <包名>】，如图 3-29 所示。在弹出的保存对话框中，输入控制单元的文件名并单击"保存"按钮即可。

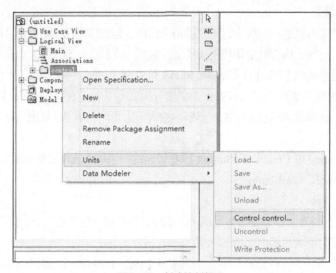

图3-29　创建控制单元

要取消已控制的单元，可以用鼠标右键单击要取消控制的包，在弹出的快捷菜单中选择【Units】→【Uncontrol <包名>】。注意，此时的包只是解除控制，并不会从模型中删除。

在并发的开发环境下，可能需要卸载某个控制单元以让别人可以使用这个包或重装这个控制单元从而接受另外的开发者对其的修改。每个人只能修改自己装入的包，卸载的包可以让别人进行装入并修改。

要卸载控制单元，可以用鼠标右键单击要卸载的包，在弹出的快捷菜单中选择【Units】→【Unload <包名>】。此时浏览器中将删除该项目，表示从模型中删除。

要重装控制单元，可以用鼠标右键单击要重装的包，在弹出的快捷菜单中选择【Units】→【Reload <包名>】。在弹出的打开对话框中，选择要重装的控制单元文件并单击"确定"按钮即可。

在开发时，如果希望别人只引用自己的控制单元而不修改它，可以将控制单元标记为写保护。

要对控制单元写保护，可以用鼠标右键单击要写保护的控制单元，在弹出的快捷菜单中选择【Units】→【Write Protection <包名>】。

要撤销对控制单元的写保护，可以用鼠标右键单击已经标记为写保护的控制单元，在弹出的快捷菜单中选择【Units】→【Write Enable <包名>】。

6. 使用模型集成器

Rose 中的模型集成器（Model Integrator）可以比较与合并最多 7 个 Rose 模型。这一特性在有多个设计者共同开发时十分有用。每个设计者可以独立工作，最后将他们的模型集成起来。

要打开模型集成器，可以在菜单栏中选择【Tools】→【Model Integrator】，弹出图3-30所示的窗口。

图3-30　模型集成器

要在模型集成器中比较模型之间的差别，可以从菜单栏中选择【File】→【Contributors】，弹出如图3-31所示的对话框。单击对话框中的省略号按钮选择第一个Rose模型文件；单击囲按钮添加其他的Rose模型文件。至少应该有两个模型文件用来进行比较。单击【Compare】按钮，即可显示模型之间的差别，如图3-32所示。单击【Merge】按钮可以合并模型。窗口右下角会显示存在的冲突。当解决所有冲突后，就可以保存新模型。

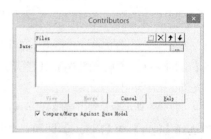

图3-31　【Contributors】对话框

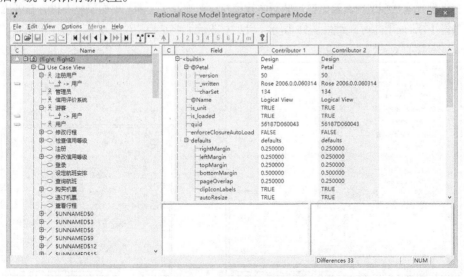

图3-32　比较模型之间的差别

7. 添加与删除模型元素

模型元素是组成一个完整的图的基本单位，添加与删除模型元素是使用Rose的基本操作。

要将模型元素添加到浏览器中,在该元素所属的视图目录下单击鼠标右键,在弹出的快捷菜单中选择【New】→【<元素名>】,如图3-33所示,最后重命名新建的模型元素即可。

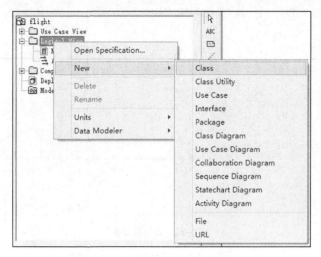

图3-33 将模型元素添加到浏览器中

要将模型元素直接添加到图中,在框图工具栏中选择模型元素,或在菜单栏中选择【Tools】→【Create】→【<元素名>】,然后在图中适当位置单击即可;如果模型元素已经存在于浏览器中,那么直接将模型元素拖动至图中即可。

要将模型元素从图中删除,可以单击鼠标右键选中要删除的模型元素,在弹出的快捷菜单中选择【Edit】→【Delete】即可,如图3-34所示。需要注意的是,这一操作只是将模型元素从图中删除,该元素仍然存在于模型中,可以在浏览器中找到。

要将模型元素从模型中删除,在浏览器中找到要删除的模型元素并单击鼠标右键,在弹出的快捷菜单中选择【Delete】即可,如图3-35所示。此时模型元素将从模型中完全删除,图中所有该元素以及与该元素有关的关系都将被删除。

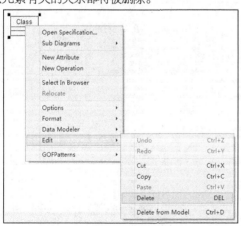

图3-34 从图中删除元素

图3-35 从模型中删除元素

8. 设置模型元素的显示方式

Rose为许多模型元素提供了多种显示方式,包括普通(None)、标签(Label)、装饰(Decoration)

与图标（Icon）方式。例如，图 3-36 显示了一个控制类（构造型为<<control>>的类元素）的 4 种不同显示方式。

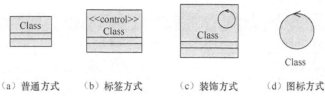

（a）普通方式　　　（b）标签方式　　　（c）装饰方式　　　（d）图标方式

图3-36　控制类的4种显示方式

9. 在模型元素中添加文件或 URL

Rose 模型中包含系统的大量信息，但有些信息保存在模型之外的文件中，如用例说明文档、版本声明文档等。我们可以将这些文件或 URL 链接到模型元素上，以便于在阅读模型时可以快速定位相关文档。

要将文件或 URL 链接到 Rose 模型元素中，可以在浏览器中用鼠标右键单击模型元素，在弹出的快捷菜单中选择【New】→【File】或【New】→【URL】，如图 3-37 所示。在弹出的对话框中选择要链接的文件或 URL 并单击【确定】按钮。在成功链接文件或 URL 后，在浏览器中该元素将新增一个子节点，如图 3-38 所示。

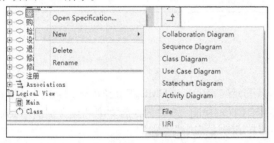

图3-37　在模型元素中添加文件或URL

图3-38　模型元素链接的文件

10. 设置模型元素格式

在 Rose 中，可以设置模型元素的字体、线条颜色等格式。对某些模型元素应用不同的格式能够起到强调、突出的效果。

要设置某个模型元素的格式，可以在图中模型元素上单击鼠标右键，在弹出的快捷菜单中选择【Format】，可以在其子菜单中选择对齐格式、字号、字体、线条颜色和填充颜色进行设置，如图 3-39 所示。

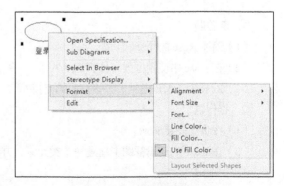

图3-39　设置模型元素格式

11. 定制工具栏

Rose 中的工具栏在默认情况下只显示了比较常用的一些按钮，用户可以根据需要通过添加或删除按钮来定制工具栏。

要定制工具栏，可以在相应工具栏上单击鼠标右键，在弹出的快捷菜单中选择【Customize】，弹出图 3-40 所示的对话框。对话框中左侧列表显示可用的工具栏按钮，右侧列表则显示当前工具栏包含的按钮。通过选中左侧或右侧列表中的一项并单击【添加】或【删除】按钮来添加或删除当前工具栏中的按钮。

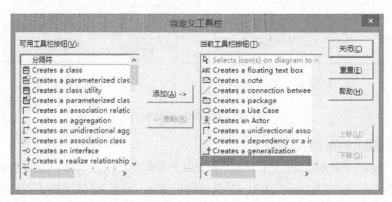

图3-40 定制工具栏

 注意   本书中Rose不支持的表示法与UML 2的表示法均使用Enterprise Architecture这个工具绘制。

小结

本章主要介绍了 Rose 这种 UML 建模工具的概况、Rose 对 UML 的支持情况,以及 Rose 的安装过程、主界面及使用方法,并结合实例与图片进行了详细说明。我们将在后文中陆续介绍使用 Rose 设计各种 UML 图的方法,读者可以在此过程中逐步熟悉 Rose 的功能。

习题

1. 简答题
（1）简述 Rose 的用途和功能。
（2）在 Rose 中使用框架有什么好处?
（3）Rose 对 UML 提供了哪些方面的支持?
2. 操作题
（1）按步骤安装 Rose。
（2）在 Rose 的逻辑视图中新建一个类元素,并命名为 "HelloRose"。

第二部分　UML 概念详解

第4章　UML概念模型

想要理解和使用 UML，需要掌握 UML 的概念模型。UML 的概念模型主要包括基本构造块、运用于构造块的通用机制和用于组织 UML 图的架构。UML 的概念模型支撑起了 UML 语法的整体架构和分析思想，对于普通建模用户而言，从 UML 的概念模型入手能够快速掌握 UML 建模的基本思想，从而能够读懂并建立一些基本模型；在有了丰富的使用 UML 的经验后，就可以在理解这些概念模型的基础上理解UML 的结构，从而使用更深层次的语言特征来开展建模工作。

4.1　构造块

构造块（Building Block）指的是 UML 中的基本建模元素，是 UML 中用于表达的语言元素，是来自现实世界中的概念的抽象描述方法。构造块包括事物（Thing）、关系（Relationship）和图（Diagram）这 3 个方面的内容。事物是对模型中关键元素的抽象体现；关系是事物和事物间联系的方式；图是相关的事物及其关系的聚合表现。

4.1.1　事物

在 UML 中，事物是构成模型图的主要构造块，它们代表了一些面向对象的基本概念。事物被分为以下 4 种类型。

1. 结构事物

结构事物（Structural Thing）作为 UML 模型的静态部分，通常用于描述概念元素或物理元素。结构事物总称为类元（Classifier）。常见的结构事物有类、接口、协作、用例、组件、节点等。

（1）类是对具有相同属性、相同操作、相同关系和相同语义的一组对象的描述。在 UML 图中使用矩形表示类，其核心内容包括名称、属性、方法（操作）。UML 图中类的表示法如图 4-1 所示。

（2）接口（Interface）是一组操作的集合，这些操作包括类或组件的动作，描述了元素的外部可见行为。接口仅定义操作的数量和特征，不提供具体的实现方法。接口可以被类所继承，继承了某接口的类必须提供该接口所有操作的实现。接口一般不需要属性。在 UML 图中接口的声明也使用矩形描述，在接口名称上方使用构造型<<interface>>与类区分，内容包括接口名称和方法（一般没有属性），如图 4-2 所示。

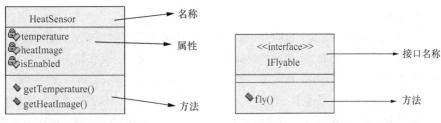

图4-1　UML图中类的表示法　　　　　图4-2　UML图中接口的表示法

（3）协作（Collaboration）定义了一个交互，它是在为实现某个目标而共同工作、相互配合的多个元素之间的交互动作。协作具有结构、行为和维度，一个类或对象可以参与多个协作。在 UML 图中将协作表示为虚线椭圆，其仅包含名称。在 Rose 中不使用这种方式表示协作。

（4）用例（Use Case）描述了一组动作序列，这些动作序列将作为服务由特定的参与者触发或执行，在过程中产生有价值、可观察的结果，结果可反馈给参与者或作为其他用例的参数。在 UML 图中将用例表示为实线椭圆，其仅包含名称，如图 4-3 所示。

图4-3　UML图中的用例

（5）主动类（Active Class）是一种特殊的类，它与一般的类在运行时的性质有较大不同。一个主动类的对象至少拥有一个进程或线程，可以启动控制活动。主动类的对象表现出的行为通常与其他元素并发。在官方文档上，主动类的 UML 图表示为类框，其左右外框改成两条线，但是 Rose 7 中将并发性作为类的细节来表达，在图上隐藏了这个区别。

（6）组件（Component）是系统中封装好的模块化部件，仅将外部接口暴露出来，内部实现被隐藏。组件可以由部件和部件之间的连接表示，其中部件也可以包含更小的组件。接口相同的组件可以互相替换。在 UML 图中将组件表示成矩形框，左边框上附着两个小矩形，框内写组件名，如图 4-4 所示。

（7）节点（Node）是在软件部署时需要的物理元素，其本质为一种计算机资源。一组组件可以存在于一个节点内，也可以从一个节点迁移到另一个节点。在 UML 图中节点用一个立方体表示，其仅包含名称。在 Rose 中节点又分为处理器（Processor）和设备（Device）两种，如图 4-5 所示。

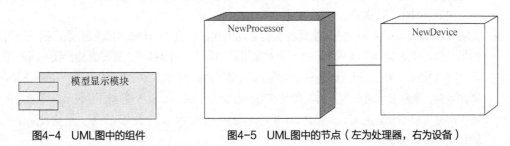

图4-4　UML图中的组件　　　　图4-5　UML图中的节点（左为处理器，右为设备）

以上介绍的 7 种结构事物仅仅是 UML 中的基本结构事物。当有了较丰富的 UML 应用经验时，可以在这些基本结构事物的基础上使用它们的变体，如信号、程序、进程和线程、文档、库等。

2. 行为事物

行为事物(Behavioral Thing)也称为动作事物,是 UML 模型的动态部分,用于描述 UML 模型中的动态元素,主要为静态元素之间产生的时间和空间上的行为动作,其作用类似句子中动词的作用。常见的行为事物有交互、状态机、活动等。

(1)交互(Interaction)描述了一种行为,它产生于协作完成一个任务的多个元素之间。交互包含消息、状态和连接。在 UML 图中交互的消息表示为实箭头,源自消息发出者,指向消息接收者,箭头上方写消息名称。

(2)状态机(State Machine)定义了对象或行为在生命周期内的状态转移规则。状态机中包含状态、转移、条件(事件)以及活动。UML 图中的状态机所含的状态表示为圆角矩形,包含状态名。

(3)活动(Activity)描述了操作执行时的过程信息。一个活动包含操作执行过程中每一个步骤(动作)之间的先后序列关系。UML 图中的活动和动作都表示为圆角矩形,它们依靠语义进行区分。

3. 分组事物

分组事物(Grouping Thing)又称组织事物,是 UML 模型的组织部分,是用来组织系统设计的事物。主要的分组事物是包,另外,其他基于包的扩展事物(如子系统、层等)也可作为分组事物。

4. 注释事物

注释事物(Annotation Thing)又称辅助事物,是 UML 模型的解释部分。这些注释事物可以用来描述、说明和标注模型的任何元素,简言之,就是对 UML 模型中元素的注释。主要的注释事物就是注释(Note),它是依附于一个元素或一组元素之上对其进行约束或解释的简单符号,内容为对元素的进一步的解释文本。这些解释文本在 UML 图中可以附加到任何模型的任意位置上,用虚线连接被解释的元素,如图 4-6 所示。当不需要显示注释时可以隐藏,也可以以链接形式放到外部文本中(如果注释很长)。几乎所有的 UML 图形元素都可以用注释来说明。

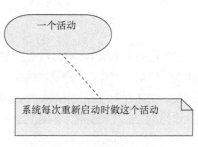

图4-6 UML图中元素的注释

4.1.2 关系

关系是模型元素之间具体化的语义连接,负责联系 UML 的各类事物,构造出结构良好的 UML 模型。在 UML 中有 4 种主要的关系。

- 关联(Association):描述不同类元的实例之间的连接。它是一种结构化的关系,指一个对象和另一个对象之间存在联系,即"一个对象可以访问另一个对象"。更详细地,我们说两个对象之间互相可以访问,那么这是一个双向关联,否则称为单向关联。关联中还有一种特殊情况,称作聚合,聚合表示两个类元的实例具有整体和部分的关系,表示整体的模型元素可能是多个表示部分的模型元素的聚合。例如,1 辆汽车与 4 个轮胎可以构成关联关系,而这种关联关系同时又是聚合关系。

- 依赖(Dependency):描述一对模型元素之间的内在联系(语义关系),若一个元素的某些特性随某一个独立元素的特性的改变而改变,则这个元素不是独立的,它依赖于前文所说的那个独立元素。例如,水管依赖热水器,热水器对水管运送的水进行加热。

- 泛化:类似面向对象方法中的继承关系,是特殊到一般的一种归纳和分类关系。泛化可以添加约束条件，说明该泛化的使用方法或扩充方法，这被称为受限泛化。

- 实现（Realization）：描述规格说明和其实现的元素之间的连接的一种关系。其中规格说明定义了行为的说明，真正的实现由后一个模型元素来完成。实现一般用于两种情况下：接口和实现接口的类、组件之间；用例和实现它们的协作之间。

这4种关系是 UML 模型中包含的最基本的关系，它们可以扩展和变形。如关联可以扩展为聚合、组合两种特殊的关系，依赖则有导入、包含、扩展等多种关系。这些关系的具体内容会在后文中进行详细讲解。

4.1.3 图

当用户选择了模型所需的事物和关系之后，就需要将模型展示出来，这种展示就是通过 UML 图来实现的。图由一组模型元素的图形表示，是模型的展示效果。多数的 UML 图是由通过路径连接的图形构成的。信息主要通过拓扑结构表示，而不依赖于符号的大小或者位置（有一些图例外，如顺序图）。

根据 UML 图的基本功能和作用，可以将其划分为两大类，即结构图（Structure Diagram）和行为图（Behaviour Diagram）。结构图捕获事物与事物之间的静态关系，用来描述系统的静态结构模型；行为图则捕获事物的交互过程及其如何产生系统的行为，用来描述系统的动态行为模型。

在 UML 1.4 中，共包含用例图、类图、对象图、活动图、状态图、顺序图、协作图、组件图、部署图9种图。另外，尽管 UML 1.4 使用包图说明规范的组织结构，但是没有对包图进行明确定义。UML 1.4 中图的分类如图 4-7 所示。

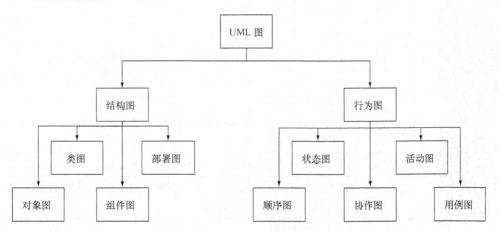

图4-7 UML 1.4中图的分类

随着软件工程技术的发展，在升级到 UML 2 规范后，对图有不同的分类方法和解释方式。UML 2 中包含 14 种图：类图、对象图、组合结构图、组件图、部署图、包图、外廓图、用例图、活动图、状态机图、顺序图、通信图、时间图、交互概览图。UML 2 中图的分类如图 4-8 所示。

UML 2 中的大部分图与 UML 1.4 中的是大致相同的（可能在表示法上略有区别），另一部分的图是将 UML 1.4 中某些图的功能进行了细分而来的，还增加了几种新图。下面通过表 4-1 对比 UML 1.4 中的图与 UML 2 中的图的区别。

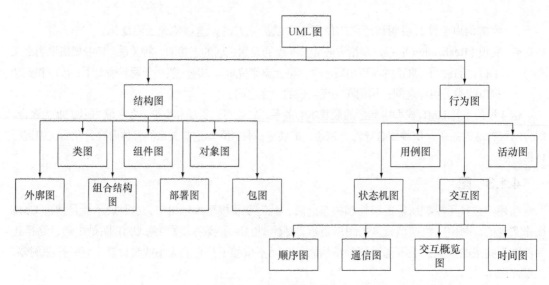

图4-8　UML 2中图的分类

表4-1　UML 1.4 与 UML 2 不同图的对比

UML 1.4	UML 2	对比说明
—	包图	尽管 UML 1.4 使用包图说明规范的组织结构,但是没有对包图进行明确定义
状态图	状态机图	只是名称不同,技术上完全相同
活动图	活动图	UML 2 中的活动图独立于状态机存在
—	组合结构图	显示结构化类元或协作的内部结构,和普通类图没有严格界限
—	交互图	UML 2 中的交互图是顺序图、通信图、交互概览图和时间图的统称,与活动图密切相关
协作图	通信图	UML 2 中多用更加精确的通信图来代替协作图;UML 2 中协作图作为一种组合结构图存在
—	交互概览图	活动图的变体,合并了序列图片段和控制流构造
—	时间图	UML 2 中新增的时间图是一种特殊的序列图形式,显式地表示了生命线上的状态变化和标度时间

注意　因为Rose 7不支持UML 2规范,所以本书在后续章节的讲解上以UML 1.×为主,同时会与UML 2中相关的图进行具体的对比说明。本书将在第5~13章深入讲解UML中的各种图。

4.2　通用机制

UML 提供了 4 种通用机制,描述了达到面向对象建模目的的 4 种策略,它们一直被应用到模型中,并在 UML 的不同语境下被反复运用，使得 UML 更简单并易于使用。这 4 种机制分别是规格说明（Specification）、修饰（Adornment）、通用划分（Common Division）和扩展机制（Extensibility Mechanism）。

4.2.1 规格说明

UML 不仅是图形化的语言，恰恰相反，在每个图形符号后面都有一段描述用来说明构建模块的语法和语义。例如，在一个类的符号中暗示了一种规格说明，它提供类所有的属性、操作等信息的全面描述；虽然有时为了表现得更直观一些，类图可能只显示这些描述的一小部分。而且，从另外一个角度来看这个类，可能会有完全不同的部分，但它仍然与类的基本规范保持一致。

UML 的规格说明用来对系统的细节进行描述，在增加模型的规格说明时可以确定系统的更多性质，细化对系统的描述。通过规格说明，我们可以利用 UML 构建一个可增量的模型，即首先分析确定 UML 图形，然后不断对该元素添加规格说明来完善其语义。

4.2.2 修饰

UML 中大多数的元素都有一个唯一的和直接的图形符号，用来给元素的非常重要的方面提供一个可视的表达方式。例如，类图有意地被设计为易描绘的图形，并且类符号也揭示出类的非常重要的方面，即它的名称、属性和操作。

修饰是对规格说明的文字或图形的表示。我们已经知道，类的规格说明可能包含其他细节，诸如它是不是抽象类，它的属性和操作的可见性，这些细节中的大多数都可以通过图形或文本修饰在类的基本矩形框符号中得以表达。例如，这里有一个类，我们可以通过不同的修饰来标识它是一个抽象类，拥有两个公有性的操作、一个保护性的操作和一个私有性的操作。

在 UML 中的每个元素符号都以一个基本的符号开始，在其上添加一些具有独特性的修饰。

4.2.3 通用划分

在面向对象系统建模中，通常有几种划分方法，其中常见的两种划分方法是类型-实例与接口-实现。

1. 类型–实例

类型-实例（Type-Instance）是通用描述符与某个特定元素的对应。通用描述符称为类型，特定元素称为实例，一个类型可以有多个实例。在使用过程中可以类比面向对象语言中的类和对象的关系，事实上，类和对象就是一种典型的类型-实例划分。实例的表示法为类型的名称下加下画线，后附冒号和类型，如 "Undergraduate : Student"。

2. 接口–实现

接口是一个系统或对象的行为规范，这种规范预先告知使用者或外部的其他对象这个系统或对象的某项能力和其提供的服务。通过接口，使用者可以启动该系统或对象的某个行为。实现是接口的具体行为，它负责执行接口的全部语义，是具体的服务兑现过程。例如，在借钱时我们写过一张欠条，那么这张欠条就是一种还钱的约定。但是欠条只代表一个"我会还钱"的约定，而不代表真正还了钱。把钱真正交到债主手上才是将承诺兑现的过程。那么接口相当于欠条，而还钱是欠条所对应的实现。

UML 的许多构造块都有像接口-实现这样的二分法。例如，接口与实现它的类或组件、用例与实现它的协作、操作与实现它的方法等。

4.2.4 扩展机制

为了扩充在某些细节方面的描述能力，UML 允许用户在不改变整体语言风格的基础上定义一些通用性的扩展机制。UML 所提供的扩展机制很可能无法满足出现的所有要求，但是它以一种易于实现的简单方式容纳了用户需要对 UML 所做的大部分剪裁。

UML 中的扩展机制包括构造型（Stereotype）、标记值（Tagged Value）和约束（Constraint）这 3 种。在使用扩展机制的时候需要注意，有些扩展机制违反了 UML 的标准形式，使用它们也会造成逻辑上的互相影响。因此，在使用扩展机制之前，用户应当仔细权衡利弊，特别是当现有机制能够合理工作时，考虑是否还需要应用扩展机制。

1. 构造型

构造型是将一个已有的模型元素进行修改或精化，创造出的一种新的模型元素。构造型的内容和形式与已存在的基本模型元素的相同，但该构造型拥有不同的含义与用法。

例如，业务建模领域的建模人员经常希望将业务对象和业务过程作为特殊的元素进行建模，它们在特定的环境中拥有不同于其他元素的用法。然而它们实际上可以被看作特殊的类——同样拥有属性与操作，但是在使用上有着特殊的约束。

构造型定义在元素的特性描述中。每个构造型都由一个基本的模型元素派生而来。构造型的所有元素都具有基本模型元素的特性。构造型的表示法为一个双尖括号内附构造型名称，一般放在已有的基本模型元素符号上方。UML 中预定义了一些构造型供用户使用，用户也可以根据自己的需要自行定义。例如，我们已经知道，接口实际上是<<interface>>构造型的类元素，如图 4-9 所示。

图4-9 构造型

2. 标记值

标记值是关于模型元素本身的属性的定义，即元素属性的定义。标记值所定义的是用户模型中元素的特性而非运行时对象的特性。标记的定义被构造型所拥有。

简单来说，当一个模型元素应用某种构造型时，该模型元素就获得了该构造型中所定义的所有标记。对每一个标记，用户可以指定一个标记值。一般情况下，标记名、符号和标记值被写在注释中与模型元素连接在一起，如图 4-10 所示。

标记可以用来存储模型元素的任意信息，它是一个名称-值的组合，表现为形如"property = value"的字符串形式。在定义构造型时，用户定义标记名来表示想要记录的一些特性；在将构造型应用给模型元素时，用户需要给标记名指定标记值来存储这个元素的特性信息。例如，标记名可以是

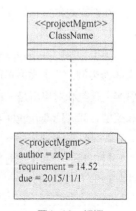

图4-10 标记

author，表示这个标记用来存储此元素的作者姓名，而标记值则根据实际情况来填写，如 James Rumbaugh。标记值对于存储项目管理信息尤其有用，它可以用来记录开发者的信息、代码信息、日志、代码模板和代码生成说明等。

此外，标记值还提供了一种将和实现相关的附加信息与模型元素联系起来的方式。例如，代码生成器需要有关代码种类的附加信息以从模型中生成代码，我们可以利用标记值来告诉代码生成器使用

哪种实现方式。标记值也可以为其他类型的插件工具所使用，如项目计划生成器和报表书写器。

3. 约束

约束是使用某种文本语言中的陈述句表达的语义条件或者限制。通常约束可以附加在任何一个或一组模型元素上，它表达了附加在元素上的额外语义信息。

每个约束包括一个约束体与一种解释语言。这里的解释语言可以是自然语言，也可以是形式化语言。如果是自然语言，则约束本身是不能自动强制遵守的。UML 提供的约束语言为 OCL，但也可以使用其他形式的语言。

某些常用的约束有名称，可以避免每次使用时都写出完整的复杂语句。例如，xor 就是异或约束的名称，其具体语义我们会在本书第 6 章讲到。

约束使用花括号（{}）中的字符串表示，可以应用于大部分 UML 元素。图 4-11 所示是一个类操作的约束。

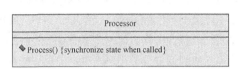

图4-11　约束

4.3 "4+1"视图模型

"4+1"视图模型方法采用用例驱动，在软件生命周期的各个阶段对软件进行建模，从不同视角对软件系统进行解读，从而形成统一软件过程架构描述。本节将主要介绍在建模过程中常用的"4+1"视图模型。

4.3.1 "4+1"视图模型的概念和组成

"4+1"视图模型是由菲利普·克鲁奇顿（Philippe Kruchten）于 1995 年在 *IEEE Software* 的一篇名为 "The 4+1 View Model of Architecture" 的论文中提出的。在这个视图模型中，软件开发者从 5 个不同视角描述软件系统结构的一组视图模型。它们包括逻辑视图、开发视图、进程视图、物理视图和场景视图。每一个视图只反映系统的某一部分，5 个视图结合起来才可以描述整个系统的结构。

（1）逻辑视图（Logic View）将系统功能进行分解，它负责反映系统内部是如何组织和协作来实现功能的。逻辑视图中包含从用户服务中提取出的对系统功能的抽象、分解和分析，通过揭示类、对象、类与对象之间的静态关系，以及对象之间如何交互的动态行为来展示各个对象如何共同实现系统的功能。逻辑视图主要对应 UML 中的类图。

（2）开发视图（Development View，又称实现视图）主要用来描述软件的各个模块的组织方式，包括源程序、程序包、支持软件和第三方库等。开发视图面向开发人员，主要考虑软件在编程时的需求，例如模块的编写是否容易、模块是否可以重用、哪些成熟的框架可以应用等。对应到 UML 中，由于开发视图描述了静态的软件组织结构，一般由有着相似功能的组件图（组件与子系统）表示。

（3）进程视图（Process View，又称处理视图、运行视图、过程视图）主要用来描述系统的运行特性，侧重系统的性能和稳定性，关心系统的并发性、分布性和集成性的好坏，主要关注进程、线程、对象、并发、同步和通信等运行时的概念。同时它为逻辑视图中类的具体操作指定进程或线程，并且对运行时单元之间的交互加以规划。进程视图主要面向系统集成人员，便于对系统进行性能测试。在 UML 中运行时分析一般采用顺序图、协作图、状态图和活动图来完成。

（4）物理视图（Physical View，又称部署视图）主要用来描述硬件配置，强调系统的安装、配置、通信和拓扑结构等。在考虑性能和可靠性的基础上，它将软件系统映射到指定的硬件设备上。物理视图保证不同的硬件环境给软件的性能带来的影响最小，或者对于某种已知的物理配置而言让性能和稳定性达到最高。物理视图是综合考虑软件系统和安装、运行环境的视图。UML中的部署图基本可以实现以上物理视图涉及的部分。

（5）场景视图（Scenarios View，又称用例视图）从项目需求入手，将以上4个视图结合为一个整体。可以描述一个特定视图内的构件关系，也可以描述不同视图间的构件关系。4个视图的元素需要协同工作以实现场景视图中给出的用例，它是距离用户需求最近的视图，也是软件开发中的重要驱动要素（用例驱动）。它实际上不包含新的内容（这也是"4+1"的由来），只做4个视图的整合工作。但它是所有视图的核心。用例驱动是指系统应当通过分析用例来决定提供哪些功能，所以场景视图既是设计的核心，又是最终测试和检验的基准。UML中的场景视图主要是指用例。

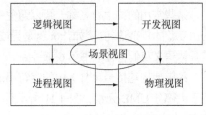

图4-12　5个视图之间的关系

5个视图之间的关系如图4-12所示。

4.3.2　"4+1"视图模型要解决的问题

面对复杂的问题情境，要实现用户指定的功能、开发出满足用户需求的软件并非易事。在开发过程中，软件架构师需要对各种各样的用户需求进行捕获，准确地找出需求之间可能出现的矛盾，并且分析哪些需求是容易实现的、不易实现的、不能实现的，从而确保重要的需求被满足。

正是因为软件设计是逻辑性极强的一种实践，是对人类智慧的高度考验，所以我们不能仅靠灵感来作为每个架构设计的策略。为了保证软件产品的功能需求，满足各种约束条件，并且在开发和使用时保障质量属性，我们在实践过程中需要依靠系统方法的指导。

从工程上简化一个问题，一种首要的思路就是分而治之。通常使用的分而治之策略有分层法、模块法等。其中，对于模块法而言，对每个模块实行不同的、较为单一的操作，透明化模块内部的信息，是一种重要的方法论。"4+1"视图模型方法是一种架构设计的多重视图方法，属于一种特殊的模块法。在前文我们已经介绍了各个视图的"单一"功能划分，下文将较为详细地介绍"4+1"视图模型在开发实践中的使用方法。

4.3.3　运用"4+1"视图模型方法进行软件架构设计

在软件工程的长期实践过程中，许多从业者总结出了一些"4+1"视图模型的应用方法。其中，统一软件开发过程（RUP）是一种成熟的、体系化的、可定制的实践方法论。关于RUP的内容，我们在第14章中将对其概念和具体过程进行详细描述。本章我们就一般的软件开发过程，对"4+1"视图模型的使用方法加以简单介绍。

软件项目和传统的工程项目的首要问题是一致的，那就是"做什么""做出来的东西交给谁用""谁付钱"。在软件术语中，这3个问题的回答被称为需求、用户和投资方。而这三者的关系比较明显，投资方希望为用户提供方便并从中谋取一些利益，缺少了投资方项目无法运行；用户实际使用这个软件产品，实现一些具体的目的，没有用户也就意味着软件产品不会被使用；需求代表用户需要实现的目的，没有需求开发的软件产品往往混乱而无用。

一般来说，一个项目不会缺少投资方和实际的用户，所以3个首要问题中开发人员最关心的就是用户的需求。如果没有需求，整个项目就没有进行下去的目标和驱动力。所以在"4+1"的 5 个视图中最先被使用的一定是场景视图。

场景视图是可以根据用户的需求直接产生和描述的，所以它是与需求关系最紧密的视图，可以在项目第一步获取需求之后立刻被使用。同样，因为场景视图代表顶层的软件产品目标，所以在软件开发过程中一直通过分析各个场景视图来寻找功能点和非功能点、检验系统是否满足要求。这些功能点和非功能点是实现部分的领航标，而根据场景视图进行测试是确认系统是否满足功能点和非功能点的重要方式。

当输出了各个场景视图之后，可以进一步使用逻辑视图来细化场景。这一步的细化包括以下几个方面。

（1）找到场景中的所有关键交互。

（2）使用软件术语描述交互逻辑，注意一些场景可能是基于事件的。

（3）设计一些更下层的元素，这些元素的合理组合可以最终实现这个场景。

如果说场景视图是架构设计师与用户的通用交流语言，那么逻辑视图就是架构设计师和项目实际开发人员的通用交流语言，只是此时的表现层次仍然比较高。

逻辑视图是一个低于场景、高于详细设计的视图。这一点表现在逻辑视图仍然是静态的、注重问题划分的、关注用户使用流程的。逻辑视图更多地在尝试使用编程术语描述问题，而不是解决问题。随后继续细分得到的开发视图、进程视图和物理视图则开始关注问题的具体实现。

开发视图、进程视图和物理视图不太容易分出先后顺序。虽然在"4+1"视图模型中它们是不同的模块，但是它们的内容是紧密相关的。开发视图关注各种程序包的使用，进程视图关注运行时的概念，物理视图关注程序和运行库、系统软件对物理及视图的要求和配合方式。有一些开发经验的读者，可能立刻就意识到它们之间有密不可分的关系，例如，运行库存在着线程支持、线程安全问题；一些物理硬件支持并发而另外一些可能不支持；程序包的静态依赖关系在运行时会成为对象、进程和线程等。所以这 3 个视图需要合理地结合使用，负责每个视图的开发小组需要经常交流以确保 3 个视图间的内容保持一致。

对绝大多数面向对象软件开发过程来说，上述"4+1"视图模型软件架构设计方法都是适用的。理解这一节的内容，对读者对后续章节的理解有很大的帮助，并且在后文中我们将反复提及这一节中使用的名词。

小结

在本章中，首先介绍了构造块和通用机制。UML 的构造块中的事物为现实世界中事物的抽象提供了映像，关系为事物之间的联系和交互提供了映像，而图表达了软件设计中事物和关系的结合。通用机制使对 UML 的使用更加得心应手。其次，介绍了"4+1"视图模型。不同的部门分别通过"4+1"视图模型找到在软件架构中各自关心的问题，进行高效率的分析和设计。同时，每一个视图只关注某一个方面，各个部分的耦合度很低，便于部门间的协同工作。最后，介绍了使用"4+1"视图模型进行软件架构设计的一般方法。

习题

1. 选择题

（1）下列事物中不属于 UML 中结构事物的是（　　）。

    A. 类　　　　　　　B. 组件　　　　　　C. 节点　　　　　　D. 状态机

（2）描述了一组动作序列的模型元素是（　　）。

    A. 类　　　　　　　B. 接口　　　　　　C. 用例　　　　　　D. 组件

（3）在 UML 中表示一般事物与特殊事物之间的关系的是（　　）。

    A. 关联关系　　　　B. 泛化关系　　　　C. 依赖关系　　　　D. 实现关系

（4）我们可以使用 UML 中的（　　）来描述图书馆与书的关系。

    A. 关联关系　　　　B. 泛化关系　　　　C. 依赖关系　　　　D. 实现关系

（5）UML 使用（　　）来描述接口和实现接口的类之间的关系。

    A. 关联关系　　　　B. 泛化关系　　　　C. 依赖关系　　　　D. 实现关系

（6）下列 UML 图中不属于结构图的是（　　）。

    A. 类图　　　　　　B. 对象图　　　　　C. 组件图　　　　　D. 顺序图

（7）下列 UML 图中不是 UML 2 规范中新增加的图的是（　　）。

    A. 类图　　　　　　B. 交互概览图　　　C. 组合结构图　　　D. 时间图

（8）下列选项中不属于 UML 的扩展机制的是（　　）。

    A. 约束　　　　　　B. 构造型　　　　　C. 注释　　　　　　D. 标记值

（9）当我们需要表示某个元素的特性信息时，我们可以使用（　　）这种扩展机制。

    A. 约束　　　　　　B. 构造型　　　　　C. 注释　　　　　　D. 标记值

（10）在"4+1"视图模型中，（　　）主要用来描述软件各个模块的组织方式。

    A. 逻辑视图　　　　B. 开发视图　　　　C. 进程视图　　　　D. 物理视图

2. 填空题

（1）构造块包括事物、关系和图三方面的内容，其中事物是对模型中关键元素的抽象体现，关系是事物和事物间联系的方式，图是相关的事物及其关系的聚合_____。

（2）结构事物总称为_____，常见的结构事物有类、接口、用例、协作、组件、节点。

（3）_____是系统中封装好的模块化部件，仅将外部接口暴露出来内部实现被隐藏。

（4）分组事物又称组织事物，是 UML 模型的组织部分，主要的分组事物是_____。

（5）最主要的注释事物是_____，它的解释文本用_____连接到被解释元素。

（6）关联关系描述不同类元的实例之间的连接，_____关系表示两个类元的实例具有整体和部分的关系。

（7）结构图捕获事物与事物之间的静态关系，用来描述系统的静态结构模型；_____捕获事物的交互过程如何产生系统的行为，用来描述系统的动态行为模型。

（8）在面向对象系统建模中，最常见的两种划分是类型-实例、_____。

（9）_____是使用某种文本语言中的陈述句表达的语义条件或者限制，使用大括号中的文本串表示。

（10）"4+1"架构中，_____视图将系统功能分解，反映系统内部是如何组织和协作来实现功能的；_____视图主要用来描述软件各个模块的组织方式；_____视图主要描述系统的运行特性；_____视图主要描述硬件配置；_____视图从项目需求入手，将四个视图合为一个整体，是离用户最近的视图。

3．判断题

（1）构造块就是 UML 中的事物。   （   ）

（2）UML 中的行为事物通常用来描述模型中的动态部分。   （   ）

（3）UML 中的注释可以隐藏起来。   （   ）

（4）UML 中的关系负责连接两个同种类的模型元素。   （   ）

（5）所有的 UML 图都不依赖于元素符号的大小和位置。   （   ）

（6）UML 的每个图形符号都暗示了该元素的规格说明。   （   ）

（7）类操作的可见性（公有、私有或保护）可以通过 UML 的通用划分来表示。   （   ）

（8）UML 的用户可以随意对 UML 进行任意形式的扩展。   （   ）

（9）UML 中的约束使用花括号中的文本来表示。   （   ）

（10）"4+1" 视图模型中的开发视图将 4 个视图结合为一个整体。   （   ）

4．简答题

（1）简述 UML 中的 4 种事物的含义和作用。

（2）简述 UML 中 4 种基本关系的含义和作用。

（3）简述 "4+1" 视图模型中 5 个视图的作用。

第5章 用例图

在软件开发过程中，首先要解决的问题就是捕获并分析用户的需求，此时可以通过用例和用例图来形象地表示所有需求。捕获和分析需求，首先要准确描述用户的功能需求和行为需求，即系统需要完成哪些任务，以便进一步确定系统需要建立哪些类和对象，并建立它们之间的关系。用例建模就是用来描述系统功能的技术。

5.1 用例图的基本概念

用例图（Use Case Diagram）是表示系统中用例与参与者之间关系的图。它用于描述系统中相关的用户和系统对不同用户提供的功能和服务。用例图是 UML 中对系统的动态方面建模的 5 种图之一（其他 4 种图是活动图、状态图、顺序图和通信图），是对系统、子系统和类的行为进行建模的核心。

用户最关心的是一个系统具有的功能与呈现的外部特性，而并不十分关注实现过程以及实现方法本身。用例图就相当于从用户的视角来描述和建模整个系统，分析系统的功能与行为。用例图通过呈现元素在语境中如何被使用的外部视图，使得系统、子系统和类等概念更加易于探讨和理解。

用例图中的主要元素包括参与者、用例以及元素之间的关系。此外，用例图还可以包括注释和约束，也可以使用包将图中的元素组合成模块。图 5-1 显示了一个图书管理系统的用例图。

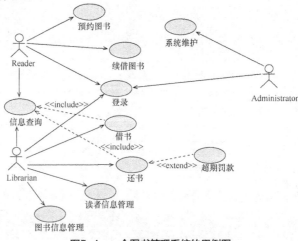

图5-1 一个图书管理系统的用例图

5.2 参与者

凡有用例，必存在参与者。否则，一个不能被任何用户感知到的"功能"或"事务"在系统中存在的意义又是什么呢？本节将主要介绍参与者这一建模元素。

5.2.1 参与者的概念

参与者（actor，也被译为执行者）是与系统主体交互的外部实体的类元，描述了一个或一组与系统交互的外部用户或外部事物。参与者以某种方式参与系统中一个或一组用例的执行。

参与者位于系统边界之外，而不是系统的一部分。也就是说，参与者是从现实世界中与系统交互的事物中抽象出来的，而非系统中的一个类。例如，某个用户登录了某一网站，网站存储有这个用户的个人信息。在这一例子中，这个用户可以抽象成系统的参与者，而网站数据库中存储的个人信息记录则是系统内部的一个对象。参与者可以对应于现实世界中的人、电子设备、操作系统、另外的软件系统，甚至是时间等其他类型的对象。

参与者是从现实世界中抽象出来的一种形式，却不一定确切地对应现实世界中的某个特定对象。现实世界中的一个对象可以根据对系统的不同目的抽象成多个参与者；现实世界中的多个对象也可以按照对系统的相同目的而抽象为一个参与者。例如，一个人可以是一个网站的管理员和普通用户，他的这两种身份对系统的目的和操作是不同的，因此他一个人对应两个参与者。再例如，一个网站可以有成千上万个用户，他们对于网站所进行的操作和拥有的权限是相同的，那么他们全体被抽象为一个参与者。著名的面向对象专家马丁·福勒（Martin Fowler）认为，参与者这一词是源于瑞典语的误译，更合适的术语应该是角色（role）。因此，可以认为参与者是外部对象相对于系统而言所扮演的角色的抽象。

在 UML 中，参与者有两种表示法，如图 5-2 所示。图标表示法中，参与者用一个小人儿图形表示，图形下方显示参与者的名称。参与者还可以使用带有<<actor>>构造型的类符号（矩形）来表示。一般情况下，习惯用图标表示法来表示人，用类符号表示法来表示事物。此外，参与者可以分栏来表示它的属性和接收到的事件。

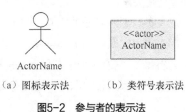

（a）图标表示法　　（b）类符号表示法

图5-2　参与者的表示法

注意　　我们也可以利用UML提供的扩展机制来给参与者赋予不同的构造型，以提供不同的表示法，这可能呈现出更好的可视化效果。

5.2.2 确定参与者

确定参与者是构建用例图的第一步。通过对参与者进行关注和分析，我们可以把重点放在如何与系统交互这一问题上，便于进一步确定系统的边界。另外，参与者也决定系统需求的完整性。确定参与者可以从以下几个角度来考虑。

- 为系统提供输入的人或事物。
- 接收系统输出的人或事物。

- 需要接入的第三方系统或设备。
- 时间是否会触发某些事件。
- 负责支持或维护系统中信息的人。

除了从以上角度考虑参与者，还可以参考参与者的分类来进行确定。系统中的参与者一般可以分为4类。

- 主要业务参与者（Primary Business Actor）：主要从用例的执行中获得好处的关联人员。主要业务参与者可能会发起一个业务事件。例如，某公司雇员会在支付系统中获取薪资，因此他是一个主要业务参与者。
- 主要系统参与者（Primary System Actor）：直接与系统交互以发起或触发业务或系统事件的关联人员。主要系统参与者可能会与主要业务参与者进行交互，以便使用系统。例如，在一个零售店的支付过程中，出纳员负责处理系统的收款事务，因此他是一个主要系统参与者。
- 外部服务参与者（External Server Actor）：响应来自用例的请求的关联人员。例如，信用卡部门认证授权信用卡的支付行为，因此信用卡部门是一个外部服务参与者。
- 外部接收参与者（External Receiver Actor）：从用例中接收某些价值或输出的非主要的关联人员。例如，仓库接收到一个客户订单准备发货，因此仓库是一个外部接收参与者。

5.2.3 参与者的泛化关系

一个系统可以具有多个参与者。当系统中的几个参与者既扮演自身的角色，又有更一般化的角色时，可以通过建立泛化关系来进行描述。对参与者建立泛化关系，可以将这些具有共同行为的一般角色抽象为父参与者，子参与者则可以继承父参与者的行为和含义，并能拥有自己特有的行为和含义。如图 5-3 所示，付费会员拥有普通会员的权限，也拥有一些普通会员没有的权限，因此二者之间可以建立泛化关系。

父参与者可以是抽象的，即不能创建一个父参与者的直接实例，这就要求属于抽象父参与者的外部对象一定属于其子参与者之一。例如，在图 5-4 中，客户这一参与者是抽象的（表现为参与者名称为斜体），它有 3 个子参与者：直接客户、电话客户和网上客户。如果系统外部的一个参与者对象属于客户，因为客户本身不能拥有直接实例，所以它必然属于客户的 3 个子参与者的其中一个。

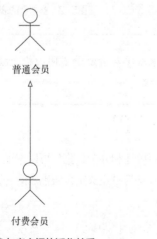

图5-3 参与者之间的泛化关系

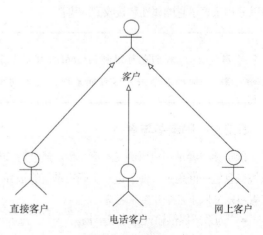

图5-4 抽象参与者

5.3 用例

在 UML 建模中，用例无疑是最重要的元素之一。作为整个软件开发过程的驱动因素，用例将所谓"面向对象"的封装起来的类、相互独立的组件等模块化的部分整合在一起，在开发者层面看来，多个独立无关的部分需要通力协作，最终完成一个或几个用例；在用户层面看来，用例几乎是直接显示了用户的需求。可以说，用例是系统中的对象最终得以实现其意义的核心力量，也正因为此，我们说用例是 UML 中较重要的元素，准确的用例的定义是在软件开发过程中不可或缺的要素。

鉴于用例具有如此重要的地位，对用例的性质的误用很容易导致软件设计的缺漏或冗余。由于种种原因，用例的设计确实难以掌握，除了本身的性质较难理解以外，在实践中如何做到保证用例可以覆盖用户需求，尽可能简化实现，将与逻辑无关的部分进行细分等这些细节也同样让人苦恼。本节将详细介绍用例这一建模元素，希望读者能够有所收获。

5.3.1 用例的概念

用例（Use Case，又被译作用况）是类元（一般是系统、子系统或类）提供的一个内聚的功能单元，表明了系统与一个或多个参与者之间信息交换的序列，也表明了系统执行的动作。一个用例就是系统的一个目标，描述为实现此目标的活动和系统交互的一个序列。用例的目标是定义系统或子系统的一个行为，但不揭示系统的内部结构。

简单来说，用例就是某一个参与者在系统中做某件事时从开始到结束的一系列活动的集合，以及结束时应该返回的可观测的、有意义的结果，其中也包含各种可能的分支情况。举例而言，在某图书管理系统中，会员的借书行为就可以视作一个用例。借书用例的参与者是会员，用例从会员来到服务台请求借书开始，到会员借书成功或失败为止。

用例是一种理解和记录系统需求的出色的技术，所描述的场景实际上包含系统的一个或多个需求，因此用例与用例图被广泛应用于系统的需求建模阶段，并在系统的整个生命周期中被不断细化。

UseCaseName

在 UML 中，用例用一个包含名称的椭圆来表示，如图 5-5 所示。其中用例的名   **图5-5 用例**
称可以显示在椭圆内部或椭圆下方。

5.3.2 用例与参与者

用例与参与者是用例图中主要的两个元素，二者也存在密不可分的关系。用例是参与者与系统主体的不同交互作用的量化，是参与者请求或触发的一系列行为。一个用例可以隶属一个或多个参与者，一个参与者也可以参与一个或多个用例。没有参与任何用例的参与者是无意义的。

用例与参与者之间存在关联关系，即参与者实例通过与用例实例传递消息实例（信号与调用）来与系统进行通信。用例实例是用例的执行，由来自参与者实例的消息发起。作为响应，用例实例执行一系列用例指定的动作（包括给多个参与者实例发送消息），这种交互一直持续到用例的结束。

在用例执行过程中，一个用例实例不一定仅对应一个参与者实例，一旦出现了多个参与者实例共同参与一个用例实例的发起和执行的情况，参与者就有了主次之分。但无论在何种情况下，用例总试图达成某一类参与者的目的，一般也就只有一方面的需求得到满足。行为对应的被满足的那个参与者称为这个用例的主参与者，而其他仅和系统通信的参与者称为次参与者。通常来说，主参与者是用例的重要服务对象，而次参与者处于协作地位。

在 UML 图中，关联关系使用实线箭头表示，如图 5-6 所示。如果箭头指向用例，则表明参与者发起用例，即用例的主参与者；如果没有箭头或箭头指向参与者，则表示用例与外部服务参与者或外部接收参与者之间有交互，即用例的次参与者。

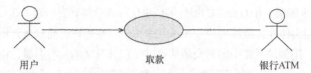

用户　　　　　　　　　　取款　　　　　　　　　　银行ATM

图5-6　用例与参与者之间的关联关系

既然用例描述的是在现实世界中参与者与系统的交互，那么我们就可以从参与者入手来确定用例。应用这个策略的过程中可能会发现一个新的参与者，这种迭代和逐步细化的过程可以完善系统的建模。因此，在确定用例时，可以从以下几个角度考虑。

- 参与者的主要任务是什么？
- 参与者需要系统的什么信息？
- 参与者可以为系统提供什么信息？
- 系统需要通知参与者发生的变化和事件吗？
- 参与者需要通知系统发生的变化和事件吗？

5.3.3　用例的特征

用例有很多特征，这些特征保证用例能够正确地捕获功能需求，同时这些特征也是判断用例是否准确的依据。

1. 用例是动宾短语

用例表达的是一个交互序列，因此需要使用一个动宾短语或动词词组来命名。用例存在的意义在于实现参与者的目的，动宾短语可以简明扼要地表达参与者的意愿和目的。用例可能有类似"登录系统""取款""选课"这样的名字，而不应该被命名为"登录器""取款单""课程表""购票处"等。单纯从语言角度我们也知道，仅仅依靠名词是无法准确描述一个功能的。

2. 用例是相对独立的

相对独立，是指用例在功能上是完备的，即用例不需要与其他用例交互从而独自实现参与者的某项目的。用例本质上体现参与者的愿望，因此，设计的用例必须要实现完整的目的。例如，一个人在ATM（自动取款机）处，此时"取款"是一个较好的用例，它确实满足了用户的需求。而"输入密码"不能完整地实现参与者的目的，仅仅是取钱过程中的一个步骤而已，不是一个用例。同样，到车库"取车"可以作为一个用例，"打开车库门"则不可以作为一个用例。

3. 用例是由参与者启动的

正如前文所说，用例是参与者请求或触发的一系列行为。因此在没有参与者的情况下，用例不应该自启动，多个用例之间也不应该互相启动。参与者的目的或需求是用例启动或存在的原因。在设计用例时，要注意每个用例都至少拥有一个参与者，同时要选择正确的参与者。例如，对"取款"这一用例而言，主参与者是取款人而不是 ATM。

4. 用例要有可观测的执行结果

不是所有的执行过程都最终成为用例。用例应该返回一些可以观测的执行结果，如登录系统时应该及时通知用户"登录成功"，或者跳转到把用户作为参与者的页面；若密码出错，也应该及时给出"密码错误"的提示以便用户改正或重试等。缺少了返回消息的用例是不正确的。

5. 一个用例是一个单元

软件开发工作的依据和基础是用例，当用例被确定后，所有分析和开发，包括之后的部署和测试等工作都需要以用例为基础。这种开发活动也称用例驱动的开发活动。

5.3.4　用例粒度

用例粒度（Use Case Granularity）指的是用例组织信息的方式和细化程度。这个概念看上去有点抽象，因此我们通过下面一个实例进行说明。

假设某个系统允许用户修改自己的用户名、密码、联系电话和地址等信息。基于这些交互过程，我们可以绘制出两个用例图，如图 5-7 所示。在图 5-7（a）中，将交互过程作为 4 个用例显示，并且每个用例都与参与者建立关联；而图 5-7（b）中则概括为一个用例，即"修改个人信息"，因此我们可以说图 5-7（a）的用例粒度比图 5-7（b）的要细。

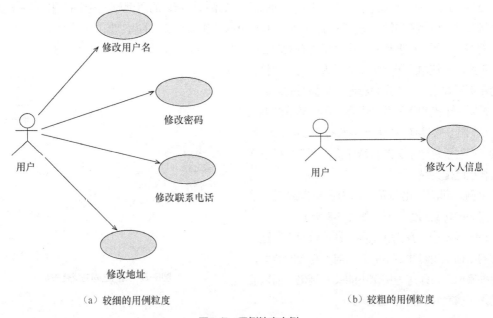

（a）较细的用例粒度　　　　　　　　　　　　（b）较粗的用例粒度

图5-7　用例粒度实例

用例粒度实际上是一个"度"的概念。在实际建模过程中，并没有一个标准的规则，也就是说无法找到一个明确的分界值来决定什么程度是对的，什么程度是错的。我们在确定用例时完全不需要为此所困，只需要根据当前阶段的具体需要来进行。需要注意的是，不管用例粒度的大小如何，都要符合前文提到的用例特征，否则违背了用例的思想。

在业务建模阶段，用例粒度以每个用例能描述一个完整的事情为宜。即一个用例描述一项完整的业务流程，如登录、取款、借书等，这有助于系统需求范围的确定。

在概念建模阶段，用例粒度以每个用例能描述一个完整的事件流为宜。这个阶段需要使用一些面向对象方法来抽象业务需求中的关键概念模型并建模。

在系统建模阶段，用例粒度以每个用例能描述参与者与计算机的一次完整交互为宜。例如，填写表单、审核用户信息等，可以简单理解为一个操作界面所处理的事务。

前述不同建模阶段的划分方法是根据经验得出的在大多数情况下比较适用的方案，而非一成不变的标准。在实际操作时，可以根据具体情况适当变更。需要注意的是，不论如何选择用例粒度，都要保证在同一个需求阶段，所有的用例粒度应该是在同一个量级上的。

5.4　用例之间的关系

由于用例图中的主要元素是参与者和用例，因此用例图中包含参与者与参与者之间的关系、参与者与用例之间的关系，以及用例与用例之间的关系。其中，参与者与参与者之间存在的泛化关系（参见 5.2.3 小节）和参与者与用例之间存在的关联关系（参见 5.3.2 小节）已经在前文进行了讲解，因此本节主要讲解用例与用例之间的关系。

5.4.1　泛化关系

与参与者之间的泛化关系相似，用例之间的泛化关系将特殊化的用例与一般化的用例联系起来。子用例继承父用例的属性、操作和行为序列，并且可以增加属于自己的附加属性和操作。

例如，一所学校要设计一个对于所有教职工的评价系统。系统中用于评价清洁工人和用于评价教师的用例形式相同，都是百分制，但面对的对象不同，是同一个类别下的两个子类，所以评价的方式也不尽相同。假设有一个对于所有教职工的"评价"用例，则对于每个子类的特殊评价用例均可以看作与其构成泛化关系。

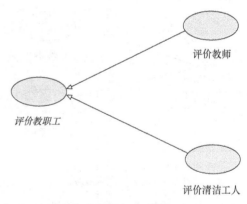

图5-8　用例之间的泛化关系

用例之间的泛化关系表示为一根实线三角箭头，箭头指向父用例一方，如图 5-8 所示。

在图 5-8 中，我们注意到"评价教职工"这一用例的名称是用斜体表示的。这与参与者的类似，表示抽象用例，即这一用例不能被实例化，而只能创建其非抽象的子用例的实例。

建议

用例之间的泛化关系往往令人困惑。由于在用例图中很难显式地表达泛化出来的子用例到底继承了父用例的哪些部分，并且子用例继承父用例的动作序列很有可能会导致高耦合的产生，因此，本书建议读者尽量不使用用例之间的泛化关系，更不应该使用多层的泛化关系。如果读者坚持使用，请尽量将父用例设计为抽象用例，并仔细分析父用例与子用例的事件流（参照5.5.3小节），以降低系统耦合度并避免泛化关系的错误使用。

5.4.2　依赖关系

在用例图中，除泛化关系外，用例之间还存在多种依赖关系。正如第 4 章所说明的那样，依赖关系通过附加不同的构造型来表示不同的关系，用户也可以自己定义带有新构造型的依赖关系。本节将介绍用例图中常见的两种依赖关系：包含和扩展。

1. 包含

包含指的是一个用例（基用例）可以包含其他用例（包含用例）具有的行为，其中包含用例中定义的行为将被插入基用例定义的行为中。使用包含关系需要遵循以下两个约束：基用例可以看到包含用例，并依赖于包含用例的执行结果，但是基用例对包含用例的内部结构没有了解；基用例一定会要求执行包含用例，即对包含用例的使用是无条件的。

例如，在某个在线交易系统的用例图中，用户创建订单的行为一定需要包括选择商品的行为序列，且创建订单的行为依赖于选择商品的结果，因此二者之间构成包含关系。

在 UML 图中，包含表示为一个虚线箭头附加上<<include>>的构造型，箭头从基用例指向包含用例，如图 5-9 所示。

图5-9 包含

一般情况下，当某个动作片段在多个用例中都出现时，可以将其分离出来从而形成一个单独的用例，将其作为多个用例的包含用例，以此来达到复用的效果。

2. 扩展

扩展指的是一个用例（扩展用例）对另一个用例（基用例）行为的增强。在这一关系中，扩展用例包含一个或多个片段，每个片段都可以插入基用例中一个单独的位置上，而基用例对于扩展用例的存在是毫不知情的。使用扩展用例我们就可以在不改变基用例的同时，根据需要自由地向用例中添加行为。

例如，对于系统的"注册"用例而言，用户可以填写实名信息从而获得系统较高的信任等级，这就需要引入一个"检查实名信息"的用例。这一用例对于每个"注册"用例的实例而言不是必需的，也就是说此用例的执行是有条件的。而且，"注册"用例本身对于"检查实名信息"用例的存在是不知情的，即它不需要"检查实名信息"用例的结果就可以继续执行，因此二者构成扩展关系。

扩展使用一个附加了<<extend>>构造型的虚线箭头表示，箭头指向基用例，如图 5-10 所示。请注意扩展与包含的箭头方向是相反的，这表明扩展取决于扩展用例而非基用例，扩展用例决定扩展的执行时机，基用例对此一无所知。

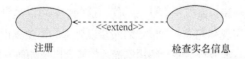

图5-10 扩展

扩展用例包括以下 4 个部分的使用。

- 基用例：需要被扩展的用例，如图 5-10 中的"注册"用例。
- 扩展用例：提供所添加的行为序列的用例，如图 5-10 中的"检查实名信息"用例。
- 扩展关系：使用虚线箭头表示，箭头指向基用例。

- 扩展点：基用例中的一个或多个位置，表示在该位置会根据某条件来决定是否要中断基用例的执行从而执行扩展用例中的片段。

扩展点实际上是决定是否执行扩展用例的分支条件，其作用类似程序设计语言中的 if 语句。例如，在图 5-10 显示的例子中，"注册"用例在执行时，如果用户填写了身份证号等实名信息，就需要跳转执行"检查实名信息"用例。扩展用例执行完毕之后，基用例从中断的位置继续执行。也就是说，扩展用例是否被执行取决于扩展点的条件，如果条件不满足则不执行扩展用例。实际上，在基用例的执行过程中，可以通过扩展点的数量和位置来使同一个扩展用例执行多次。

建议

实际上，扩展点可以表示在用例图中，也可以表示在用例描述中。Rose工具不支持扩展点在用例图中的表示，并且扩展点表示在用例图中会降低用例图的可读性，因此笔者建议将扩展点表示在用例描述中。有关用例描述的相关内容，请参考5.5节。

包含与扩展经常会使初学者困惑，表 5-1 对两者进行了详细的比较。

表 5-1　包含与扩展的比较

特性	包含	扩展
作用	增强基用例的行为	增强基用例的行为
执行过程	包含用例一定会执行	扩展用例可能会执行
对基用例的要求	在没有包含用例的情况下，基用例不一定是良构的	在没有扩展用例的情况下，基用例一定是良构的
表示法	箭头指向包含用例	箭头指向基用例
基用例对增强行为的可见性	基用例可以看到包含用例，并决定包含用例的执行	基用例对扩展用例一无所知
基用例每执行一次，增强行为的执行次数	只执行一次	取决于条件（0 到多次）

5.5　用例描述与用例文档

用例图让人看到系统的外貌，系统拥有什么功能，这些功能可以达到什么目的；但用例图并不知道、更无法解释系统将如何实现和完成其功能。若希望以外部的视角真正了解系统，还需要通过阅读用例描述和用例文档来实现。本节将主要介绍用例描述的概念以及如何写用例文档。

5.5.1　用例描述概述

用例关注的是系统需要做什么，而并非如何做。也就是说，用例本身并不能描述事件或交互的内部过程，这对软件开发来说是不够充分的。因此，我们可以通过使用足够清楚的、便于理解的文字来描述事件流，进而说明用例的行为。完整的用例模型不仅应该包括用例图部分，还要有完整的用例描述部分。

一般的用例描述主要包括以下几部分内容。

- 用例名称：描述用例的意图或实现的目标，一般为动词词组或动宾短语。
- 用例编号：用例的唯一标识符，在其他位置可以使用该标识符来引用用例。
- 参与者：描述用例的参与者，包括主参与者和次参与者。
- 用例描述：对用例的一段简单的概括描述。
- 触发器：触发用例执行的一个事件，例如，"生成订单"用例的触发器是"用户提交了一个新订单"。
- 前置条件：用例执行前系统状态的约束条件。
- 基本事件流（典型过程）：用例的常规活动序列，包括参与者发起的动作与系统执行的响应活动。
- 扩展事件流（替代过程）：记录典型过程出现异常或变化时的用例行为，即典型过程以外的其他活动步骤。
- 结论：描述用例何时结束，例如，"生成订单"用例的结论是"用户收到订单确认的通知"。
- 后置条件：用例执行后系统状态的约束条件。
- 补充约束：用例实现时需要考虑的业务规则、实现约束等信息。

5.5.2 前置条件与后置条件

前置条件指的是用例执行前系统和参与者应处于的状态。前置条件是用例的入口限制，它便于我们在进行系统分析及设计的时候注意到，在何时何地才可以合法地触发事件。需要注意的是，前置条件是用例执行的必要条件而非充分条件，即前置条件并不等同于触发器，而是一个条件声明，只有满足前置条件为真时用例才能够被触发。

后置条件指的是用例执行完毕系统处于的状态。当用例存在多个事件流时，可能会对应多个不同的后置条件。后置条件是对用例执行完毕系统状况的总结，用来确保用户理解用例执行完毕的结果，并非其他用例的触发器。

如果将用例看作交互流程，那么前置条件和后置条件就分别是这个流程的入口和出口状态。例如，对某个在线交易系统的"提交订单"用例，其前置条件是"用户已登录"，其后置条件是"用户将订单提交到系统"。

需要注意的是，前置条件和后置条件对于用例来说不是必需的，如果系统状态对用例的如何启动与如何结束并不重要，则可以省略这些条件。前置条件为空表示用例的启动不需要任何约束；后置条件为空则表示用例结束后系统状态没有明显的改变。

5.5.3 事件流

事件流是对用例在使用场景下的交互动作的抽象，应该包括用例何时以及怎样开始和结束、用例何时与参与者交互、该行为的基本流和可选择的流。

在描述事件流时，要时刻注意事件流是用来使用户理解用例的功能的，因此应该尽量使用业务语言而非专业术语，即应该用户便于理解。描述重点应该放在交互过程上，即从系统外部看到的过程，而不要描述系统内部的处理细节。对交互过程的描述应该覆盖参与者的动作与系统的行为。描述语言应该清晰明确，不使用模糊的表达方式。另外，切勿在用例描述中就设定系统的设计要求，尤其不要对用户界面进行展开。

一个用例的事件流主要包括基本事件流与扩展事件流。

1. 基本事件流

基本事件流描述的是用例中核心的事件流，是用例大部分时间所进行的步骤。基本事件流通常描述用例中没有异常或分支的情况，即用例最理想的执行步骤。因此，基本事件流也被形象地称为快乐路径（Happy Path）。

在编写用例的基本事件流时，按照交互的先后顺序依次记录参与者与系统交互的步骤，并使用阿拉伯数字进行编号。当基本事件流比较复杂时，可以将其分解为若干个子流（subflow），每个子流独立被标识并编号（可使用前缀"S-"）。也可以使用子流来表示存在多种主要路径的情况。

2. 扩展事件流

扩展事件流又称备选事件流，用来表示用例处理过程中的一些分支或异常情况。扩展事件流一般是从基本事件流的某个步骤中分离出来的备选步骤。一般一个基本事件流会存在多个扩展事件流，因此每个扩展事件流需要单独进行编号，可使用前缀"A-"加上所替换的基本事件流的编号。特别地，如果一个扩展事件流在基本事件流的整个过程中都可以被触发，则可以使用加上前缀"A-*"的方式表示。

5.5.4 补充约束

用例通过图形表示和事件流来描述具体的功能需求，而对于系统而言，还包括许多功能之外的内容，如非功能需求、业务规则等。本书将这些内容统称为补充约束。在进行用例描述时，也需要添加这些补充约束，以便更好地详述和刻画用例。对于不同的项目而言，补充约束也不尽相同。本节介绍其中常见的几种补充约束。

1. 数据需求

数据需求指的是与该用例相关的一些数据项的说明，如"注册信息包括用户名、密码以及电子邮箱"。这些被约束的数据一般与用例的事件流相关，因此需要对该项数据进行编号，可使用前缀"D-"加上关联的事件流步骤编号来表示。

2. 业务规则

业务规则指的是与业务相关的逻辑和操作规则。它包括客户与开发方达成共识的事实，一些业务中的推理方法以及一些限制条件。业务规则的编号使用加上前缀"B-"的方式表示。

3. 非功能需求

用例描述所描述的是功能需求，而对于每个用例，还需要描述与之相关的非功能需求。

4. 设计约束

设计约束本质上不是需求的一部分，而是从多个角度对用例或系统的约定，这些约定对后续的分析和设计有一定影响，因此需要记录下来。

5.5.5 用例文档

在介绍完用例描述的各部分内容后，就可以运用这些规则去编写用例文档了。本小节以某在线购物系统的"提交订单"为例，给出一个用例文档的格式与内容，如表5-2所示。

表5-2 "提交订单"用例的用例文档示例

用例名称	说明
用例编号	UC002
参与者	会员
用例描述	该用例描述一个系统会员提交一份订单的行为
触发器	当订单被提交时，用例触发
前置条件	提交订单的一方需要完成登录操作
后置条件	如果订单中的商品有库存，则发货；否则提示用户当前缺货
基本事件流	（1）参与者将订单信息提交至系统； （2）系统验证用户信息及订单信息合法后做出响应； （3）对于订单中的每种商品，系统根据订单中的数量检查商品库存数量； （4）系统统计订单中商品的总价格； （5）系统从会员的系统账户余额中扣除相应金额； （6）系统生成并保存订单信息后将订单发送至分销中心； （7）系统生成订单确认页面并发送给会员
扩展事件流	（1）如果订单信息非法，系统通知会员并提示重新提交订单； （2）如果订单中商品数量超过商品库存数量，则提示会员库存不足，暂无法购买，取消订单同时终止用例； （3）如果会员账户余额不足，系统给出相应提示，取消订单并终止用例
结论	当会员收到系统发送的订单确认页面或其他异常信息时，用例结束
数据需求	订单信息包括订单号、参与者的会员账户名、商品种类数量、商品种类名称以及每种商品的数量
业务规则	只有当订单中商品信息确认无误后才能要求会员进行支付

注意　　本节中介绍的用例描述的内容不是UML中定义的，而是人们在实践过程中逐渐形成的一种对用例的有效描述方法。用例描述中的各部分名称与编号格式在不同参考资料中也不尽相同，但内容大同小异。本书中给出的用例描述与用例文档的格式仅供参考，读者在实际建模过程中可以灵活使用。

5.6 使用用例图建模

使用用例图进行建模，事实上是对系统的外部行为进行提取和展示。所谓外部行为，就是系统关于某个特定领域内要解决的问题而给出的功能。因此，面向系统的语境、面向用户对系统的需求都是恰当的建模思想。本节主要介绍如何使用用例图对系统建模。

5.6.1　用例图的建模技术

用例图用于对系统的用例视图进行建模，主要对系统的外部行为进行建模，即该系统在其语境下对外部所提供的服务。

当对系统的用例视图建模时，通常会通过以下两种方式之一来使用用例图：对系统的语境建模与对系统的需求建模。

1.　对系统的语境建模

语境是系统存在的环境，而对于用例图而言，主要语境就是位于系统边界之外的参与者。因此，在保证用例一定位于系统边界内部的同时，应时刻谨记参与者一定出现在系统边界的外部。在此种情况下，用例图主要是为了说明参与者的身份，以及它们所扮演的角色的含义，这被称为对系统的语境建模。

在对系统的语境建模时，参与者的选定是特别重要的。如果参与者过于泛泛，就不容易确定系统的边界。在一个员工食堂里面，如果把参与者定义为"顾客"，那之后就面临着决定外来人员算不算合法"顾客"的问题。而后，如果把外来人员算作"顾客"，就需要考虑外来人员没有员工工号所带来的问题。将参与者概念范围扩大会使得系统边界变得模糊，要处理的异常情况大量增加。决定系统边界的参与者说明了与系统进行交互的事物列表，隐含着确定了需要系统为之提供服务的"需求方"，也就限定了哪些需求是我们应该考虑在当前系统中的。

例如，在对某校学生的选课系统进行语境建模时，要先考虑参与者的选择。在选课系统中，首先想到的参与者一定是学生，因为学生是选课的主体，他们是主要的参与者。其次，作为学生可以在其上选课的系统，必须在内部存放一些课程信息，一般来说课程的容量、时长、教师、上课时间和地点都可能会变化，所以需要专门的人员去维护，我们可以将其抽象为"管理员"。

假设我们的例子就限定在这个简单的系统，由学生和管理员构成了全部的参与者。然后我们考虑系统内的行为应该由系统外的哪一类参与者触发。如果规定一定是由学生自己选课，那么学生就是"选课"用例的唯一参与者。与此类似，"查看课程信息"用例应该是学生和管理员两类参与者均可触发，另外，"添加课程""删除课程""修改课程"这几个用例的参与者应该是管理员。

对系统的语境建模，一般需要遵循以下策略。

- 识别系统边界。区分出哪些行为是系统的一部分以及哪些行为是由外部实体所执行的，以此来识别系统边界。
- 识别参与者。识别参与者的方法可以参照5.2.2小节。
- 如果需要，将具有相同特征的参与者使用泛化关系加以组织。
- 如果需要，对某些参与者应用一个构造型以便加深理解。
- 将参与者应用到用例图中，并描述参与者与用例间的通信路径。

2.　对系统的需求建模

需求是系统被期望完成的任务，一个行为良好的系统需要能够可靠地满足所有的需求。用例图说明了系统应该提供的行为，而不关心每一个用例内部对于那些需求以怎样的方式实现。这样的方式使得在分析需求之后可以根据用户需求或系统需求快速进行建模，搭建用例框架，为整个系统的设计奠定良好的基础。

陈述系统的需求等同于建立了一份系统外部的事物和系统之间的规约，这份规约规定了系统需要提供给外部用户的操作。外部的用户不关心系统内部如何工作，只关注他应该启动什么，系统应该向他反馈什么。一个完善的系统应该保证可以正确处理外部用户的所有需求，反馈结果的正确也就意味着该结果是有意义、可预料的，就像没有一个正常使用系统的用户会希望在输入错误的用户名和密码后仍可登录成功一样。但在对系统的需求进行建模时，我们无须考虑实现细节，只需要知道"用户需要系统存在登录操作"这个逻辑，就可以把"登录系统"作为一个用例记录下来。至于它的正确执行和良好反馈，需要在软件开发的设计阶段进行完善。

需求可以有各种各样的表达方式，如文字、表格、事件流等。一般来说，用例可以适应绝大多数的情况，所以我们可以放心地直接用用例代表需求。如果有例外的情况，那就是用例一般不负责表达系统对部署环境等细节部分的要求。在对系统的需求进行建模的时候，可以遵循以下策略。

- 识别参与者。通过识别系统周围的参与者来确定系统边界并建立系统语境。
- 对于某个参与者，考虑其期望系统提供的行为或与系统的交互。
- 将行为提炼成用例。
- 完善其他用例。分解用例中的公共行为与扩展行为，放入新的用例中以供其他用例使用。
- 创建用例图。将用例、参与者以及它们的关系建模成用例图。
- 如果需要，在用例图中添加一些注释或约束来陈述系统的非功能需求。

5.6.2 用例图使用要点

建立结构良好的用例图，需要注意以下要点。

- 构建结构良好的用例。用例图中应该只包含对系统而言必不可少的用例与相关的参与者。
- 用例的名称不应该简化到易使读者误解其主要语义的程度。
- 在进行元素的摆放时，应尽量减少连接线的交叉，以提供更好的可视化效果。
- 组织元素时应使在语义上接近的用例和参与者在图上的位置也同样接近，便于读者理解用例图。
- 可以使用注释或给元素添加颜色等方式突出图中相对重要的内容。
- 用例图中不应该有太多的关系种类。 般来说,如果用例图中有很复杂的包含关系与扩展关系,可以将这一部分单独放在一个用例图中，也可以只保留关键的几个关系，将其他关系放在用例描述中进行表述。

另外，需要注意用例图只是系统的用例视图中的图形表示。也就是说，一个单独的用例图不必包含用例视图的所有内容，当系统十分复杂的时候，可以使用一个用例图来表示系统的一个方面（子系统），使用多个用例图来表示系统的用例视图。

5.7 实验：使用Rose绘制用例图

本节主要介绍如何使用 Rose 绘制用例图。

5.7.1 用例图的Rose操作

1. 用例图工具栏

在 Rose 中，当选择一个用例图进行操作时，框图工具栏将变成用例图工具栏。图 5-11 所示为系统默认的用例图工具栏。

2. 创建用例图

在 Rose 中可以在用例视图或逻辑视图下创建用例图。在一个

图5-11 系统默认的用例图工具栏

新建的项目中，Rose 提供了一个名为"Main"的空白用例图，用户可以直接在此处进行绘制。如果系统需要用多个用例图来表示，那么用户可以自行创建用例图。

要创建一个用例图，首先用鼠标右键单击浏览器中的【Use Case View】或【Logical View】目录，在弹出的快捷菜单中选择【New】→【Use Case Diagram】，如图 5-12 所示。此时在浏览器中会多出一个名为"NewDiagram"的用例图，可以对其重命名。双击新创建的用例图可以将其打开。

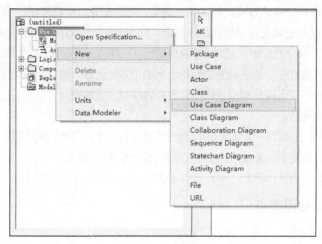

图5-12　创建用例图

3. 使用规格说明对话框

对于图中存在的元素，我们可以通过双击图标或者单击鼠标右键并选择【Open Specification】来打开元素的规格说明对话框。图 5-13 与图 5-14 分别显示了参与者规格说明对话框与用例规格说明对话框。

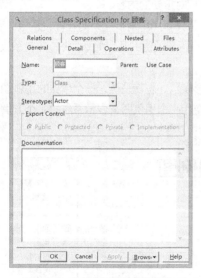

图5-13　参与者规格说明对话框

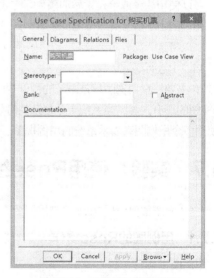

图5-14　用例规格说明对话框

对于参与者元素，可以在规格说明对话框的【General】选项卡中进行重命名操作，可以在【Detail】选项卡中设定是否为抽象，还可以在【Relations】选项卡中查看所有此参与者涉及的用例，如图 5-15 所示。

对于用例元素，可以在规格说明对话框的【General】选项卡中设置名称、构造型、优先级，或者设置其为抽象用例，可以在【Relations】选项卡中查看与此用例相关的元素。

4. 创建用例图中的关系

当创建好参与者与用例元素后，可以使用关系连接这些元素。先在用例图工具栏中选择适当的关系，然后在模型绘制区中的相关元素之间画一条线即可。<<include>>关系和<<extend>>关系可以通过在依赖关系的规格说明对话框中修改其构造型来完成，如图5-16所示。

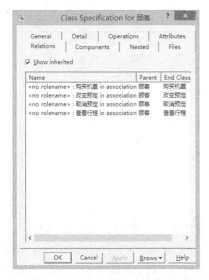

图5-15 查看与参与者关联的用例

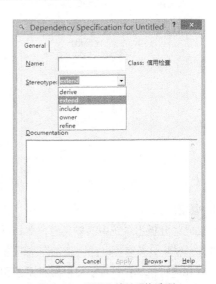

图5-16 设置依赖关系构造型

5.7.2 绘制机票预订系统的用例图

为了加深读者对用例图概念与 Rose 操作的理解，本小节从一个具体情境出发，展示用例图的创建过程。下面就以某机票预订系统为例进行相关说明①。

绘制机票预订系统的用例图

1. 情境说明

机票预订系统是某航空公司推出的一款网上购票系统。其中，未登录的用户只能查询航班信息，已登录的用户除可以查询航班信息，还可以购买机票、查看行程、退订机票。系统管理员可以管理系统中的航班信息。此外，该系统还与外部的一个信用评价系统交互，当某用户一个月之内退订两次及以上的机票时，需要降低该用户在信用评价系统中的信用等级，当用户的信用等级过低时，不允许该用户再次购买机票。

2. 确定参与者

在了解完系统语境后，首先应该分析并确定系统中的参与者。根据情境说明，我们可以分析出需要订票的用户肯定要参与其中，并且用户根据是否已登录有不同的系统使用权限。负责管理航班信息的管理员和与系统交互的外部信用评价系统也应该属于系统的参与者。

通过以上分析可以得出，系统主要有 3 类参与者，分别是用户、管理员与信用评价系统。其中，用户包括游客与注册用户，表示为参与者的泛化关系。由于用户一定属于二者其中之一，因此用户应

---

① 本书中第6～13章的最后一小节均采用这一设想的情境来进行实例讲解。

该是一个抽象参与者。将参与者画到用例图中，如图5-17所示。

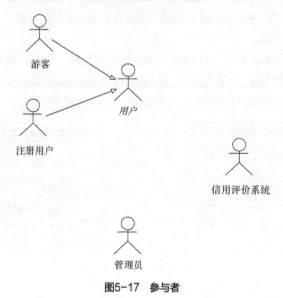

图5-17　参与者

3. 确定用例

我们已经分析出系统中的参与者，然后可以通过分析每个参与者如何使用系统来确定系统中的用例。在本系统中，游客可以注册和查询航班信息；注册用户可以登录系统、查询航班信息、购买机票、查看行程和退订机票；管理员可以登录系统和管理航班信息；信用评价系统可以检查信用等级和修改信用等级。需要注意的是，检查信用等级和修改信用等级的用例并不是由信用评价系统主动触发的，信用评价系统对这两个用例而言只是次参与者。将用例添加到用例图中并与其参与者之间建立关系，如图5-18所示。

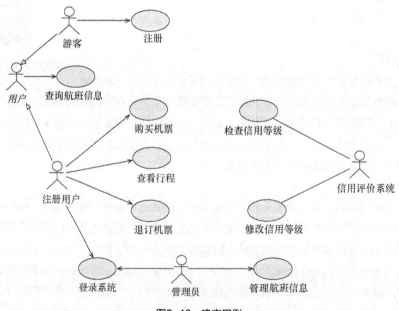

图5-18　确定用例

4. 确定用例之间的关系

在确定完所有用例之后，我们需要具体考虑各个用例的工作流程从而添加用例之间的依赖关系，以保证模型的高内聚与低耦合。对于机票预订系统，我们注意到"购买机票"用例在执行时需要先查询相关的航班信息，然后选择感兴趣的航班来购票，并且在购票前需要检查用户的信用等级是否足够高，因此该用例与"查询航班信息"用例和"检查信用等级"用例之间可以分别建立包含关系。此外，在退订机票时，如果这是该用户本月第二次以上的退订，那么需要降低该用户的信用等级，由于这一关系是有条件的，因而二者构成扩展关系。将这些关系添加到用例图中，形成系统最终的用例图，如图 5-19 所示。

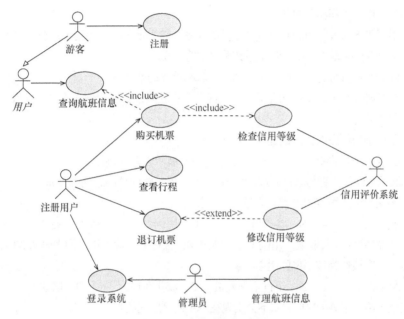

图5-19 系统最终的用例图

小结

本章详细地介绍了 UML 中用例的概念、设计方法和注意事项；讲解了用例图的绘制方式，讲述了如何将核心元素（参与者、用例、关系等）加入用例图中；给出了各个符号与标记的定义，并举例解释了其含义；介绍了两种常用的用例图建模技术，分别为对系统的语境建模和对系统的需求建模，其中的流程和经验请读者仔细体会；最后给出了具体案例中创建用例图的具体过程，并介绍了在 Rose 中绘制用例图的方法。

习题

1. 选择题

（1）以下各项中，（　　）不是用例图适合表达的内容。

    A. 参与者　　　　　　B. 事件流　　　　　　C. 用例关系　　　　　　D. 系统边界

（2）下列关于用例图的描述，错误的是（　　）。

A. 用例图表示系统的行为

B. 用例在用例图中使用椭圆表示

C. 参与者在用例图中使用小人儿图形表示

D. 一般使用从用例指向参与者的箭头表示启动关系

（3）在进行某网上商店的用例图绘制时，（　　）是一个不合适的用例。

    A. 打开页面　　　　B. 购买商品　　　　C. 管理订单　　　　D. 搜索商品

（4）下列不是用例图组成元素的是（　　）。

    A. 用例　　　　　　B. 参与者　　　　　C. 泳道　　　　　　D. 系统边界

（5）下列说法中，不正确的是（　　）。

A. 用例和参与者之间的对应关系是关联关系，它表示参与者使用了系统的用例

B. 参与者指的是人，不能是子系统和时间等概念

C. 特殊需求指的是一个用例的非功能需求和设计约束

D. 在扩展关系中，基用例提供了一个或多个扩展点，扩展用例在这些扩展点中提供了另外的行为

（6）下列不属于用例图的作用的是（　　）。

    A. 展示软件的功能　　　　　　　　　B. 展示软件的特性

    C. 展示软件使用者与软件功能的关系　D. 展示软件功能之间的关系

（7）下列不属于构成用例图的元素的是（　　）。

    A. 包含　　　　　　B. 参与者　　　　　C. 用例　　　　　　D. 关系

（8）对于 ATM 系统的"取款"用例（客户通过插入银行卡并输入正确的密码从 ATM 中成功取款的过程），（　　）应该作为该用例的主参与者。

    A. ATM　　　　　　B. 银行工作人员　C. 取款客户　　　　D. 取款

（9）在用例图中，下列 UML 关系不会出现在两个用例之间的是（　　）。

    A. 关联关系　　　　B. 泛化关系　　　　C. 包含关系　　　　D. 扩展关系

（10）包含关系是在（　　）的基础上通过添加构造型实现的。

    A. 关联关系　　　　B. 泛化关系　　　　C. 实现关系　　　　D. 依赖关系

2. 填空题

（1）用例图是表示一个系统中用例与＿＿＿＿＿之间关系的图。

（2）用例与参与者之间存在着＿＿＿＿＿关系。

（3）用例应使用一个＿＿＿＿＿短语来表达。

（4）用例不需要与其他用例交互从而独自完成参与者的某项目的，这体现了用例是＿＿＿＿＿的。

（5）在同一个需求阶段，所有用例的＿＿＿＿＿应该是在同一量级上的。

（6）包含是用例间的一种＿＿＿＿＿关系，表示为虚线箭头附加上<<include>>的构造型，箭头从基用例指向包含用例。

（7）包含关系中，基用例决定包含用例的执行时机；扩展关系中，＿＿＿＿＿决定了扩展用例的执行时机。

（8）触发器是触发用例执行的一个事件；＿＿＿＿＿是用例执行前系统状态的约束条件；后置条件是用例执行后系统状态的约束条件。

（9）_____事件流描述的是用例中最核心的事件流；_____事件流用来表示用例处理过程中的一些分支或异常情况。

（10）常见的补充约束有：_____、业务规则、非功能性需求、设计约束。

3．判断题

（1）参与者位于系统边界外，并不是系统的一部分。　　　　　　　　　　　　（　　）

（2）在用例图中，一个参与者一定对应于现实世界中的某个特定对象。　　　　（　　）

（3）用例图中的参与者可能对应于现实世界中的人，也可能是其他与系统交互的事物。

　　　　　　　　　　　　　　　　　　　　　　　　　　　　　　　　　　　（　　）

（4）参与者就是那些为系统提供输入的人或事物。　　　　　　　　　　　　　（　　）

（5）在用例图中，用例必须由相应的参与者来发起或执行。　　　　　　　　　（　　）

（6）在绘制用例图时，其中用例粒度越细越好。　　　　　　　　　　　　　　（　　）

（7）用例的包含关系与扩展关系在表示法上相似，都是将虚线箭头从基用例指向包含用例（扩展用例）。　　　　　　　　　　　　　　　　　　　　　　　　　　　　　　　　（　　）

（8）如果两个用例构成包含关系，则在基用例执行过程中，包含用例一定会执行一次。

　　　　　　　　　　　　　　　　　　　　　　　　　　　　　　　　　　　（　　）

（9）用例元素本身就可以描述该用例所表达的事件或交互过程。　　　　　　　（　　）

（10）用例描述中的前置条件与后置条件分别指的是用例执行前和执行后系统与参与者所处的状态。　　　　　　　　　　　　　　　　　　　　　　　　　　　　　　　　　　　（　　）

4．简答题

（1）什么是用例图？用例图有什么作用？

（2）简述用例图的一般建模流程。

（3）用例和用例之间存在什么关系，分别在什么时候使用？

5．应用题

（1）某个学生成绩管理系统的部分参与者和用例总结如下。

教务管理人员：

① 登录系统；

② 教师、学生名单管理；

③ 学期教学计划管理；

④ 成绩管理；

⑤ 课程分配，每次进行课程分配时都必须打印任课通知书。

学生：

① 登录系统；

② 选课。

教师：

① 登录系统；

② 成绩管理，并且可以选择是否生成成绩单。

请根据以上信息绘制出该系统的用例图。

（2）某银行储蓄系统需求说明如下。

① 开户：客户可填写开户申请表，然后交由工作人员验证并输入系统，系统将建立账户记录，并提示客户设置密码（若客户未进行设置，则会有一个默认密码），如果开户成功，系统会打印一本存折给客户。

② 设置密码：在开户时客户即可设置密码，此后，客户在经过身份验证后，还可修改密码。

③ 存款：客户可填写存款单，然后交由工作人员验证并输入系统，系统将建立存款记录，并在存折上打印该笔存款记录。

④ 取款：客户可按存款记录逐笔取款，填写取款单，然后交由工作人员验证并输入系统，系统首先会验证客户身份，根据客户的账户、密码，对客户身份进行验证，如果客户身份验证通过，则系统将根据存款记录累计利息，然后注销该笔存款，并在存折上打印该笔存款的注销与利息累计。

请根据以上信息绘制出该系统的用例图。

第6章 类图与对象图

类图用来描述系统内各种实体的类型以及不同实体之间是如何彼此关联的,显示系统的内部静态结构,因此类图的描述对于系统的整个生命周期都是有效的。如果说用例图是系统的"面子",那么类图就是系统的"里子"。类图不仅包含系统定义的各种类,还包含各种关系,如关联、泛化和依赖等。类图大部分涉及对系统的词汇建模、对协作建模或对模式建模。作为面向对象系统的建模中常见的图,类图是组件图与部署图的基础,它不仅对结构模型的可视化、详述和文档化很重要,而且对通过正向工程与逆向工程构造可执行的系统也很重要。类图在某一特定情况下的表现可以用对象图来表示。

6.1 类图的基本概念

类图(Class Diagram)是显示一组类、接口、协作以及它们之间关系的图。类图主要通过系统中的类以及各个类之间的关系来描述系统的静态结构。

类图与数据模型有许多相似之处,区别就在于类图不仅描述系统内部信息的结构,也描述系统的内部行为,系统通过自身行为与外部事物进行交互。

类图主要包含 7 种元素:类、接口、协作、依赖关系、泛化关系、实现关系和关联关系。类图中还可以含有包或子系统,用来把模型元素聚集成更大的组块。与其他UML 图类似,类图同样可以创建约束和注释等。图 6-1 显示了一个类图,读者可以在学习本章全部内容之后再来尝试理解这个类图所描述的情境。

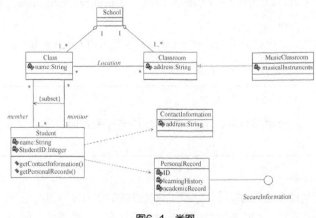

图6-1 类图

6.2 类图的组成元素

本节将重点介绍类图的组成元素，即：类、接口，以及类图中的4种关系。

6.2.1 类

类是一组拥有相同的属性、方法（操作）、关系和行为的对象描述符。一个类代表被建模系统中的一个概念。根据模型种类的不同，此概念可能是现实世界中的（对于分析模型），也可能是包括算法和计算机实现的（对于设计模型）。类是面向对象系统组织结构的核心。

类定义了一组有着状态与行为的对象。类的状态由属性和关系来描述，个体行为由操作来描述，对象的生命周期则由附加给类的状态机来描述。

在 UML 中，类表示为一个有 3 个分隔区的矩形。其中顶端显示类名，中间显示类的属性，底端显示类的操作，如图 6-2 所示。矩形中，可以选择显示属性和操作的可见性、属性的类型、属性的初始值、操作的参数列表和操作的返回值等信息，也可以选择隐藏类的属性或操作，隐藏了这两部分的类被简化为一个只显示类名的矩形，如图 6-3 所示。

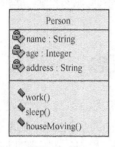

图6-2 类

图6-3 隐藏了属性和操作的类

1. 类名

每个类都必须有一个区别于其他类的名称。类名是一个字符串，在实际应用中，类名应该来自系统的问题域，是从系统的词汇表中提取出来的名词或名词短语，明确而无歧义，便于理解、交流。

类名有两种表示法，使用单独的名称，称为简单名（Simple Name），如图 6-2 中的 Person；在类名前面加上包的名称，称为路径名（Path Name），如 java::awt::Rectangle，表示 Rectangle 类属于 awt 包，而 awt 包又属于 java 包。

按照一般约定，类名采用 UpperCamelCase 格式，即以大写字母开头，大小写字母混合，每个单词首字母大写，避免使用特殊符号。

注 意   关于类的路径名，请参考第7章有关包的内容。

2. 属性

属性是已被命名的类的特性，它描述该特性的实例可以取值的范围。类可以有任意数量的属性，也可以没有任何属性。属性描述类的所有对象所共有的一些特性。例如，每一面墙都有高度、宽度和厚度 3 个属性。因此，一个属性是对类的一个对象可能包含的一种数据或状态的抽象。在一个给定的时刻，类的一个对象将对该类属性的每一个属性具有特定值。

在 UML 中，描述一个属性的语法格式为

可见性 opt 属性名 ⌊:类型⌋opt 多重性 opt ⌊=初始值⌋opt ⌊{特性}⌋opt

> **注**
> **意**
> 　　下标opt在这里表示"可选"，即可以省略下标前的项。"⌊⌋"表示括号内部的短语是一个整体。本书在后文中说明语法格式时同样会用到这些符号，请读者注意。

属性名是属性的标识符。在描述属性时，属性名是必需的，其他部分可选。按照一般约定，属性名采用小驼峰式命名法（Lower Camel Case）格式，即以小写字母开头，非首单词的首字母大写。用下画线标识的属性名，说明该属性是静态（Static）属性，即该类的所有对象共享该属性。

可见性描述该属性在哪些范围内可以被使用。属性的可见性有公有、私有和保护 3 种，如表 6-1 所示。例如，-attr 就表示私有属性。

表 6-1　属性的可见性

可见性	英文限定符	UML 标准图示	Rose 图示	说明
公有	public	+	◆	其他类可以访问
私有	private	−	🔒	只对本类可见，不能被其他类访问
保护	protected	#	🔑	对本类及其派生类可见

类型即属性的数据类型，可以是系统固有的类型，如整型、字符型等，也可以是用户自定义的类型。属性的类型决定该属性的所有可能取值的集合。例如，length : double 即表示一个 double 类型的属性 length。对于用于生成代码的类图，要求类的属性类型必须限制在由程序设计语言提供的类型或包含于系统中实现的模型类型之中。

多重性表示为一个包含于方括号中的数字表达式，位于类型后，相当于程序设计语言中的数组概念。例如，nums : int [10]表示此属性是一个大小为 10 的 int 数组。当然，如果多重性为 1，则可以省略。

初始值即创建该类对象时这个属性的默认值。例如，num : int = 3 就表示 int 类型的 num 属性的初始值是 3。设定初始值有两个好处，即保护系统完整性，防止漏掉取值或被非法值破坏系统完整性，以及为用户提供易用性。

特性即对属性性质的约束，UML 定义了 3 种可以用于属性的特性：可变（Changeable）表示属性可以随便修改，没有约束；只增（AddOnly）表示属性修改时可以增加附加值，但不允许对值进行消除或进行减的改变；冻结（Frozen）表示在初始化对象后，就不允许改变属性值，对应于 C++中的常量（Const）。除非另行指定，否则属性总是可变的。例如，PI : double = 3.1415926 {frozen}就表示一个不可修改的属性 PI。

3. 操作

操作是可以由类的一个对象请求以影响其行为的服务的实现，即对一个对象所做的事情的抽象，并且由这个类的所有对象共享。操作是类的行为特征或动态特征。一个类可以有任意数量的操作，也可以没有操作。调用对象的操作会改变该对象的数据或状态，或者为服务的请求者以返回值为承载提供某些信息。

UML 对操作和方法进行了区分。操作详述了可以由类的任何一个对象请求以影响行为的服务；方法是操作的实现。类的每一个非抽象操作都必须有一个方法，这个方法的主体是一个可执行的算法（一般用某种程序设计语言或结构化文本描述）。在一个继承网格结构中，同一个操作可能有很多方法，并在运行时多态地选择层次结构中的哪一种方法被调度。

在 UML 中，描述操作的语法格式为

可见性 opt 操作名 （ [参数列表]opt ）[:返回类型]opt [{特性}]opt

操作名是操作的标识符。在描述操作时，操作名是必需的，其他部分可选。在实际建模中，操作名一般是用来描述该操作行为的动词或动词短语，其命名规则与属性的相同。同样，用下画线标识的操作名，说明该操作是静态操作，即外部只需要通过类就可以调用该操作，不需要事先生成对象。而操作名是斜体则表示该操作是抽象的。

可见性同样描述该操作在哪些范围内可以被使用，与属性的可见性相同。例如，+oper()就表示此操作是一个公有操作。

参数列表是一些按照顺序排列的属性，定义了操作的输入。参数列表的表示方式与 C++、Java 等程序设计语言的相同，可以有零到多个参数，多个参数之间以逗号隔开。参数的定义使用 "[方向]参数名:类型[=默认值]" 的方式，方向可以取 in（输入参数，不能对其进行修改）、out（输出参数，为了与调用者通信可以对其进行修改）和 input（输入参数，可以对其进行修改）3 个可选值。参数可以具有默认值，这意味着如果操作的调用者没有提供某个具有默认值的参数，该参数将使用指定的默认值。例如，oper(out arg1:int, arg2:double=3.2)表示操作 oper 有两个参数，其中第一个参数是 int 类型的输出参数，第二个参数的类型为 double，默认值为 3.2。

返回类型即回送调用对象消息的类型。无返回值时，一般的程序设计语言会添加关键字 void 表示无返回值。例如，oper() : String 表示该操作的返回类型是 String。

特性是对操作性质的约束说明。在 UML 中，定义了以下几种可用于操作的特性。

- 叶子（Leaf）：代表操作不是多态的，即不能被重写，对应 C++中的非虚函数。
- 查询（IsQuery）：代表操作的执行不会改变系统的状态。换句话说，这样的操作是完全没有副作用的纯函数，对应 C++的函数的 const 限定符。
- 顺序（Sequential）：调用者必须协调好外部的对象，以保证在一个对象中一次仅有一个流。在多控制流的情况下，不能保证对象的语义的正确性和完整性。
- 监护（Guarded）：在多控制流的情况下，通过将对象的各监护操作的所有调用进行顺序化来保证对象的语义的正确性和完整性。其效果是一次只能调用对象的一个操作，这又回到了顺序语义。
- 并发（Concurrent）：在多控制流的情况下，通过把操作作为原子来保证对象的语义的正确性和完整性。对任何并发操作，来自并发控制流的多个调用可能同时作用于一个对象，而且所有操作都可以用正确的语义并发运行。并发操作必须设计为在对同一个对象同时进行顺序的或监护的操作的情况下，它们仍能正确地执行。

以上的顺序、监护与并发 3 个特性表达的是操作的并发语义，是仅与主动对象、进程或线程的存在有关的特性。

4. 职责

职责（Responsibility）是类的契约或责任。当创建一个类时，就声明了这个类的所有对象具有相同种类的属性和相同种类的操作。在较高的抽象层次上，这些相应的属性和操作正是要完成类的职责的特征。

类可以有任意数目的职责，当精化模型时，要把这些职责转换成能很好完成这些职责的一组属性和操作。类的职责是自由形式的文本，在非正式的类图中，可以将职责列在类图操作下的另一分隔栏中。

6.2.2 接口

接口是被命名的操作集合，用于描述类或组件的服务。接口不同于任何类或类型，它不描述任何结构，因此不包含任何属性；也不描述任何实现，因此不包含任何实现操作的方法。像类一样，接口可以有一些操作。一个类可以支持多个接口，多个接口可以是互斥的，也可以是重叠的。接口中没有对自身内部结构的描述，因此，接口没有私有特性，它的所有内容都是公有的。

接口代表契约，实现该接口的类元必须履行它。例如，当我们设计一个窗口界面时，可能窗口中有一些控件是允许用户拖动的，这时我们可以定义接口 draggable，所有可拖动的控件都需要实现这一接口。

与类相似，接口可以有泛化关系。子接口包含其祖先的全部内容，并且可以添加额外的内容。与类不同的是，接口没有直接实例。也就是说，不存在属于某个接口的对象。

在 UML 中，接口由带名称的小圆圈表示，如图 6-4 所示。接口名与类名相似，同样存在简单名和路径名两种表示法。为了显示接口中的操作，接口可以表示为带有<<interface>>构造型的类，如图 6-5 所示。

图6-4 接口　　　　　　　图6-5 接口的"构造型的类"表示法

6.2.3 类图中的关系

在类图中，很少有类是独立为系统发挥作用的，大部分的类以某些方式彼此协作进行工作。因此，在进行系统建模时，不仅要抽象出形成系统词汇的事物，还必须对这些事物之间的关系进行建模。

类图中涉及 UML 中常用的 4 种关系，即关联关系、泛化关系、依赖关系和实现关系。

1. 关联关系

关联关系是两个或多个类元之间的关系，它描述这些类元的实例间的连接。关联的实例被称为链（link），每个链由一组有序或无序的对象组成。也就是说，如果一些对象之间存在链，那么这些对象所属的类之间必定存在关联关系。关联关系中靠近被关联元素的部分称为关联端，关联关系的大部分描述都包含在一组关联端的列表里，每个端用来描述关联关系中类的对象的参与情况。关联关系将一个系统模型组织在一起，如果没有关联关系，便只有一个由孤立的类组成的集合。

最普通也最常用的关联关系是二元关联，二元关联即有两个关联端的关联。图 6-6 显示了一个二元关联。二元关联使用一条连接两个类边框的实线段表示（通常是直线段，但也允许使用弧线或其他曲线），这条实线段被称为关联路径。对于二元关联，除关联路径外，其他描述该关系的内容都是可选的。

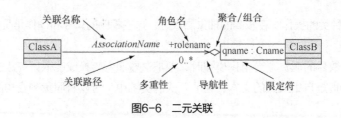

图6-6　二元关联

特别地，一个类与自身的关联称为自关联。自关联不代表类的实例与其自身相关，而是指类的实例与其他实例之间有关。自关联同样拥有两个关联端，因此可以被看作二元关联的一种特例。如图 6-7 所示，Student 类存在一个自关联，表示某些学生是其他学生的班长。描述自关联的内容的表示法与二元关联的相同。

当 3 个或以上的类之间存在关联关系时，便无法使用二元关联的表示法了，此时称这种关联为 N 元关联。N 元关联表示为一个菱形，从菱形向外引出通向各个参与类的路径。图 6-8 显示了一个三元关联，表示学生在学期内选修某个教师的课程的关系。

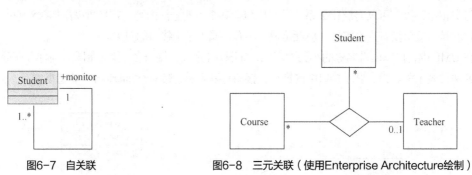

图6-7　自关联　　　　　图6-8　三元关联（使用Enterprise Architecture绘制）

> 　　N元关联在理解上不如二元关联直观，初学者也容易误用，并且绝大部分N元关联都可以被重新建模成多个二元关联。因此，笔者不建议在建模中使用N元关联，以免产生错误。

除连接类元素的关联路径外，还有很多可选内容可以对关联关系的语义进行进一步的细化，下面将对这些内容进行详细介绍。

（1）关联名称

关联可以有一个名（关联名称并不是必需的），关联名称放在关联路径上方，但远离关联端，以免产生视觉上的混淆。关联关系上的构造型同样是将构造型名称放在双尖括号（<< >>）内表示的，可以将其放在关联名称前或替代关联名称。

（2）角色名

角色名放在靠近关联端的部分，表示该关联端连接的类在这一关联关系中担任的角色。具体来说，角色就是关联关系中一个类对另一个类所表现的职责。例如，Person 类和 Room 类建立了一个用来表示人在室内工作所产生的关联，那么 Room 类可以用 Office（办公室）作为角色名，Person 类可以用 Worker（工作者）作为角色名，如图 6-9 所示。另外，角色名上也可使用可见性修饰符号 "+" "#" "−"

来表示角色的可见性。

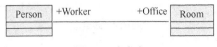

图6-9 角色名

（3）多重性

多重性（Multiplicity）同样放在靠近关联端的部分，表示在关联关系中源端的一个对象可以与目标类的多少个对象之间有关联。在 UML 中，多重性的格式为"min..max"，其中，min 和 max 分别表示该端最少和最多可以有多少个对象与另一端关联。常用的多重性有 0、1、0..1（0 或 1）、0..*（0 或更多）、1..*（1 或更多）、*（0 或更多）等。图 6-10 显示了 Student 类与 School 类的关联关系的多重性，即一个学校可以有 1 个或更多学生，而一个学生可能在 0 所或更多学校中学习。

图6-10 多重性

（4）导航性

导航性（Navigation）是一个布尔值，用来说明运行时刻是否可能穿越一个关联。对于二元关联，如果对一个关联端（目标端）设置了导航性，就意味着可以通过另一端（源端）指定类型的一个值得到目标端的一个或一组值（取决于关联端的多重性）。对于二元关联，只在一个关联端上具有导航性的关联关系称为单向关联（Unidirectional Association），通过在关联路径的一侧添加箭头来表示；在两个关联端上都具有导航性的关联关系称为双向关联（Bidirectional Association），关联路径上不加箭头。使用导航性可以降低类间的耦合度，这也是好的面向对象分析与设计的目标之一。图 6-11 显示了一种导航性的使用场景，这代表一个订单可以获取到该订单的一份产品列表，但一个产品无法获取到哪些订单包括该产品。

图6-11 导航性

（5）限定符

限定符（Qualifier）是由二元关联上的属性组成的列表的插槽，其中的属性值用来从整个对象集合里选择唯一的关联对象或者关联对象的集合。存在限定符的关联关系称为限定关联（Qualified Association）。一个对象连同一个限定符一起，决定唯一的关联对象或关联对象的集合（比较少见）。被限定符选中的对象称为目标对象。限定符总是作用于目标方向上多重性为"多"的关联中。在最简单也最常见的情况下，每个限定符只从关联对象集合中选择一个目标对象，这样就将关联对象方向上的多重性从"0..*"降到了"0..1"。也就是说，一个受限定对象和一个限定符只映射唯一的目标对象。举一个简单的例子，数组就可以被建模成一个限定关联。数组是受限定对象，数组下标就是限定符，而数组元素就是目标对象，如图 6-12 所示。

图6-12　限定符

（6）关联的约束

两个关联关系之间也可以有约束，约束用连接两个关联关系路径的虚线表示，并带有用花括号括起来的字符串。如果约束有方向性，可通过在虚线上添加箭头来表示。图 6-13 显示了两个关联关系之间存在的异或约束，表示个人与公司不允许拥有同一个银行账户，即同一个 Account 类对象不能同时与 Corporation 类对象和 Person 类对象都有关联。

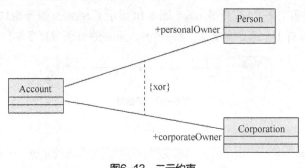

图6-13　二元约束

（7）特殊的关联——聚合与组合

在一个简单的二元关联中，两个类的"地位"是同等的，即在概念上是同级别的。有时候我们需要对"整体-部分"的关系建模，即一个描述整体的对象由一些描述部分的对象组成，这种关系称为聚合（Aggregation）。聚合关系是一种特殊形式的关联关系，用来表示"整体-部分"的关系。需要注意的是，聚合关系没有改变整体与部分之间整个关联的导航含义，也与整体和部分的生命周期无关。也就是说，在聚合关系中，部分可以独立于整体存在。在 UML 中，通过在关联路径上靠近表示整体的类的一端上使用一个小空心菱形来表示聚合关系。如图 6-14 所示，ClassRoom（教室）类与 Desk（课桌）类构成聚合关系，即教室中有许多课桌，当教室对象不存在时，课桌同样可以用作其他用途，两者是独立存在的。

图6-14　聚合关系

另外，聚合关系的实例应该具有传递性与反对称性。

- 传递性：如果对象 A 与对象 B 之间有一条链，对象 B 与对象 C 之间有一条链，并且两条链是同一个聚合关系的实例，那么对象 A 与对象 C 之间也存在一条链。
- 反对称性：聚合关系的链不能由对象连接到自己，即聚合关系的实例不能成环。需要注意的是，这里说的是聚合关系的实例，而非聚合关系本身。事实上，聚合关系可以成环。

组合（Composition）描述的也是整体与部分的关系，它是一种更强形式的聚合关系，又被称为强聚合。与聚合关系的区别在于，在组合关系中的部分要完全依赖于整体。这种依赖性主要表现在两个方面，即部分对象在某一特定时刻只能属于一个组合（整体）对象；组合对象与部分对象具有重合的生命周期，组合对象被销毁的时候，所有从属部分必须同时被销毁。如图 6-15 所示，Window（窗口）类与 Frame（框架）类构成组合关系，Frame 必须附加在 Window 中存在，当 Window 被删除时，其中的 Frame 也必须被删除。

在实际建模过程中，使用聚合还是组合，需要根据应用场景和需求分析描述的上下文来灵活确定。其实，聚合和组合对于绝大多数面向对象的程序设计语言来说并没有实质的区别，因此不必过于执着于此。

图6-15　组合关系

（8）派生关联

派生关联（Derived Association）属于一种派生元素（Derived Element）。它不增加语义信息，只是一种可以由两个或两个以上的基础关联推算出来的虚拟关联。如图 6-16 所示，WorksForCompany 关联可以根据另外两个关联推算得出，表示如果一个人为某个部门工作，而此部门又属于某公司，则这个人是在为此公司工作，即 Person.employer=Person.department.employer。

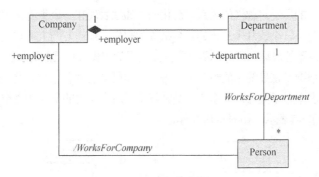

图6-16　派生关联

 建议

> 由于派生关联在模型中不增加任何语义信息，大量的派生关联在视觉上容易导致混淆从而降低可读性，因此不要在建模过程中大量使用它。笔者建议只有对于在建模过程中频繁使用的少数派生关联才在模型上显式画出，并最好给予注释说明以避免混淆。

2. 泛化关系

泛化关系定义为一个较普通的元素与一个较特殊的元素之间的关系。其中描述一般的元素称为父元素，描述特殊的元素称为子元素。对于类而言，即超类（或称父类）与子类之间的关系。例如，猫和狗都是宠物的一种，因此对其建模时，宠物作为父类，猫和狗作为子类。另外，接口之间也可以存在泛化关系，即父接口与子接口的关系。

泛化关系描述了一种 "is-a-kind-of"（是……的一种）关系，它的使用有利于简化有些类的描述，使其可以不必重复添加大量相同的属性和操作等，而是通过泛化对应的继承机制使子类共享父类的属性和操作。继承机制可减小模型的规模，同时能防止模型的更新所导致的定义不一致。需要注意的是，泛化与继承是类级别上的概念，因此不能说对象之间存在泛化关系。

在 UML 中，泛化关系通过一个由子类指向父类的空心三角形箭头表示，如图 6-17 所示。图 6-17 中 Tiger 类和 Bird 类继承了 Animal 类的属性和操作，还添加了属于自己的某些属性和操作。当存在多个泛化关系时，可以将其表示为一个树状结构，每个分支指向一个父类。

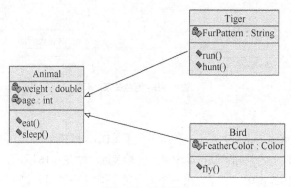

图6-17　泛化关系

泛化是一种传递性的、反对称性的关系。泛化的传递性表现在一个类的子类同样继承了这个类的特性。在父方向上经过了一个或几个泛化的元素被称为祖先，在子方向上的则被称为后代。泛化的反对称性表现在泛化关系不能成环，即一个类不可能是自己的祖先或自己的后代。

泛化关系有两种情况。在最简单的情况下，每个子类最多能拥有一个父类，这种关系被称为单继承。而在更复杂的情况下，子类可以有多个父类并继承了所有父类的属性和操作，这种关系被称为多重继承（或多重泛化），其表示法如图 6-18 所示。

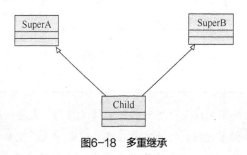

图6-18　多重继承

建议　不同的程序设计语言对于多重继承的支持性各有不同。例如，C++支持多重继承，而Java、C#则不支持。并且，使用多重继承容易出现子类中某些属性或操作的二义性问题，因此笔者不建议使用多重继承。读者可以参考Java或C#中的解决方法，即子类继承唯一的父类，并可以实现多个接口，来达到多重继承的效果。

3. 依赖关系

依赖关系表示的是两个元素之间语义上的连接关系。对于两个元素 X 和 Y，如果元素 X 的变化会引起对另一个元素 Y 的变化，则称元素 Y 依赖于元素 X。其中，元素 X 被称为提供者，元素 Y 被称为客户。依赖关系使用一个指向提供者的虚线箭头来表示，如图 6-19 所示。

图6-19　依赖关系

类图主要有以下需要使用依赖关系的情况。

- 客户类向提供者类发送消息。
- 提供者类是客户类的属性类型。
- 提供者类是客户类操作的参数类型。

 建议　由于依赖关系语义的宽泛性，在类图中要标记出所有的依赖关系是一件费时、费力的事情，并且会降低模型的可读性，因此笔者建议在类图中尽量不使用依赖关系。

4. 实现关系

实现关系用来表示规格说明与实现之间的关系。在类图中，实现关系主要用于接口与实现该接口的类之间。一个类可以实现多个接口，一个接口也可以被多个类实现。

在 UML 中，实现关系表示为一个指向提供规格说明的元素的虚线三角形箭头，如图 6-20 所示。图 6-20 中表示了 Wall 类可以实现 Measurable 接口，即在 Wall 类中可以实现接口中 3 个操作的声明。当接口元素使用小圆圈的形式来表示时，实现关系也可以被简化成一条简单的实线，如图 6-21 所示。

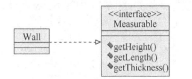 

图6-20　实现关系　　　　　　　　图6-21　实现关系的简化表示

6.2.4　涉及类的其他概念

1. 抽象类

抽象类（Abstract Class）即不可实例化的类，也就是说，抽象类没有直接的实例。当某些类有一些共同的方法或属性时，可以定义一个抽象类来抽取这些共性，然后将包含这些共性方法和共性属性的具体类作为该抽象类的继承。

操作也有类似的特性。通常操作是多态的，这意味着，在类的层次中，可以用相同的特征标记在其不同位置上描述操作。子类的操作重写父类的操作的行为。当运行中要发送消息时，在这个层次中被调用的操作就被多态地选择，即在运行时按照对象的类型决定匹配的操作。

在 UML 中，抽象类和抽象操作的表示法是将类名和操作名用斜体表示。如图 6-22 所示，Drawing 类和 Shape 类是抽象类，Drawing 类下的 draw() 操作和 Shape 类下的 getArea() 操作是抽象操作。

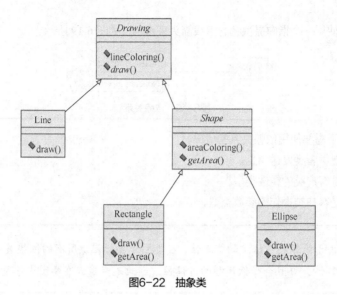

图6-22　抽象类

2. 模板类

模板（Template）又称为参数化元素（Parameterized Element），是对一类带有一个或者多个未绑定的形式参数的元素的描述。C++中的模板概念和Java中的泛型（Generic）概念都表达了这种元素。模板可以应用于类元（如类和协作）、包和操作，应用在类上是最为常见的，称为模板类。

模板类可以解决这样的问题：根据参数来定义类，而不用说明属性和操作参数及返回值的具体类型，使用时通过实际值代替参数即可创建新的类，这样就可以避免创建大量功能相似的类。在UML中使用带有<<bind>>构造型的依赖关系表示通过模板类创建新的类。图6-23中的**Array**类就是带有size和T两个参数的模板类，并通过依赖关系创建了3个新的类。

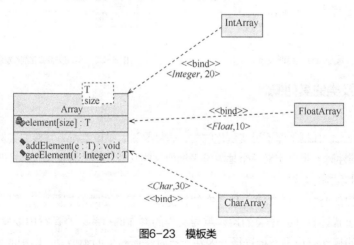

图6-23　模板类

3. 关联类

前文我们介绍了关联关系，关联关系本身也可以有特性。如在一个描述公司和员工的雇用关系的场景中，存在着薪资和雇用合同的开始及结束时间等属性，由于雇用关系是多对多的，因此这些属性既不属于公司类，也不属于员工类，而属于雇用关系类。这时我们可以创建一个具有类的特性的关联关系，在UML中称其为关联类（Association Class）。关联类具有关联和类两者的特性，它既可以关联类元素，也可以拥有属性和操作。关联类在 UML 中被表示为一个类符号，并通过一条虚线连接到关联路径。对本段开始时描述的场景设计的类图即关联类，如图 6-24 所示。对于 N 元关联（见图 6-8），关联类通过虚线连接到菱形上。虚线上没有修饰内容。

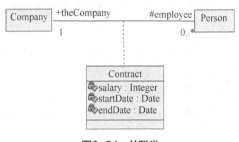

图6-24 关联类

4. 分析类

分析类是一个主要用于开发过程中的概念，用来获取系统中主要的"职责簇"，代表系统的原型类，是带有某些构造型的类元素，包括边界类（Boundary Class）、控制类（Control Class）和实体类（Entity Class）这3种，其表示法分别如表 6-2 所示。分析类在从业务需求向系统设计转化的过程中起到重要的作用，它们在高层次抽象出系统实现业务需求的原型，使得业务需求通过分析类逻辑化而被计算机所理解。

表6-2 分析类

形式	边界类	控制类	实体类
图标形式	⊖NewClass	↻NewClass	○NewClass
标签形式	<<boundary>> NewClass	<<control>> NewClass	<<entity>> NewClass

边界类是一种用于对系统外部环境与其内部运作之间的交互进行建模的类。这种交互包括转换事件，并记录系统表示方式中的变更。简单来说，边界类的实例可以是窗口、通信协议、外部设备接口、传感器、终端等。总之，在两个交互的关键对象之间都应当考虑建立边界类。在建模过程中，边界类有下列几种常用场景。

- 参与者与用例之间应当建立边界类。用例可以提供给参与者以完成业务目标的操作只能通过边界类表现出来。例如，参与者通过一组网页、一系列窗口、一个命令行终端等才能使用用例的功能。
- 如果用例与用例之间交互，应当为其建立边界类。如果一个用例需要访问另一个用例，直接访问用例内部对象不是一个良好的做法，因为这将导致紧耦合的发生。使用边界类可以使这种直接访问变为间接访问。在实现时，这种边界类可以表现为一组应用程序接口（Application Program Interface，API）、一组 Java 消息服务（Java Message Service，JMS）或一组代理类。
- 如果用例与系统边界之外的第三方系统等对象交互，应当为其建立边界类，以起到中介的作用。

控制类是一种对一个或多个用例所特有的控制行为进行建模的类。控制类的实例称为控制对象，用来控制其他对象，体现出应用程序的执行逻辑。在 UML 中，控制类被认为主要起到协调对象的作用，如从边界类通过控制类访问实体类，协调两个对象之间的行为。在建模过程中，一般一个用例拥有一个控制类或者多个用例共享同一个控制类，由控制类向其他类发送消息，进而协调各个类的行为来完成整个用例的功能。

实体类是用于对必须存储的信息和相关行为进行建模的类。简单来说，实体类就是对来自现实世界的具体事物的抽象。实体类的主要职责是存储和管理系统内部的信息，它也可以有行为，甚至有很复杂的行为，但这些行为必须与它所代表的实体对象密切相关。实体类的实例称为实体对象，用于保存和更新一些现象的有关信息。实体类具有的属性和关系一般都是长期需要的，有时甚至在系统整个生命周期内都需要。

6.3　类图的实例——对象图

类是对象的抽象，而对象是类的具体实例。相比类图，对象图更适合显示系统运行时的瞬时状态。本节将简要介绍对象图的相关概念。

6.3.1　对象图概述

对象图（Object Diagram）显示了某一时刻的一组对象及它们之间的关系。对象图可以看作类图的实例，用来表达各个对象在某一时刻的状态。对象图中的建模元素主要有对象和链，对象是类的实例，链是类之间的关联关系的实例。图 6-25 显示了一个对象图。

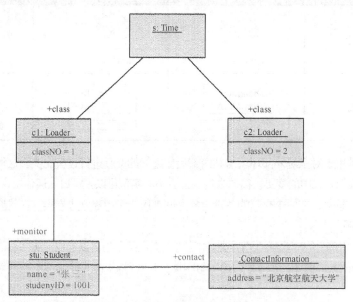

图6-25　对象图（使用Enterprise Architecture绘制）

对象图的使用范围十分有限，主要用于说明系统在某一特定时刻的具体运行状态，一般在论证类模型的设计时使用。

这里要说明的一点是，在 Rational Rose 中，是没有绘制对象图这个功能的。

6.3.2 对象图的组成元素

1. 对象

对象是类的实例，是一个封装状态和行为的具有良好边界和标识符的离散实体。对象通过其类型、名称和状态区别于其他对象而存在。在 UML 中，对象的表示法与类的相似，使用一个矩形框来表示，如图 6-26 所示。

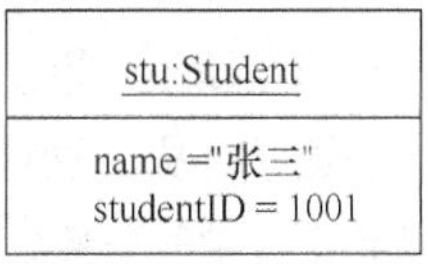

对象的名称显示在矩形框的顶端，用于在某一语境下区别于其他对象。对象名是一个字符串，类似类名，对象名也可以有简单名和路径名之分。每个对象都有一个类型，对象的类型必须是具体的类目。对象名的标准表示法是在对象名后跟一个冒号加上类型名。并且，为了区别对象与类，对象名使用下画线。

另外，可以隐藏对象名（保留冒号）来使其作为一个匿名对象存在；在保证不混淆的情况下，也可以隐藏对象的类型名（隐藏冒号）。对象名的 3 种表示法如下。

图6-26 对象（使用Enterprise Architecture绘制）

- <u>stu : Student</u>：标准表示法。
- <u>: Student</u>：匿名表示法。
- <u>stu</u>：省略类型名的表示法。

与类的表示法相似，对象的状态（属性）栏位于名称栏的下方。对象的状态由对象的所有属性以及运行时的当前值组成。对象的状态一般是动态的，因此，在对对象进行可视化建模时，实际上是在给定的时间和空间上描述其状态值。

与类的表示法不同的是，由于同一个类的所有对象都拥有相同的操作，没有必要在对象的层次中体现，因此对象的表示法中没有操作栏。

2. 链

我们在前文已经说过，链是关联关系的实例，是两个或多个对象之间的独立连接。因此，链在对象图中的作用就十分类似关联关系在类图中的作用。在 UML 中，链同样使用一条实线段来表示，如图 6-27 所示。

图6-27 链（使用Enterprise Architecture绘制）

链主要用来导航。链一端的一个对象可以导航到另一端的一个或一组对象，然后向其发送消息。链的每一端都可以显示一个角色名，但不能显示多重性（因为实例之间没有多重性）。

注意   由于Rose不支持对象图，因此图6-26和图6-27都是使用Enterprise Architecture 这个工具绘制的。因此，本章的实验中也就没有出现"对象图的Rose操作"和"绘制'机票预订系统'的对象图"。

6.4 类图与对象图的建模技术

在面向对象思想中，一个类可以代表一类事物、一条信息、一个状态等。类图的建模方式根据类所代表的实体、类最终组成的结构的不同也有所不同，对象图也是一样。本节将主要介绍类图和对象图的建模技术、工程技巧，以及面向对象设计的一些原则。

6.4.1　类图的建模技术

类图用于对系统的静态设计视图建模。这种视图主要用于支持系统的功能需求，即系统要提供给最终用户的服务。当对系统的静态设计视图建模时，通常通过以下 3 种方式使用类图。

1. 对系统的词汇建模

类可以对从试图解决的问题中或从用于解决该问题的技术中得到的抽象进行建模。这样的抽象是系统词汇表中的一部分，它们在整体上的描述对用户和系统开发人员来说都是很重要的。对系统的词汇建模主要需要考虑哪些抽象是系统的一部分，哪些抽象处于系统边界之外，并用类图详述这些抽象。对系统的词汇建模，需遵循以下策略。

- 识别用户或系统开发人员用于描述问题或解决问题的那些实体。可以使用基于用例分析的技术帮助用户发现这些抽象。
- 对于每个抽象，识别一个职责集。要明确地定义每个类，而且这些职责要在所有的类之间很好地均衡。
- 提供为实现每个类的职责所需的属性和操作。

2. 对简单协作建模

类不是单独存在的，而是要和其他类一起协同工作的，以便表达单个类无法表达的语义。因此，除了捕获系统的词汇外，也需要将注意力转移到对词汇中的这些事物进行协同工作的各种类中，并用类图描述这些协作。对简单协作建模，需遵循以下策略。

- 识别要建模的机制。一个机制描述了正在建模的部分系统的一些功能和行为，这些功能和行为起因于类、接口，以及其他一些事物所组成的群体的相互作用。
- 识别元素及其关系。对于每一种机制，应分别识别参与协作的类、接口和其他协作，并识别这些事物之间的关系。
- 用脚本排演这些事物。通过这种方法，可发现模型的哪些部分被遗漏以及哪些部分有明显语义错误。
- 把元素和其包含的内容聚集在一起。处理类时，要做好职责的平均分配，然后逐渐把它们转换成具体的属性和操作。

3. 对数据库模式建模

实体关系图（Entity Relationship Diagram，E-R 图）是一种用于数据库设计的通用建模工具，UML 的类图是 E-R 图的超集。传统的 E-R 图只针对数据，类图则更进一步，也允许对行为建模。所以，类图显示的细节足以用来构造一个数据库。两者的区别在于，类图中的数据只能在系统的生命周期之内存在，而数据库中存储的则是永久数据。

对数据库模式建模，需遵循以下策略。

- 识别模型中哪些状态必须超过应用程序生命周期的需要被作为永久数据存储的类。
- 创建一个包含这些类的类图。针对数据库中的特定细节，可以自己定义相关的构造型和标记值组合。
- 对类的结构细节进行细化，主要包括明确属性的细节，即类之间的关联及其多重性。
- 注意那些使数据库设计复杂化的公共模式并尽量使之简化，如循环关联、一对一的关联和 N 元关联等。
- 考虑类的行为。这些行为主要包括对数据存取和数据完整性约束的重要操作。一般情况下，这些业务规则应该被封装在这些永久类的上一层中。

6.4.2 正向工程与逆向工程

建模是重要的，但最终要交付的产品是软件而不是图。因此，要让模型与软件实现相互匹配，并使两者保持同步的代价减到最小。

使用Rose实现类图的　　　　使用Rose实现类图的
正向工程　　　　　　　　逆向工程

正向工程是通过实现语言的映射而把模型转换为代码的过程。由于 UML 所描述的模型在语义上要比当前任何的程序设计语言都丰富，因此使用正向工程将模型转换为代码将导致一些信息丢失。

对类图进行正向工程，要遵循以下策略。

- 确定映射到实现语言的规则。
- 根据所选择的语言，限制某些 UML 的特性。例如，当所选择的语言是 Java 时，要禁止多重继承的使用。
- 使用标记值来帮助实现目标语言的细节。
- 使用工具生成代码。

逆向工程是通过从特定语言的映射而把代码转换为模型的过程。一方面，逆向工程会产生大量的冗余信息，其中一些属于对模型而言的细节层次；另一方面，逆向工程是不完整的，因为在正向工程中已经丢失了一部分模型信息，因此难以根据代码再创建一个完整的模型。

对类图进行逆向工程，要遵循以下策略。

- 确定特定语言进行映射的规则。
- 指定要进行逆向工程的代码。期望从一大段代码中逆向生成一个简明的模型是不切实际的。应该选择部分代码，从底部创建模型。
- 使用工具，通过查询模型来创建类图。
- 人工为模型增加在正向工程中丢失或隐藏的相关信息。

6.4.3 对象图的建模技术

对象图通常用来对系统的对象结构建模。在对系统的设计视图建模时，可以用一组类图完整表述其语义以及它们之间的关系。然而，对象图则不能详述系统完整的对象结构。这是因为每个类可能同时拥有多个实例，对于存在关系的一组类，对象及连接对象的链是相当多的。因此，在使用对象图时，常见的方法是有选择性地显示一组对象，这就是所谓的对对象结构建模。

使用对象图对系统的对象结构建模，要遵循以下步骤。

- 识别建模机制。建模机制被描述为系统的某些功能或行为，经常会被耦合为用例，由一组类、接口和其他事物的交互产生。可以创建协作来描述建模机制。
- 识别参与的类和接口等元素，以及这些元素之间的关系。
- 识别并选择对象。考虑这个机制的脚本在某时刻被冻结时的情况，识别并选择各个对象。
- 按需要显示每个对象的状态。
- 识别并显示出对象之间的链，即对象的类目之间关联的实例。

6.4.4 面向对象设计的原则

对于面向对象设计，要使系统的设计结果能适应系统需求的变化，需要把软件做得灵活，又便于维护。在面向对象方法的发展过程中，逐渐形成了几条公认的设计原则。在面向对象设计过程中，要遵循这几条原则。

 注
意　　本部分内容是属于面向对象设计的范畴，本书将其放在这里讲解是便于结合类图进行实例的说明，并且提醒读者在设计模型的类图时要能够应用这几条原则从而设计出优秀的类图。

1. 开闭原则

开闭原则（Open-Closed Principle，OCP）是由伯特兰·迈耶（Bertrand Meyer）在 1988 年在著作《面向对象软件构造》中提出的，原文："Software entities(classes, modules, functions, etc.) should be open for extension，but closed for modification." 翻译过来就是："软件实体（类、模块、函数等）应当对扩展开放，对修改关闭。"这个原则关注的是系统内部改变的影响，最大限度地使模块免受其他模块改变带来的影响。

通俗来讲，开闭原则就是软件系统中的各组件，应该能够在不修改原有内容的基础上，引入新功能。其中的"开"，指的是对扩展开放，即允许对系统的功能进行扩展；其中的"闭"，指的是对原有内容的修改是封闭的，即不应当修改原有的内容。由于系统需求很少是稳定不变的，开放模块的扩展可以降低系统维护的成本。封闭模块的修改可以让用户在系统扩展后可以放心使用原有的模块，而不必担心扩展会修改原有模块的源代码或降低稳定性。

为了达到开闭原则，类图应该尽可能地使用接口或泛化进行封装，并且通过使用多态机制进行调用。接口和泛化的使用可以使操作的定义与实现分离，使得新添加的模块依赖于原有模块的接口。多态的使用使得可以通过创建父类的间接实例进行操作，从而避免对其他类的修改。

图 6-28 显示了一个应用开闭原则前后的简单实例。在图 6-28（a）中，Order（订单）类与两个表示支付方式的类存在关联关系。在这种设计下，如果系统需要新增一种支付方式，不仅要新增一个类，而且要改动 Order 类中的代码才能适应新模块的出现。而在图 6-28（b）中，Order 类与抽象类 Payment（支付方式）之间建立一个关联关系，所有表示支付方式的类通过实现 Payment 类来接入模块，在 Payment 类中创建 Order 类的间接实例，通过多态完成调用，这样在新增支付方式时，只需要将新的支付方式的类作为 Payment 类的子类来进行扩展即可。

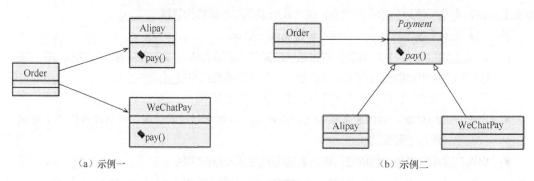

（a）示例一　　　　　　　　　　　　　　（b）示例二

图6-28　开闭原则

2. 里氏替换原则

里氏替换原则（Liskov Substitution Principle，LSP）是由芭芭拉·利斯科夫（Barbara Liskov）于

1987 年在 OOPSLA 会议上做的题为《数据抽象与层次结构》的主题演讲中首次提出的。其内容是子类对于父类应该是完全可替换的。具体来说，如果 S 类是 T 类的子类，则 T 类的对象可以被 S 类的对象所替代而不会改变该程序的任何理想特性。

我们都知道，子类的实例是父类的间接实例。根据多态原则，当父类创建一个间接实例并调用操作时，将根据实际类型调用子类的操作实现。如图 6-29 所示，当 ClassA 类中创建一个 ClassB 类的间接实例（实际类型为 ClassC 类）并调用 func() 操作时，系统将选择 ClassC 类中的操作实现进行调用。因此在设计类时，需要保证 ClassB 与 ClassC 两个类的 func() 操作在功能上应该是可替换的，否则将会得到违背直觉的结果。

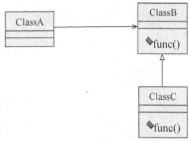

图6-29　里氏替换原则

3. 依赖倒置原则

依赖倒置原则（Dependency Inversion Principle，DIP）是由罗伯特·C.马丁（Robert C. Martin）提出的，其内容包括两条：高层次模块不应该依赖于低层次模块，两者都应该依赖于抽象；抽象不应该依赖于具体，具体应该依赖于抽象。

在传统的设计模式中，高层次模块直接依赖于低层次模块，这导致当低层次模块剧烈变动时，需要对其上层模块进行大量变动才能使系统稳定运行。为了防止这种问题的出现，我们可以在高层次模块与低层次模块之间引入一个抽象层。因为高层次模块包含复杂的逻辑结构而不能依赖于低层次模块，所以这个新的抽象层不应该根据低层次模块创建，而是低层次模块要根据抽象层创建。根据依赖倒置原则，从高层次到低层次设计类结构的方式应该是高层次类→抽象层→低层次类。

在设计时，可以使用接口作为抽象层。图 6-30（a）给出了没有应用依赖倒置原则的设计，即高层次类直接依赖于低层次类。图 6-30（b）则使用接口作为抽象层，让低层次类来实现接口，高层次类依赖于接口。

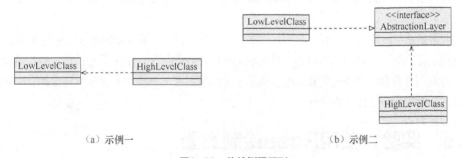

（a）示例一　　　　　　　　　　　　　　　（b）示例二

图6-30　依赖倒置原则

4. 接口分离原则

接口分离原则（Interface Segregation Principle，ISP）是由罗伯特·C.马丁首次使用并详细阐述的。它阐述了在系统中任何客户类都不应该依赖于其不使用的接口。这意味着，当系统中需要接入许多个子模块时，相比于只使用一个接口，将其分成许多规模更小的接口是一种更好的选择，其中每一个接口服务于一个子模块。

在图 6-31（a）中，3 个类实现了一个共同的接口。可以看到，每一个类都不应该拥有该接口中的所有行为，例如，Tiger 类显然不应该有 fly() 与 swim() 的操作，然而却必须要实现这两个行为。这样的接口被称为臃肿的接口（Fat Interface）或污染的接口（Polluted Interface），这可能导致不恰当的操作调用。图6-31（b）所示是应用了接口分离原则进行修改之后的设计。新设计将其分解为3个小接口，3个客户类只实现自身具有的行为所属的接口。应用接口分离原则能够降低系统的耦合度，从而使系统更容易重构、改变并重新部署。

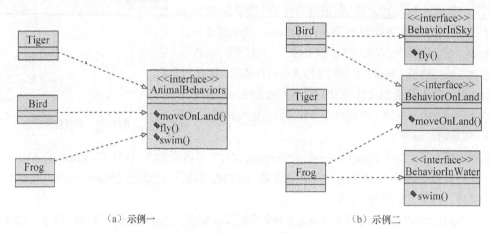

（a）示例一　　　　　　　　　　　　（b）示例二

图6-31　接口分离原则

5. 单一职责原则

单一职责原则（Single Responsibility Principle，SRP）是由罗伯特·C.马丁在他的《敏捷软件开发：原则、模式与实践》一书中提出的。单一职责原则规定每个类都应该只含有单一的职责，并且该职责要由这个类完全封装起来。罗伯特·C.马丁将职责定义为"改变的原因"，因此这个原则也可以被描述为"一个类应该只有一个可以引起它变化的原因"。每个职责都是变化的一个中轴线，如果类有多个职责或职责被封装在多个类里，就会导致系统的高耦合，当系统发生变化时，这种设计会产生破坏性的后果。

上述内容是面向对象设计的五大原则，根据它们的首字母，这五大原则也被合称为SOLID。这些原则不是独立存在的，而是相辅相成的。这些原则可以使我们产生一个灵活的设计，但也需要花费时间和精力去应用并且会增加代码的复杂度。我们需要根据系统的规模和是否经常变更需求来适时应用这些原则，从而得出一个优秀的设计。

6.5　实验：使用Rose绘制类图

本节将简要介绍使用Rose绘制类图的方法。

6.5.1　类图的Rose操作

1. 类图工具栏

在Rose中，当选择一个类图进行操作时，框图工具栏将变成类图工具栏。图6-32显示了系统默认的类图工具栏。

2. 创建类图

Rose中可以在逻辑视图或用例视图下创建类图。在一个新建的项目中，系统提供了一个名为"Main"

的空白类图,用户可以选择直接在此处进行绘制。如果系统需要用多个类图表示,那么用户可以自行创建类图。

要创建一个类图,首先在浏览器的【Logical View】或【Use Case View】目录上单击鼠标右键,在弹出的快捷菜单中选择【New】→【Class Diagram】,如图 6-33 所示,最后重命名新创建的类图即可。

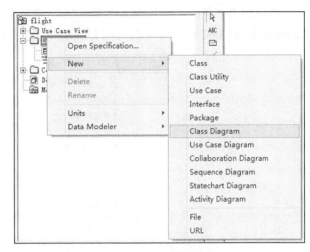

图6-32 系统默认的类图工具栏   图6-33 创建类图

3. 类的规格说明对话框

使用类的规格说明对话框可以查看并修改类元素的语义细节,其打开方式与用例的相同,这里不再赘述。图 6-34 显示了类的规格说明对话框。

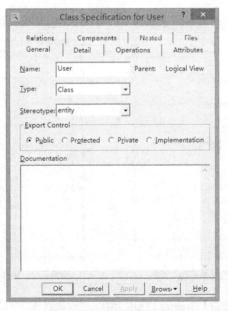

图6-34 类的规格说明对话框

在该对话框的【General】选项卡中,可以查看并设置类的名称、类型、构造型以及可见性;在【Detail】选项卡中,可以设置其为抽象类以及时效性、并发性等 Rose 定义的性质;在【Operations】选项卡、

【Attributes】选项卡与【Relations】选项卡中，可以查看并设置类的操作、属性及与其他元素的关系；在【Nested】选项卡中，可以查看并设置该类的嵌套类。

接口的规格说明对话框与类的相似，这里不详细介绍。

4. 添加类的属性和操作

要给类元素添加属性和操作，可以用鼠标右键单击类元素并在弹出的菜单中选择【New Attribute】或【New Operation】，如图 6-35 所示，然后就可以直接在图形中添加属性或操作。

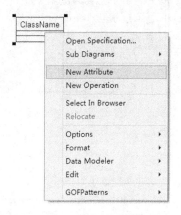

图6-35　添加类的属性和操作

另一种方法是打开类的规格说明对话框，选择【Attributes】或【Operations】选项卡，在列表中单击鼠标右键并选择菜单中的【Insert】，就可以在列表中添加一个属性或操作项。双击此项可以进入该属性或操作的规格说明对话框，如图 6-36 与图 6-37 所示。

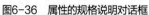

图6-36　属性的规格说明对话框

图6-37　操作的规格说明对话框

在属性的规格说明对话框的【General】选项卡中，可以设置属性的名称、类型、构造型及可见性；在【Detail】选项卡中，可以设置属性是否为静态成员等内容。

在操作的规格说明对话框的【General】选项卡中，可以设置操作的名称、返回值、构造型以及可见性；在【Detail】选项卡中可以设置操作的参数、并发性等内容；在【Exceptions】选项卡中，可以设置操作可能的异常；在【Preconditions】选项卡、【Semantics】选项卡与【Postconditions】选项卡中，分别可以填写操作的前置条件、语义及后置条件。

5. 添加模板类

模板类（Rose 中称为参数化类）没有在 Rose 中默认的类图工具栏中显示。要添加模板类到类图中，可以按照本书前面介绍过的自定义工具栏的方法将其定制到类图工具栏中进行添加，也可以通过菜单【Tools】→【Create】→【Parameterized Class】进行添加。

要添加模板类的参数，需要在类的规格说明对话框的【Detail】选项卡中的【Formal Arguments】中添加，如图 6-38 所示。

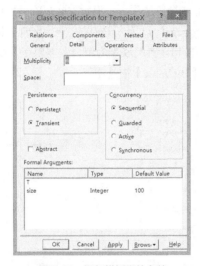

图6-38　添加模板类的参数

6. 设置类图中的关系

要给类之间建立关系，只需单击工具栏中相应的关系按钮，拖动连接图中相应的两个类元素即可。其中，实现关系的表示法会根据接口的两种表示法而自动变化。类图中 4 种关系的表示如图 6-39 所示。

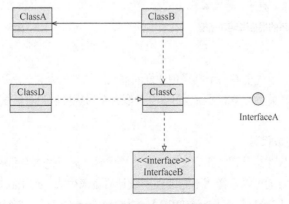

图6-39　类图中4种关系的表示

7. 设置关联关系

在本章中我们已经介绍过，类图中的关联关系可以包含丰富的语义。因此，Rose 中对关联关系的设置也有许多操作。

关联关系的规格说明对话框如图 6-40 所示。在【General】选项卡中，可以查看并设置关联关系的名称、构造型以及角色名。在【Detail】选项卡中，可以设置关联类及添加约束。在【Role A General】选项卡以及【Role B General】选项卡中，可以分别设置两个关联端的角色名以及可见性。在【Role A Detail】选项卡与【Role B Detail】选项卡中，可以更详细地设置两个关联端的约束及多重性，以及在【Keys/Qualifiers】中添加限定符等。

在关联关系的一端单击鼠标右键，在弹出的菜单中选择相关选项可以设置该关联端的内容，如图 6-41 所示。其中，选择【Role name】可以设置关联端的角色名，选择【Multiplicity】可以设置关联端的多重性，选择【Public】等 4 个单选项可以设置关联端的角色可见性，选择【Navigable】可以设置关联端的导航性，选择【Aggregate】可以设置关联端为聚合，选择【New Key/Qualifier】可以添加限定符。需要注意的是，如果想设置关联端为组合，需要在【Aggregate】被选中时再使另一端的【Containment of <类名>】→【By Value】被选中。

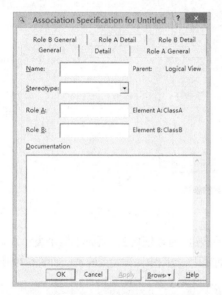

图6-40　关联关系的规格说明对话框

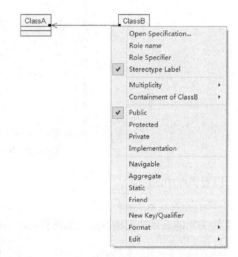

图6-41　设置关联端

8．创建关联类

要创建一个关联类，首先要有一个已经创建好的关联关系与一个类，然后单击类图工具栏中的关联类按钮，拖动连接关联关系与类即可。也可以在关联关系的规格说明对话框的【Detail】选项卡中设置其【Link Element】。

9．使用正向工程生成代码

Rose 支持从 UML 图生成代码的正向工程。要生成代码，需要先选中那些需要生成代码的类，然后选择菜单【Tools】。我们可以选择用不同的程序设计语言来生成，这里我们以 Java 语言为例进行介绍。选择菜单栏中的【Tools】→【Java/J2EE】→【Generate Code】，如图 6-42 所示。然后弹出图 6-43 所示的指定 CLASSPATH 条目对话框，在【Packages and Components】列表中选择所要生成的源文件并单击【OK】按钮即可。此时若模型有错误，Rose 会给出相应的错误和警告信息并显示在日志窗口中，用户只需要更正错误后再次生成即可。

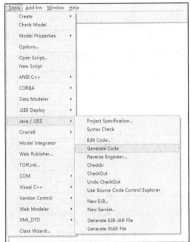

图6-42 生成Java代码

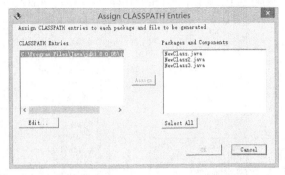

图6-43 指定CLASSPATH条目对话框

6.5.2 绘制机票预订系统的类图

为了使读者更好地对类图的概念与 Rose 操作的理解，我们仍然假设了一个具体情境，展示项目分析阶段的类图的主要创建过程。系统的具体情境说明请参考 5.7.2 小节。

使用Rose绘制机票预订系统的类图

1. 确定类元素

根据情境说明，我们应该确定系统主要可以包括哪些类。在本例中，我们可以归结出用户（User）、管理员（Administrator）、机场（Airport）、航班（Flight）与机票（Ticket）几个实体类，还应该包括一个系统控制类（Ticket Management）来控制整个系统。由于分析阶段尚未进行用户界面设计，因此类图中暂时不涉及边界类，需要在设计阶段再对类图进一步完善。将确定好的类添加到类图中，如图 6-44 所示。

使用Rose绘制机票预订系统的对象图

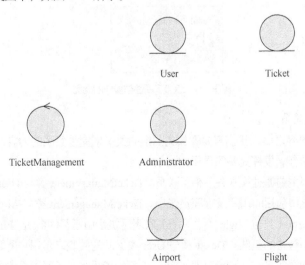

图6-44 确定类元素

2. 添加类的属性与操作

在确定系统中包括的类之后，我们需要根据类的职责来确定类的属性与操作。在实际开发过程中，这往往是一个需要屡次迭代的过程，即需要多次明确其语义和添加新内容。在最初的分析阶段，只要能大致描述类在整个系统中的作用即可。添加了属性与操作的类图如图6-45所示。

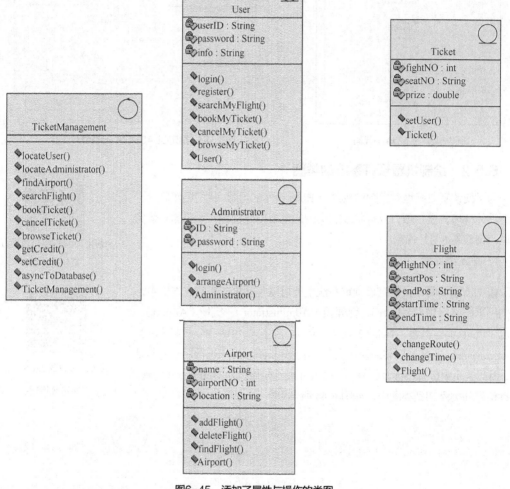

图6-45 添加了属性与操作的类图

3. 确定类图中的关系

在确定类的基本内容之后，我们需要添加类图中的关系来完善类图的内容。类图中的类需要通过关系的联系才能互相协作，发挥完整的作用。

在本例中，类之间主要通过关联关系相互联系。TicketManagement 类与 User 类及 Administrator 类之间相关联，表示系统中包括的用户及管理员账户。TicketManagement 类与 Airport 类之间的关联表示系统中包括的机场。Airport 类与 Flight 类之间的关联表示机场中运行的航班。Flight 类与 Ticket 类之间的关联表示一趟航班中包含的机票。Ticket 类与 User 类之间的关联表示用户所购买的机票。此外，还要注意这些关联关系两端的多重性和导航性。图 6-46 显示了添加了关联关系的类图。至此，类图已基本创建完毕。在实际开发过程中，类图作为指导编程实现最重要的图，还需要被不断地修改来完善和丰富其中内容。

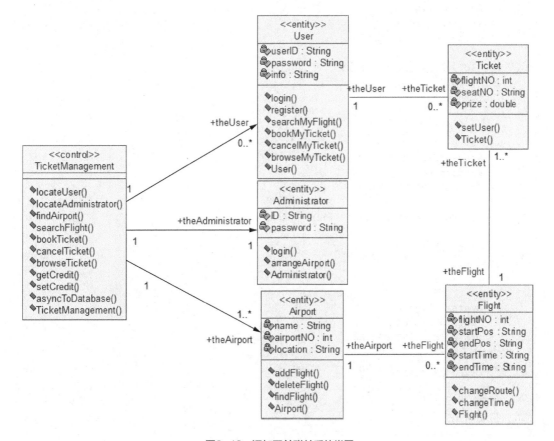

图6-46 添加了关联关系的类图

4. 生成 Airport 类和 Flight 类的代码

在类图绘制完毕，我们可以利用正向工程来生成对应的代码。由于篇幅限制，这里只给出 Airport 类与 Flight 类生成的代码。读者也可以通过对比类图与生成的代码来加深对类图的理解。

Airport 类的生成代码如下：

```
//Source file: C:\\Program Files\\Java\\jdk1.8.0_05\\jre\\lib\\Airport.java
public class Airport
{
    private String name;
    private int airportNO;
    private String location;
    public Flight theFlight[];

    /**
     * @roseuid 561BE50C01A2
     */
    public Airport()
    {
```

```
    }

    /**
     * @param flight
     * @return Void
     * @roseuid 561B178F025D
     */
    public Void addFlight(Flight flight)
    {
     return null;
    }

    /**
     * @param flight
     * @return Void
     * @roseuid 561B1797000C
     */
    public Void deleteFlight(Flight flight)
    {
     return null;
    }

    /**
     * @param flightNO
     * @return Flight
     * @roseuid 561B179B0338
     */
    public Flight findFlight(int flightNO)
    {
     return null;
    }
}
```

Flight 类生成的代码如下。

```
//Source file: C:\\Program Files\\Java\\jdk1.8.0_05\\jre\\lib\\Flight.java
public class Flight
{
    private int flightNO;
    private String startPos;
    private String endPos;
    private String startTime;
    private String endTime;
    public Airport theAirport;
    public Ticket theTicket[];

    /**
     * @roseuid 561BE50C0208
     */
    public Flight()
    {

    }

    /**
```

```
      * @param s
      * @param e
      * @return Void
      * @roseuid 561B036A0391
      */
     public Void changeRoute(String s, String e)
     {
      return null;
     }

     /**
      * @param s
      * @param e
      * @return Void
      * @roseuid 561B036F0045
      */
     public Void changeTime(String s, String e)
     {
      return null;
     }
}
```

从两个类生成的代码中我们可以看到，类的属性与操作分别都对应类图中的声明。而且，在 Airport 类中添加了 theFlight[]数组，在 Flight 类中添加了 theAirport 与 theTicket[]数组作为表示类间关联关系的属性。

小结

在本章中，首先介绍了类图与对象图的概念，读者应当重点掌握类图中所包含的元素的语义及表示法。在实际建模过程中，类图是整个系统中最重要的图之一，也是与编程实现过程联系最密切的图之一。然后介绍了类图与对象图的建模技术，以及面向对象的 SOLID 原则。最后介绍了应用 Rose 工具创建类图的过程，使读者对类图的创建过程有比较完整的认识。

习题

1. 选择题

（1）下列关于类图的说法中，正确的是（　　）。

　　A. 类图是由类、组件、包等模型元素以及它们之间的关系构成的

　　B. 类图的目标在于描述系统的运行方式，而不是系统如何构成

　　C. 类图通过系统中的类和类间关系描述了系统的静态特性

　　D. 类图和数据模型有许多相似之处，区别是数据模型不仅描述内部信息的结构，也包含系统的内部行为

（2）类之间的关系不包括（　　）。

　　A. 依赖关系　　　　B. 泛化关系　　　　C. 实现关系　　　　D. 分解关系

（3）当类的属性与操作添加了（　　）限定符后表示该属性或操作只对本类可见，不能被其他类

访问。

  A. public   B. private   C. protected   D. package

（4）下列关于接口关系的说法中，不正确的是（　　　）。

  A. 接口是一种特殊的类

  B. 接口可以看成有<<interface>>构造型的类

  C. 一个类可以通过实现接口从而具有接口指定的行为

  D. 在调用设计合理的接口时，需要知道类对接口实现的具体信息

（5）下列对类和接口的描述，不正确的是（　　　）。

  A. 当使用子类去替换一处父类时，设计良好的软件应当可以正确实现功能

  B. 接口的方法名必须是公开（Public）的

  C. 一个类可以实现多个接口

  D. 当一个类拥有另外一个类的全部属性和方法的时候，它们之间是实现关系

（6）汽车（Car）类由轮子（Wheel）、发动机（Engine）、油箱（Tank）、座椅（Chair）、方向盘（Steering Wheel）等类组成。那么Car类和其他这几个类之间的关系是（　　　）。

  A. 关联关系   B. 泛化关系   C. 实现关系   D. 依赖关系

（7）假设类A的一个操作的其中一个参数是类B的一个对象，且这两个类之间不存在其他关系，那么类A和类B之间构成（　　　）。

  A. 关联关系   B. 泛化关系   C. 实现关系   D. 依赖关系

（8）在下列选项中不属于分析类的是（　　　）。

  A. 实体类   B. 主类   C. 边界类   D. 控制类

（9）下列关于类和对象的关系的叙述中，错误的是（　　　）。

  A. 每个对象都是某个类的实例   B. 每个类某一时刻必定存在对象实体

  C. 类是静态的描述   D. 对象是动态的实例

（10）下列关于对象图的叙述中，错误的是（　　　）。

  A. 对象图显示了某时刻的一组对象及它们的关系

  B. 对象图中的主要元素是链与对象

  C. 对象图中的链是泛化关系的实例

  D. 对象图主要用于说明系统在某一特定时刻的具体运行状态

2. 填空题

（1）如果一些对象之间存在链，那么这些对象所属的类之间必定存在_____关系。

（2）当一个关联端（目标端）设置了_____，就意味着可以从另一端（源端）指定类型的一个值得到目标端的一个或一组值。

（3）在聚合关系中，"部分"可以独立于"整体"存在；在_____关系中，"部分"完全依赖于"整体"，即"整体"销毁必须同时"部分"销毁。

（4）关联类具有关联和类二者的特性，它可以关联类元素，也可以拥有_____和操作。

（5）分析类包括了_____、控制类、实体类三种。

（6）开闭原则是指，软件实体应当对扩展开放，对_____关闭。

（7）对象是类的_____。

（8）对象名的标准表示法是在对象名后跟一个_____加上类型名。

（9）为了区分对象与类，对象名要有_____。

（10）对象表示法中_____操作栏。

3. 判断题

（1）类图主要通过系统中的类及类之间的关系来描述系统的动态结构。　　　　　　（　　）

（2）任何一个类都必须具有一定数量的属性与操作。　　　　　　（　　）

（3）接口中的操作不应该包含其具体实现。　　　　　　（　　）

（4）接口与抽象类的概念是完全相同的。　　　　　　（　　）

（5）假设班级（Class）类与学生（Student）类之间建立了关联关系，并且约定一个班级至少拥有一个学生，每个学生只能属于一个班级，则关联关系的班级类一端的多重性应设为 1..*。　　（　　）

（6）在 UML 图中，当接口使用小圆圈表示时，该接口与其他类的实现关系可以被简化为一条实线段。　　　　　　（　　）

（7）模板类在其参数未确定时，无法创建直接实例。　　　　　　（　　）

（8）在 UML 图中，类被表示成一个有两个分隔区的矩形。　　　　　　（　　）

（9）逆向工程指的是将某种语言的代码转换为模型的过程。　　　　　　（　　）

（10）里氏替换原则的主要内容是"父类对于子类应该是完全可替换的"。　　　　　　（　　）

4. 简答题

（1）什么是类图？类图和对象图有什么异同？

（2）简述类图的组成部分。

（3）简述类和类之间的关系，说明它们分别用来描述什么情况。

（4）什么是实体类、控制类和边界类？

5. 应用题

（1）一个公司可以雇用多个人，某个人在同一时刻只能为一个公司服务。每个公司只有一个总经理，总经理下有多个部门经理管理公司的雇员，公司的雇员只归一个部门经理管理。请为上面描述的关系建立类模型，注意捕获类之间的关联并标明类之间的多重性。

（2）在一个习题库下，各科教师可以在系统中编写习题及标准答案，并将编写的习题和标准答案加入题库中，或者从题库中选取一组习题组成向学生布置的作业，并在适当的时间公布其答案。学生可以在系统中完成作业，也可以从题库中选择更多的习题练习。教师可以通过系统检查学生的作业，学生可以在教师公布答案后对自己的作业进行核对。阅读这一情境，分析出该系统所包括的实体类并适当添加其属性，绘制出实体类图。

07　第7章　包图

在软件系统的开发过程中，尤其是对于规模较大的系统而言，如何将系统中的众多模型元素组织起来，即如何将一个大的系统有效地分解成若干个小的模块并准确描述各个模块之间的关系是必须要解决的重要问题。对此，UML 使用包来实现模型元素的组织，使用包图来表示包之间的相互关系。通过这种方式构造的系统就能够从模块的层次上把握系统的静态结构。

7.1　包图的基本概念

包图（Package Diagram）是用来描述模型中的包和所包含元素的组织方式的图，是维护和控制系统总体结构的重要内容。包图通过对图中的各个包元素以及包之间关系的描述，展示出系统的模块以及模块之间的依赖关系。包图能够组织 UML 中的许多元素，不过其最常用的是组织用例图和类图。

在 UML 1.× 规范中，虽然没有明确定义包图属于一种图类型，却可以使用包及包的关系来表示系统的结构，包图作为实际上存在并经常被使用的一种图出现在 UML 中。在 UML 2 规范中已经明确定义了包图。

包图中包含包元素以及包之间的关系。与其他图类似，包图中可以创建注释和约束。图 7-1 显示了一个包图。

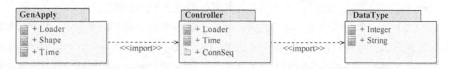

图7-1　包图（使用Enterprise Architecture绘制）

7.2　包

包是 UML 中的万能容器，优秀的设计者用它建立出色的软件架构，而平庸的设计者把它变成"垃圾桶"。本节将重点介绍 UML 中主要的组织事物——包。

7.2.1　包的概念

包（Package）是用于把模型本身组织成层次结构的通用机制，它不能被执行。包是一个组织模型的模块，是一种将设计元素分组组织的通用机制。在大型软件的开发过程中，存在着大量需要处理的类、接口、组件、节点，以及各种类型的图等元素。当这些元素的数量多到一定程度的时候，需要按照它们的某些特性将它们组织在不同的包内。

由于包被用来组织模型中的元素，其功能类似操作系统中的文件夹，因此包在图形上表示为文件夹的形状，即一个大矩形的左上角附有一个小矩形，图形上显示有包名。另外，也可以将包所包含的元素显示在图形上。包的表示法如图 7-2 所示。

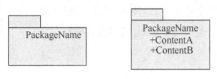

图7-2　包

 建议　　一般情况下包内元素数量会较多，因此在绘制包时，建议采用包的简单表示法。如果要显示包的内容，最好仅显示在当前语境下对理解模型和包的含义有必要的元素。

1. 包名

每个包都必须有一个与其他包相区别的名称。与类图相似，包有简单名与路径名两种命名方法。单独的名称即简单名，而用前缀表示其所有上层包名的名称则是路径名，如 com::system::GUI，表示包 GUI 嵌套在包 system 中，而包 system 又嵌套在包 com 中。

2. 包中的元素

包本身是一个容器，可以拥有很多元素，这些元素称作该包的内部元素。包中可以容纳各种高级的元素，如类和类的关系、状态机、用例、交互、协作等，甚至是一个完整的 UML 图。低级的元素如属性、行为、状态和消息等，则不直接体现在包中，而体现在其所属的模型元素中。这种包与元素的从属关系意味着元素是在这个包中被声明的，它的内容本身属于这个包。每个元素只能属于一个包。如果包被删除，则其中包含的元素也将被删除。

包中的元素可以显示在图形上。常用的方法是像图 7-2 中右侧的图一样将包含的元素名显示在包名下方。此外，还可以将包中的元素显示在包图形的外部，通过一端带有一个带十字的小圆圈的折线来连接，如图 7-3 所示。遗憾的是，Rose 工具不支持后者这种表示法。

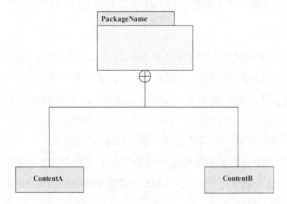

图7-3　包元素的外部表示法（使用Enterprise Architecture绘制）

另外，包中还可以含有包，这被称为包的嵌套。每个包都有自己的外围包，即当前包元素所属的包。我们默认，所有创建出来的包都由一个虚拟的"根包"（Root）包含。

包的嵌套可以清晰地表现系统模型元素的关系与包的整体架构。除了可以通过在包中显示其包含的元素之外，大部分工具都支持显示包的树状目录式结构。图 7-4 显示了 Rose 中的包的嵌套。由于人对嵌套结构的理解能力是有限的，因此包的嵌套不宜过深，一般以嵌套 2～3 层为宜。

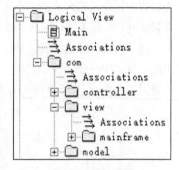

图7-4　包的嵌套

3. 包元素的可见性

包内的元素可能被其他包使用，这种使用称为引入（Import）。即引用者 A 包可以部分地或完全地访问被引用者 B 包中的元素。但我们不能说 B 包就从此属于 A 包了。当其他元素需要访问 B 包中的各项元素时，仍然需要从 B 包所属的包中引用。

包使用元素的可见性来控制包外元素对包内元素的访问权限。包元素的可见性包括公有、保护和私有 3 种。公有元素通过使用加号"+"作为名称前缀来表示。只要当前包被引入，包内的公有元素即对引入者可见。保护元素通过使用井号"#"作为名称前缀来表示。保护元素仅对当前包的子包可见。私有元素通过使用减号"-"作为名称前缀来表示。私有元素仅对该包可见，外部无法访问。

另外，如果某元素对于一个包是可见的，则它对于嵌套在这个包中的任何包都是可见的，即一个包可以"看"到其容器包所可见的元素。然而，当被嵌套包与容器包之间有重名的元素时，被嵌套包中的元素名会覆盖容器包中的元素名，这时需要使用元素的路径名来访问容器包中的元素。

4. 包的构造型

在 UML 中，可以使用构造型来描述包的种类。UML 一共定义了 5 种可应用在包上的标准构造型，如下所示。用户也可自行定义新的构造型。

● <<system>>：表示正在建模的整个系统。

● <<subsystem>>：描述一个子系统，即正在建模的系统中的某个相对独立的部分。对于较大的系统，经常需要将其划分为几个子系统。子系统的概念经常用在用例图中。

● <<facade>>：描述一个只引用其他包中元素的包，主要用来为其他包提供简略视图。

● <<stub>>：描述一个代理包，通常应用于分布式系统的建模中，服务于某个其他包的公有内容。

● <<framework>>：描述一个主要包含可重用的设计模式的包。

7.2.2　包的作用

正如前文所说，包用来组织模型中的元素，并控制着元素的可见性，处于包内的元素有相当一部分是外部不可见的。因此，在外部观察包时，可以将其内部元素视作一个整体，方便将多个元素一同处理。应该保证包内部的元素有相似、相同的语义，或者其元素有同时更改和变化的性质。只有满足了上述条件，这个包才是设计良好的，在应用过程中才不会因为元素的改变而导致语义差异增大、元素难以使用。因此，根据以上的分析，我们希望包可以实现高内聚、低耦合的目标。

在实际应用中，包对包含的元素的作用这一概念相当于 C++和 C#中命名空间（Namespace）的概念或 Java 中包的概念。和这些概念不同的是，UML 中包的内容不限于类和接口，包中的元素种类要丰富得多。

7.2.3 元素的分包原则

在使用包和包图对系统建模时，对于如何把元素分配到不同的包中这一过程有一些公认的原则。只有遵循这些原则，才能设计出结构良好的包与系统。

1. 元素不能"狡兔三窟"

包的组织结构与文件系统的文件夹结构是非常相似的，二者都是树形结构。在文件系统中，同一个文件是不可能既存放在 A 文件夹中，又存放在 B 文件夹中的，即树形结构的一个子节点不能同时拥有两个父节点。所以一个元素也不能重复出现在两个包中。

2. 相同包内元素不能重名

包所具有的命名空间的作用要求一个包中的同种类元素名称必须是唯一的。理论上，UML 允许不同包内的元素重名，也允许同一个包内的不同种类的元素重名。这里我们可以再次将包类比文件系统中的文件夹概念：同一文件夹下不允许有两个重名的同类型文件，但允许两个文件夹下有重名的同类型文件，也允许同一个文件夹下有重名但不同类型的文件（如"a.txt"和"a.exe"）。然而，在实际建模中，为了避免重名造成不必要的麻烦和错误发生，我们不应该在命名包中元素时使用这种不讨好的做法，而应该尽量对各个元素都进行不同的命名。

3. 包内元素要紧密联系

分在同一个包中的元素应该具有某些相同的性质，这样在包中的元素可以存在统一的行为模式以供包外与包内进行交互，当外部可以良好地通过这些统一的行为模式（类似接口）来实现功能时，可以避免外部对包内元素的直接访问。我们前文提到的高内聚即这一性质。

4. 包与包尽可能保持独立

如果在修改一个包的同时，另外一个包中的元素也受到了影响，那么这两个包就不是完全独立的，这时我们称这两个包的耦合度高。耦合度高会带来一些棘手的问题，它会使系统不同部分的元素互相关联，如果其中某一个部分进行增删或修改，则会"牵一发而动全身"，导致巨大的修改量和不稳定性。需要尽可能降低包和包之间的耦合度，要求包内元素与外部元素有尽可能少的依赖关系，也就是我们所说的低耦合。

7.3 包的依赖关系

包元素之间较常见的关系就是依赖关系。包之间的依赖关系实际上是从一个更高的层次来描述包内某些元素之间的依赖关系的。也就是说，如果不同包中任何元素之间存在着依赖关系，则两个包之间就存在着依赖关系。包之间的依赖关系首先需要包中的某些元素具有某种外部可见性，即可以被包外部的元素所引用。如果几个包之间存在多个元素的依赖关系，那么可以将这些依赖关系归纳为包与包之间整体的依赖关系，可以在包图中加以表达。

包的依赖关系同样表示为一个虚线箭头，如图 7-5 所示，图中的依赖关系表示 PackageA 包依赖于 PackageB 包。

图7-5 包的依赖关系

在对包元素建立依赖关系时，最常出现的问题就是循环依赖，即两个或多个包之间的依赖关系构成了一个闭环。图7-6显示了两个包之间的循环依赖。

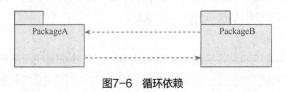

图7-6　循环依赖

事实上，循环依赖不一定都是错误的，但是它的出现是令人困惑的，也是非常容易产生错误的。尤其是当依赖关系表示包的引入时，循环依赖会导致将模型转化成代码后因为包之间互相引入而出现错误。实际上，循环依赖的出现是由元素分包不当造成的，可以通过将一个包中被依赖的元素单独分配给一个新包来解决这个问题。

例如，图7-7就提供了图7-6中循环依赖问题的解决方案。其中新增的PackageC包中的内容是原有PackageA包被PackageB包所依赖的所有元素。当然，如果此时PackageA包中的元素依赖于被分离出去的元素，那么可以在PackageA包与PackageC包之间再建立一个依赖关系。

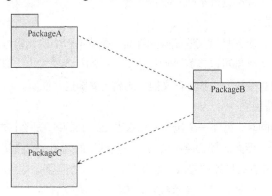

图7-7　循环依赖的解决方案

包的依赖关系同样可以通过添加构造型来使其语义更加明确。最常见的包的依赖关系的构造型就是引入，表示为<<import>>。引入指的是允许一个包（客户包）中的元素可以自由访问另一个包（提供者包）中的公有元素。引入是单向的，其表示法的箭头从引入方指向输出方。在引入过程中，客户包把提供者包的名称添加到自己的命名空间中，从而使客户包中可以使用所导入元素的简单名来引用该元素。引入的概念类似C#中的using关键字的或Java中的import关键字的。

举一个简单的例子，假设元素a在A包中，元素b在B包中，二者都被声明为包的公有元素。如果A包引入B包，那么元素a就可以直接"看见"元素b，而元素b不能直接"看见"元素a。

 注意　实际上，与引入类似的还有访问（Access）的构造型，两者描述的都是客户包对提供者包公有内容的直接访问。其区别在于，引入是把提供者包的内容添加到客户包的公有命名空间中，而访问则是把提供者包的内容添加到客户包的私有命名空间中。此时，如果再出现一个包作为原客户包的客户包，就不能再引入被原客户包所访问的提供者包元素。在绝大多数情况下，我们并不需要区分这两个构造型，只需要都使用引入即可。

注意　　　实际上，除了依赖关系外，包之间也可以有泛化关系。由于包的泛化关系语义不十分明确，在实际建模中也几乎不会被使用，因此本书不讲解。

7.4　包图的建模技术

包图有助于理解系统的主要组成部分以及它们之间的关系，能从宏观上展示整个系统的构造。在实际的建模过程中，包图一般有两种不同的建模技术，即对成组元素建模和对体系结构视图建模。

1. 对成组元素建模

使用包与包图的最常见的目的之一就是把建模元素组织成一个个的分组。这种策略在对大型项目建模时显得尤为重要。这些分组将会被建模成包。在大多数情况下，包用来组合基本种类相同的元素，如类或用例。当然，包也可以用来组合不同种类的元素。这种情况下使用的包一般作为配置管理的单元出现。

使用包图对成组元素建模，需遵循以下策略。

- 浏览模型中的元素，找出概念或语义上接近的元素分组。
- 将分好组的元素组织在一个包里，同时考虑包的嵌套。
- 对每一个包，区分哪些元素需要在包外被访问，进而确定包内元素的可见性。这一步骤类似类的封装过程：没有必要对外开放的元素一定要预先标注为私有，随后逐一检查，如果必须开放则再考虑标注为保护或公有。若设计完成时发现部分公有元素未被使用，还应该将这些元素重新置为私有元素。
- 使用引入依赖关系显式地在包之间建立关系。

2. 对体系结构视图建模

我们已经知道，视图是对系统的组织和结构的某个方面的投影，表达了对系统某个方面的关注。正如本书第4章介绍的"4+1"视图模型一样，这些体系结构视图实际上也是由包进行建模的，是对系统的顶层分解。理论上，我们完全可以利用包元素来创建自己的体系结构视图。实际上，现在绝大部分的 UML 建模也是使用包元素来创建其体系结构视图的。

7.5　实验：使用Rose绘制包与包图

本节将主要介绍如何在 Rose 中使用包组织元素及绘制包图。

7.5.1　包图的Rose操作

1. Rose 中包与包图的相关说明

由于 UML 1.×规范没有明确定义包图，因此 Rose 工具并没有为包图建立独立的空间，而是更多地将包作为一种组织结构显示在浏览器中。然而，包元素可以被创建在几乎所有种类的 UML 图中，因此我们建议在 Rose 中可以将包图显示在同样展现静态结构的类图中。

2. 添加包

要将包直接加入图中，可以直接单击工具栏中的包按钮，再在图中适当位置单击并输入包名。

要将包添加到浏览器中，可以在要添加的包的上层包中单击鼠标右键，在弹出的菜单中选择【New】→【Package】，如图7-8所示，并输入包名。另外，可以将浏览器中的包拖动到图中。

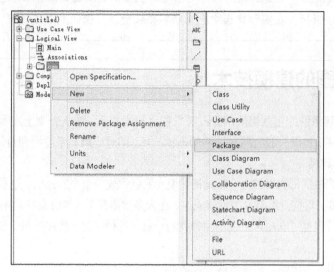

图7-8　添加包到浏览器中

3. 向包中添加元素

要将已存在的元素移动到包中，只需要在浏览器中将该元素从目前的位置拖动到新的包的目录节点下即可。也可以通过在包上单击鼠标右键，在弹出的菜单中选择【New】来新建元素。

要设置元素在包中的可见性，可以打开该元素的规格说明对话框并在【General】选项卡中的【Export Control】处选择适当的可见性。

4. 删除包

要删除一个已存在的包，只需在浏览器中选中该包并单击鼠标右键，在弹出的菜单中选择【Delete】即可。需要注意的是，如果一个包被删除，那么这个包中的所有元素都会被删除，如果需要保留其中的某些元素，请在删除包前将其移动至其他位置。

5. 在包中显示包含的元素

我们已经知道，包可以在图形上显示其中的元素。在Rose中，需要在包上单击鼠标右键，在弹出的菜单中选择【Select Compartment Item】，弹出图7-9所示的对话框。在该对话框中，选中左侧列表中的元素后最上方的按钮会变为【>>>>】，单击此按钮该元素即移动至右侧列表中。单击【OK】按钮后包图形就能显示右侧列表中的元素了，如图7-10所示。

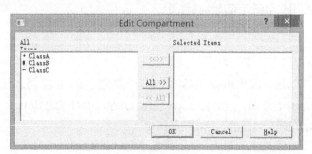

图7-9　【Edit Compartment】对话框

图7-10　显示元素的包

类似地，要隐藏包图形中显示的元素，在图 7-9 所示的对话框中选中右侧列表的元素后最上方的按钮会变成【<<<<】，然后单击该按钮将该元素移动至左侧列表中，再单击【OK】按钮即可。

6. 包的规格说明对话框

包的规格说明对话框如图 7-11 所示。在包的规格说明对话框的【General】选项卡中，可以设置包名与包的构造型；在【Detail】选项卡中，可以查看或添加包中包含的 UML 图。

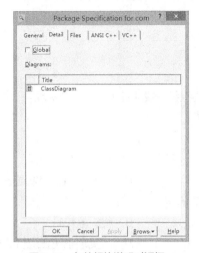

图7-11　包的规格说明对话框

绘制机票预订系统的包图

7.5.2　绘制机票预订系统的包图

在 Rose 中，可以使用包来对各种模型元素进行分类组织，便于用户进行查找和浏览。

以用例为例，我们可以将 5.7.2 小节中的元素添加到不同的包中进行管理。按照用例所表示的内容，我们可以将"检查信用等级"用例与"修改信用等级"用例添加到"信用评价"包中，将"登录"用例与"注册"用例添加到"登录注册"包中，将"设定航班安排"用例添加到"后台操作"包中，将其余用例添加到"核心业务"包中。整理后项目的用例模型的包结构如图 7-12 所示。

我们也可以创建一个包图来清晰地显示系统包含的包，使用 7.5.1 小节的步骤来实现如图 7-13 所示。

图7-12　使用包组织用例

图7-13　组织用例的包图

小结

本章主要介绍了包与包图的概念。包作为唯一的分组事物，在 UML 中有着不可替代的作用。在利用包组织元素时，要注意本章讲到的几个分包原则。Rose 中的包同样用来组织元素，在 Rose 的浏览器中可以清晰地展示视图中的包结构，也可以使用包图来表示模型的组织结构。

习题

1. 选择题

（1）在 UML 的建模机制中，模型的组织一般通过（　　）来实现。

    A. 用例　　　　　　B. 数据库　　　　　　C. 包　　　　　　　　D. 注释

（2）包图的组成不包括（　　）。

    A. 包的名称和构造型　　　　　　　　B. 包中含有的元素

    C. 包与包之间的关系　　　　　　　　D. 包间的消息和发送者

（3）下列关于包的用途，说法不正确的是（　　）。

    A. 描述需求和设计的高层概况　　　　B. 组织源代码

    C. 细化用例表达　　　　　　　　　　D. 将复杂系统在逻辑层面上模块化

（4）下列选项中，不能直接放在包中的元素的是（　　）。

    A. 类　　　　　　　B. 操作　　　　　　　C. 包　　　　　　　　D. 对象图

（5）下列选项中，可以应用于包的 UML 预定义的构造型是（　　）。

    A. <<subsystem>>　　　　　　　　　B. <<control>>

    C. <<actor>>　　　　　　　　　　　D. <<interface>>

（6）下列选项中，UML 不允许的元素分包及命名的是（　　）。

    A. A 包中含有类 ElementA，B 包中含有类 ElementA

    B. A 包中含有类 ElementA 与用例 ElementA

    C. A 包中含有类 ElementA，B 包中含有用例 ElementA

    D. A 包中含有类 ElementA 与类 ElementA

（7）在下列选项中，包之间可能形成的关系是（　　）。

    A. 关联关系　　　　B. 依赖关系　　　　C. 实现关系　　　　D. 扩展关系

（8）假设有两个包，即 A 包与 B 包，其中 B 包依赖于 A 包，且两者之间不构成任何嵌套关系。此外，A 包中含有 3 个类元素：

    ① ClassA，可见性修饰为 public。

    ② ClassB，可见性修饰为 protected。

    ③ ClassC，可见性修饰为 private。

    那么在 B 包中可见的元素有（　　）。

    A. ①　　　　　　　B. ①、②　　　　　C. ①、②、③　　　D. ②

2. 填空题

（1）包图最常见的用途是用来组织_____和类图。

（2）包名有简单名和_____两种，后者用前缀表示出其所有上层包名的名字。

（3）包是一个容器，可以容纳各种高级的模型元素，如类和类的关系、状态机、用例图、交互、协作等；而低层次的元素如属性、行为、状态和消息等，则不能直接体现在包中，而应体现在其所属的_____中。

（4）包图的主要组成元素包括包以及包的_____关系。

（5）包的嵌套不应过深，一般以嵌套_____层为宜。

（6）包元素的可见性包括公有、保护和_____三种，其中保护元素仅对当前包的子包可见。

（7）我们希望包可以实现高内聚、低_____的目标。

（8）在实际应用中，包相当于 C++和 C#中_____/namespace 的概念或 Java 中包的概念，与这些概念不同的是，包中元素的种类要丰富得多。

（9）循环依赖的出现是由于元素分包不当造成的，可以通过将一个包中被依赖的元素单独分配给一个新_____来解决这一问题。

（10）包依赖关系最常见的构造型是_____，表示为<<import>>，表示一个包中的元素可以自由地访问另一个包中的公有元素。

3．判断题

（1）包只能用来组织 UML 中的事物，而无法用来组织 UML 图。 （   ）

（2）包元素是 UML 中最重要的结构事物之一。 （   ）

（3）包的路径名使用前缀来表示上层包的名称。 （   ）

（4）UML 中的所有模型元素都可以被直接包含在包中。 （   ）

（5）包内元素的可见性表示同一个包内的其他元素对该元素的访问权限。 （   ）

（6）在 UML 中，每个元素只能被包含在一个包中。 （   ）

（7）包之间表示依赖关系的虚线箭头指向被依赖的包的一方。 （   ）

（8）包中可见性修饰为 public 的元素表示这些元素可以被项目中的所有包无条件访问。 （   ）

4．简答题

（1）简述包图的组成部分。

（2）什么是模型的组织结构？它的作用是什么？

5．应用题

（1）在某系统中存在 3 个逻辑部分，分别是 Business 包、DataAccess 包和 Common 包，其中 Business 包依赖 DataAccess 包和 Common 包，DataAccess 包依赖 Common 包。在类图中试着创建这些包，并绘制其依赖关系。

（2）请尝试使用包组织第 5 章习题中应用题的第（1）题给出的用例。

第8章 顺序图

在前文中我们已经介绍了用例图，用例图的交互过程是需要表现出来的，这种交互过程需要由交互图来表示。在 UML 1.×中，交互图包括顺序图与协作图，顺序图用于描述执行系统功能的各个不同角色之间相互协作、传递消息的顺序关系。本章将为读者介绍顺序图的相关概念以及使用 Rose 绘制顺序图的方法。

8.1 顺序图的概念

在介绍顺序图之前，我们先来回忆一下用例的概念。用例是一个系统提供给参与者的外部接口，代表着一系列交互步骤，最终目标是实现参与者的目的。用例的表达有简洁至上的原则，要做到越朴素越好，越不涉及代码知识越好，而且用例很难与类、接口等元素一一对应。因此，为了方便开发人员统筹和协调各个类和对象，UML 为用例所概括的参与者与系统之间的交互行为提供了表达方式，顺序图就是其中的一种。

顺序图（Sequence Diagram，也译为序列图或时序图）是按时间顺序显示对象交互的图。具体来说，它可以显示参与交互的对象和所交换信息的先后顺序，用来表示用例中的行为，并将这些行为建模成信息交换。

由于在绘制顺序图之前一般已经做过分析类的工作，因此在顺序图中，我们可以引入类和对象的概念来帮助建模。当执行一个用例行为时，顺序图中的每一条消息对应一个类的操作或状态机中引起转换的触发事件。也就是说，顺序图在编程人员可以理解的模型基础上对用例进行了翻译，把抽象的各个步骤转化成大致的消息传递序列，供编程人员按图索骥。并且，图这一形式本身用来表达一些序列就是极为恰当的，这也就使得顺序图成为描述一个过程的强有力的工具。

顺序图主要包括 4 个元素，即对象（Object）、生命线（Lifeline）、激活（Activation）和消息（Message）。在 UML 中，顺序图将交互关系表示为一个二维图。其中纵向代表时间的维度，时间向下延伸，按时间顺序依次列出各个对象所发出和接收的消息；横向代表对象的维度，排列着参与交互的各个独立的对象。一般主参与者放在最左边，次参与者放在最右边。图 8-1 显示了一个顺序图并对其中内容做了标注。

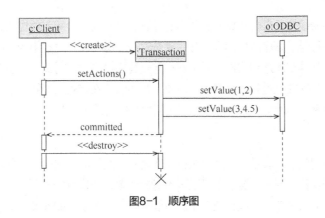

图8-1 顺序图

顺序图主要有以下 3 种作用。

- 细化用例的表达。顺序图的一大用途就是对用例所描述的需求与功能进行更加正式、层次更加分明的细化表达。
- 有效地描述类职责的分配方式。我们可以根据顺序图中各对象之间的交互关系和发送的消息来进一步明确对象所属类的职责。
- 丰富系统的使用语境的逻辑表达。系统的使用语境即系统的使用方式和使用环境。

8.2 顺序图的组成元素

顺序图将交互关系表示为一个二维图。纵向是时间轴，时间沿竖线向下延伸。横向轴代表在协作中各独立对象的类元角色。类元角色用生命线表示。本节将主要介绍顺序图的主要组成元素。

8.2.1 对象

顺序图中的对象与对象图中的概念一样，都是类的实例。顺序图中的对象可以是系统的参与者或者任何有效的系统对象。对象的创建由头符号来表示，即在对象创建点的生命线顶部使用显示对象名和类名的矩形框来标记，所显示的对象及其类的名称带有下画线，两者用冒号隔开，即"对象名：类名"这种格式，如图 8-2 所示。与对象图相似，对象的名字可以被省略，此时表示匿名对象，如图 8-3 所示。在保证不混淆的情况下，对象所属的类名（包括前面的冒号）也允许被省略，如图 8-4 所示。

在位置上，一个对象被放置于顺序图的顶端，意味着在这个交互开始之前，我们已经拥有这样一个对象了，如图 8-1 中的 c 对象和 o 对象。如果一个对象出现在其他位置上（不在顶端），则说明这个对象是在交互执行到某些步骤的时候被创建出来的，如图 8-1 中的 Transaction 类的匿名对象。被创建出来的对象可以在接下来的时间里被其他对象的消息激活，也可以以同样的方式被销毁。

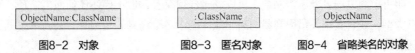

图8-2 对象　　　图8-3 匿名对象　　　图8-4 省略类名的对象

8.2.2 生命线

生命线代表一次交互中的一个参与对象在一段时间内存在。具体地说，在生命线所代表的时间内，对象一直是可以被访问的——可以随时发送消息给它。

在顺序图中，生命线位于每个对象的底部中心位置，显示为一条垂直的虚线，与时间轴平行，带有一个显示对象的头符号。顺序图中的大部分对象是存在于整个交互过程中的，即对象创建于顺序图顶部，其生命线一直延伸至顺序图底部。对于在交互过程中被创建的对象，其生命线从接收到新建对象的消息时开始。对于在交互过程中被销毁的对象，其生命线在接收到销毁对象的消息时或在自身最后的返回消息之后结束，同时用一个"×"标记说明生命线的结束。

8.2.3　激活

激活，又称为控制焦点，表示一个对象执行一个动作所经历的时间段，既可以直接执行，也可以通过安排下级过程来执行。同时，激活也可以表示对应对象在这段时间内不是空闲的，它正在完成某个任务，或正被占用。一般来说，一个激活的开始应该是由于收到了其他对象传来的消息，该激活会处理该消息，执行一些相关的操作，然后反馈或者进行下一步消息传递。通常来说，一个激活结束的时候应该伴有一个消息的发出。

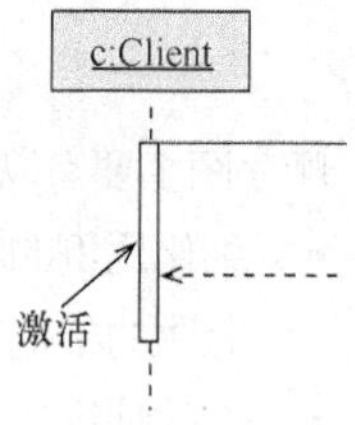

图8-5　激活

激活在 UML 中用一个细长的矩形表示，显示在生命线上，如图 8-5 所示。矩形的顶部表示对象所执行动作的开始，底部表示动作的结束。在 UML 2 中，使用术语执行说明（Execution Specification）代替激活。

8.2.4　消息

消息是由一个对象（发送者）向另一个对象（接收者）发送信号，或由一个对象（发送者或调用者）调用另一个对象（接收者）的操作内容。消息是对象和对象协同工作的信息载体，它代表一系列实体间的通信内容。消息的实现有不同的方式，如过程调用、显式地产生一个事件、活动线程间的内部通信等。例如，当某对象调用了另一个对象的一个操作时，就可以看作两个对象之间通过发送消息来实现。

发送信号和调用类的操作是相似的，它们都是两个对象之间的通信，以此来传递信息值，接收者根据所接收到的值做出相应的反应。然而在实现层次上，信号和调用各自有着不同的特性和细节行为，因此两者是不同的 UML 元素。

在顺序图中，消息表示为从一个对象的生命线指向另一个对象的生命线的箭头。有些消息可能是从外部发来的，在不确定外部对象的类型时，也可以从图的边缘处引入箭头来表示外部消息。顺序图中不同生命线上的时标是相互独立的，所以箭头和生命线所成的角度不具有任何意义。对于某一对象发给自己的消息，箭头的起点和终点都在同一条生命线上。消息按照时间顺序从图的顶部到底部垂直排列。如果一个刚收到消息的对象还没有被激活，那么这个消息将会激活这个对象。

较常见的消息是简单消息（又被称为顺序消息）。简单消息的图形表示也同样简单，只需用一根实心箭头表示即可。简单消息表示控制流，可以泛指任何交互，但不描述任何通信信息。当设计不需要复杂的消息类型，或者实现人员很容易判断出顺序图中各个消息的类型时，为简单起见，可以将所有的消息都画成简单消息。

在发送一个消息时，对消息的接收往往会产生一个动作。这个动作可能引发目标对象以及该对象可以访问的其他对象的状态改变。根据消息产生的动作，消息也有不同的表示法。在 UML 中，主要有以下几种动作。

- 调用（call）：调用某个对象的操作。可以是对象之间的调用，也可以是对对象本身的调用，即自身调用或递归调用。调用属于同步机制，如当对象 A 发送消息调用对象 B 时，对象 A 会等待对象 B 执行完所调用的方法后再继续执行。在 UML 中使用一个头部为实心三角形的箭头来表示调用。

- 返回（Return）：返回消息不是主动发出的，而是由一个对象接收到其他对象的消息后返回的。很多情况下，一个消息的接收会要求一个返回，如果把所有对源消息的返回消息全部绘制在顺序图中，图将变得复杂。所以仅仅需要绘制那些重要的返回消息即可。在 UML 中使用虚线箭头表示返回。
- 创建（Create）：创建一个对象时发送的消息。UML 中使用具有<<create>>构造型的消息表示创建。
- 销毁（Destroy）：销毁一个对象（也允许对象销毁自身）。UML 中使用具有<<destroy>>构造型的消息表示销毁。

图8-6 显示了简单消息及 4 种动作对应的消息的表示法。

根据消息的并发性，消息可以分为同步消息和异步消息两种。同步是指事物之间非并行执行的一种状态，一般需要一个事物暂停工作以等待另外一个事物工作的完成，这种"暂停-等待"的行为又称作阻塞。同步消息意味着发出该消息的对象

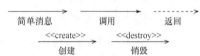

图8-6　简单消息及4种动作对应的消息的表示法

将不再继续进行后续工作，专心等待消息接收方返回消息。同步消息通过在箭头上标注"×"来表示。大多数方法调用使用的都是同步消息（因此一般情况下并不需要使用同步消息的表示法），只有在并行程序中可能会出现非同步的消息，即异步消息。消息的发送者在发送异步消息之后，不必等待接收者返回消息便可以继续自己的活动和操作。如果异步消息返回，而对象需要接收这个返回消息并调用新的方法，这个过程称为"回调"。一般来说，异步消息需要有消息中间件的支持，消息中间件将异步消息存储并逐个发送，消息返回时再经由它准确地送给源发送者。异步消息用半个箭头表示。同步消息与异步消息的表示法如图 8-7 所示。

除了以上这些消息类型外，Rose 还扩充了两种消息类型，分别是阻止消息与超时消息。阻止消息表示当消息的发送者发送消息给接收者时，如果接收者无法立即接收，则发送者放弃该消息。阻止消息使用一个在接收者一端折回一小部分的箭头表示。超时消息表示若发送消息后接收者无法在指定时间内接收，则发送者放弃该消息。超时消息用一个上方带有空心圆圈的箭头表示。阻止消息与超时消息的表示法如图 8-8 所示。

同步消息	异步消息

图8-7　同步消息与异步消息的表示法

阻止消息	超时消息

图8-8　阻止消息与超时消息的表示法

> **建议**　　在使用顺序图的过程中，尤其是对于UML的初学者，很可能会因为复杂的消息符号而导致难以理解和绘制顺序图。在这里我们推荐一种做法，即所有的消息全部使用简单消息和返回消息的表示法来表示，可以使用不同颜色和字体的文字，在上方做这个消息的类型注释（是否传参、有何目的等），在下方做这个消息的同步/异步情况的注释。使用明确的文字而避免复杂的符号，可以大大增加顺序图的可读性。

8.3 （*）UML 2中的"片段"概念

在 UML 1.×中，顺序图十分不擅长表示循环行为和条件行为。因此，在 UML 2 以上的标准中，顺序图被赋予了更强大的功能①。UML 标准给顺序图提供了"片段"（Fragment）机制，一个片段有一个关键字，可以包含一个消息序列甚至更多子片段。新增的结构化控制操作符使得我们可以通过顺序图来表达更加复杂的动作序列。因为这些新功能还不能在 Rose 中绘制，所以我们仅对每个新元素做简要介绍。

在 UML 2 中将控制操作符表示为顺序图上的一个矩形区域，其左上角有一个写在一个小五边形内的标签，来表明控制操作符的类型。控制操作符对穿过它的生命线发挥作用。如果一条生命线刚好运行到控制操作符某一位置，控制操作符可以决定将其中断，并在控制操作符的另一位置重新开始。下面简要介绍几种常见的控制类型。

- 可选片段：关键字为 opt，表示一种单条件分支。如果对象生命线在进入控制操作符的时候满足方括号中的条件，那么控制操作符的主体就会得到执行。
- 条件片段：关键字为 alt，表示一种多条件分支。如果需要根据条件是否被满足而做出不同的决策，可以在条件执行的片段内部使用虚线隔开不同区域。当生命线运行到这一区域时，根据片段中注明的条件，选择其中一个区域执行。
- 并行片段：关键字为 par，表示片段内有两个或更多的并行的子片段。当顺序图执行到这一片段时，每一个子片段并行执行，各个子片段中的消息顺序是不确定的，当所有的子片段均执行完毕，并行片段重新收拢到一起，回到同一个顺序流。
- 循环片段：关键字为 loop，表示一个循环。使用循环片段以及循环片段中的条件符号，我们可以得到一个循环结构，只要被括在条件符号中的条件仍然被满足，就继续进行循环块中的工作，直到循环条件为假，跳出循环块，进入下一段生命线。
- 交互片段：关键字为 ref，表示对一段交互的引用。在一个交互图中使用交互片段来引用其他交互图。其表示法是在控制操作符为 ref 的片段矩形中写明引用的交互图名称。当有一段交互需要经常被执行时，可以使用交互片段将其预先"打包"成一个顺序片段，后面需要再进入这一段流程时仅仅需要调用这一功能即可。

图 8-9 显示了一个"登录"用例的简单顺序图的 UML 2 表示法，其中使用了循环片段与可选片段。循环片段用来表示当密码输入错误时用户需要继续停留在登录界面填写密码；可选片段用来表示当密码输入成功时才显示登录成功的提示信息。

> 建议
>
> 尽管新的工具的出现总是令人兴奋，但我们仍然要适时地给自己"泼个冷水"以保持清醒。使用UML的最终目的是使软件的体系结构变得清晰、易读，新符号的引入在提供了新的表达方法的同时也削弱了可读性，并且贯穿多个对象生命线的片段事实上打破了顺序图原有的简单结构，也已经在代替一部分活动图的功能，后者是完全不必要的。在使用新的符号时应当保持谨慎。这里建议仅在能够大大简化内容并且几乎不增加阅读难度的情况下使用新的符号。

---

① UML 2 中顺序图的许多表示法来自 ITU 消息序列图（Message Sequence Chart，MSC）表示法，并做了一些扩展，与 UML 1.×中顺序图的表示法有些不同，本书不做过多介绍。

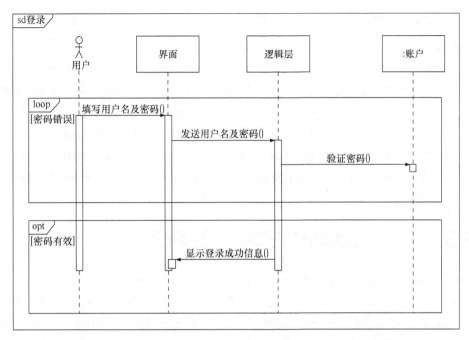

图8-9　UML 2顺序图：登录（使用Enterprise Architecture绘制）

8.4　顺序图的建模技术

使用顺序图的最常见的目的之一是对刻画整个系统的行为的控制流建模，包括用例、模式、机制、框架、类的行为，或是一个单独的操作。顺序图侧重于按时间顺序对控制流建模，强调按照时间顺序展开的消息的传送。对于一个复杂的控制流，可以建立许多顺序图，其中包含一个主干顺序图和多个分支顺序图，再通过包机制进行统一管理。

按时间顺序对控制流建模，要遵循以下策略。

- 设置交互的语境。交互语境即交互所在的环境，包括交互属于哪个系统、子系统，包含哪些类和对象，对应哪个用例或协作的脚本等。
- 设置交互的场景，即识别对象在交互中扮演的角色，根据对象的重要性排列对象的顺序。一般比较重要的对象放在顺序图左边，临近的对象放在顺序图右边。
- 为对象设置生命线。在大多数情况下，对象的生命线贯穿于整个交互过程中。对于那些在交互过程中被创建或销毁的对象，要识别其创建或销毁的时机，在适当的时候设置其生命线，并用带有正确构造型的消息显式地指出它们的创建和销毁。
- 按时间顺序排列消息。从引发这个交互的第一条消息开始，在对象的生命线之间按时间顺序依次画出交互过程中产生的消息，并标记出消息的特性（如参数、返回值即类型等）。在需要的时候，要解释消息的语义。在这一步骤执行完毕，顺序图已经能大致发挥其对控制流建模的作用了。
- 设置激活期。如果需要可视化实际运行时各消息发送和接收的时间点，或者需要可视化消息的嵌套（UML 2中通过激活的嵌套来表明消息的嵌套），就需要用控制焦点修饰对象的生命线。
- 附加时间和空间约束。如果需要对消息进行时间或空间的约束，如某消息要在上一条消息发送3s后被发送，可以附上相关的约束信息。

- 设置前置与后置条件。对每条消息可以添加前置条件与后置条件，来更形式化地说明这个控制流。

　　尽管顺序图有着沟通设计人员和编程人员、保证需求和实现之间妥善衔接的重要作用，但是在实际工作当中对所有交互都建立顺序图，是一种耗时、费力的低效做法。我们仍然要把效率的提高托付给编程人员，相信他们对于简单情况的快速实现能力。在一个大型项目中，我们可以考虑对一些长流程、消息复杂的用例进行建模，用例中一些小的扩展交互不需要被包括在内，只需要使用关键类描述重要的场景即可。

8.5　（*）顺序图的变体——时间图

　　时间图（Timing Diagram）是 UML 2 中新增的图，相当于另一种显示顺序的图。在顺序图中，时间信息是在对象生命线中隐式地表示的，无法通过某一对象生命线的当前位置来判断其他对象的状态，也不能量化地显示时间。而时间图能显式地展现生命线上的状态变化和标度时间，可以被应用到实时控制等系统中。

　　时间图与普通顺序图的不同之处主要表现在以下几个方面。

- 时间轴与对象轴交换了位置。在时间图中，纵向表示不同对象，横向表示时间的延伸。
- 不同对象的生命线在各自独立的矩形框中显示，矩形框纵向堆砌组成整个图。
- 对象可以有不同的状态。每个对象的状态在其生命线的最左侧纵向排列，生命线通过上下起伏来表示对象当前所处的状态。
- 可以显示一个时间标尺。时间标尺上有时间刻度，用来表示时间间隔。
- 不同对象的生命线上的时间是同步的。

　　图 8-10 显示了一个电子门禁系统在开锁时的时间图，图中有 scanner（读卡器）、processor（处理器）和 door（门）这 3 个对象，对象之间传递消息的方式与顺序图的类似。

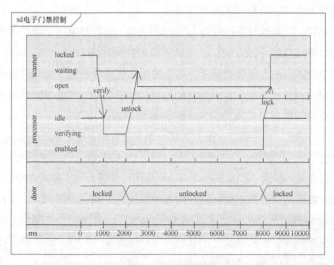

图8-10　电子门禁系统在开锁时的时间图（使用Enterprise Architecture绘制）

从图 8-10 中可以看出以下交互过程。当用户刷卡时，读卡器从 locked（已上锁）状态转换为 waiting（等待）状态，并发送 verify（验证）消息给处理器，而后处理器从 idle（闲置）状态转换为 verifying（验证中）状态。当处理器验证完毕时，发送 unlock（开锁）消息给读卡器，并转换为 enabled（启用）状态。读卡器接收到消息后从 waiting 状态转换为 open（开门）状态，同时门的状态从 locked 转换为 unlocked（已解锁）。门打开 6s 后（从时间标度可以看出），门自动变回 locked 状态，同时处理器发送 lock（锁门）消息给读卡器，读卡器再次转换为 locked 状态，处理器也变回 idle 状态。

> **注意** 由于 Rose 不支持 UML 2 的表示法，因此图 8-9 和图 8-10 都是使用 Enterprise Architecture 这个工具绘制的。

8.6 实验：使用Rose绘制顺序图

本节将主要介绍使用 Rose 绘制顺序图的方法。

8.6.1 顺序图的Rose操作

1. 顺序图工具栏

在 Rose 中，当选择一个顺序图进行操作时，框图工具栏将变成顺序图工具栏。图 8-11 显示了系统默认的顺序图工具栏。

2. 创建顺序图

顺序图可以作为独立的图被创建到 Rose 项目中，具体方法同其他图的类似，在浏览器的【Use Case View】或【Logical View】目录上单击鼠标右键，在弹出的菜单中选择【New】→【Sequence Diagram】即可。

另外，由于顺序图所描述的交互可以是一个用例或一个复杂的类操作的具体细节，因此顺序图可以附属于用例或类操作。要为用例添加描述其交互过程的顺序图，可以用鼠标右键单击浏览器中的用例元素，在弹出的菜单中选择【New】→【Sequence Diagram】。此时顺序图作为该用例的一个子节点被显示在 Rose 的浏览器中，如图 8-12 所示。要将顺序图与类操作相关联，需要先打开该操作的规格说明对话框，在【Semantics】选项卡中底部的【Interaction】下拉列表中选择对应的顺序图即可，如图 8-13 所示。

图8-11 系统默认的顺序图工具栏

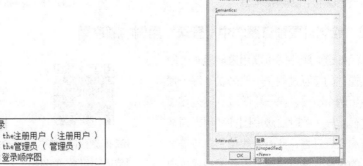

图8-12 添加附属于用例的顺序图　　　　图8-13 添加附属于类操作的顺序图

3. 添加顺序图中的元素

要添加图中元素，只需要在顺序图工具栏中单击相应的元素按钮并将其放置在图中的相应位置即可。对于对象元素，可以打开其规格说明对话框来设置对象名与所属的类。对于消息元素，它需要连接两个对象的生命线，连接后生命线上的相应位置会自动被激活。

4. 设置消息类型

Rose 提供了多种消息类型，包括 UML 中定义的消息类型以及 Rose 自身扩充的一些消息类型。要设置一个消息的类型，打开其规格说明对话框并选择【Detail】选项卡，然后选中相应的消息类型即可，如图 8-14 所示。

5. 隐藏消息编号

Rose 中默认已对顺序图中的消息进行编号。如果用户不想使用该编号或者想自己重新编号，可以选择隐藏消息编号。要隐藏消息编号，选择菜单栏中【Tools】→【Options】，在弹出的对话框中选择【Diagram】选项卡，取消勾选【Sequence numbering】复选框即可，如图 8-15 所示。

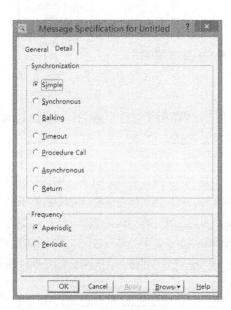

图8-14　设置消息类型

图8-15　隐藏消息编号

8.6.2　绘制机票预订系统中"登录"用例的顺序图

我们已经知道，顺序图可以用来描述一个用例或一个类操作的交互过程。一般来说，每个顺序图需要经历两个阶段。第一个阶段一般是在项目的需求建模阶段，此时的顺序图往往用来同客户确认用例的交互过程，此时一般使用业务语言来描述交互的对象及消息传递，以便客户或用户

绘制机票预订系统中
"登录"用例的顺序图

绘制机票预订系统中其他
用例的顺序图

能够读懂。而且由于此时一般还没有进行类的分析与设计工作，因此对象一般不指定所属的类。第二个阶段一般是在项目的分析或设计阶段，此时顺序图多用于描述一个具体的交互过程，以明确类操作的具体交互过程，此时图的目标不是客户，而是项目小组，包括设计人员、开发人员和分析人员。此时一般在顺序图中展示大量细节，将每个对象映射到类，将每个消息映射到类的操作，以便于能够指导该交互的编程实现。

本小节展示了一个描述机票预订系统中"登录"用例的交互过程的第一个阶段的顺序图，仅供读者参考。由于用例可能存在多个事件流，而 UML 1.×中的顺序图很难表达出分支或循环，因此对于一个用例往往需要建立多个顺序图来表示不同的事件流。这里我们只建立描述主要事件流交互过程的顺序图。读者也可以自行尝试在此基础上进行完善。

1. 确定交互对象

创建顺序图的第一步就是明确参与该交互过程的对象。我们注意到该用例由用户发起，因此，用户作为参与者是这个交互过程的发起者。此外，我们假设系统采用 MVC（即模型-视图-控制器）设计，因此参与这个交互过程的对象还包括程序用户界面、程序逻辑层以及程序数据库。

将确定的交互对象调整好顺序后添加到顺序图中，如图 8-16 所示。

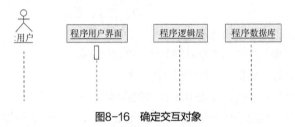

图8-16 确定交互对象

2. 添加消息

在确定交互对象之后，我们就要在对象之间添加消息的传递了。我们可以很容易地分析出整个交互过程，用户首先在程序用户界面填写表单并进行确认，程序用户界面将用户填写的表单数据发送给程序逻辑层，程序逻辑层向程序数据库发送请求来检查用户数据的合法性，接收到合法性的返回消息后，程序逻辑层再向程序用户界面发送消息显示登录结果。

按照分析的交互过程，我们向顺序图中添加消息，创建出完整的顺序图，如图 8-17 所示。

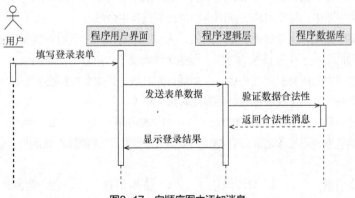

图8-17 向顺序图中添加消息

小结

本章主要介绍了顺序图的相关概念。顺序图一般用来描述多个对象参与的一个交互过程。顺序图主要由对象与消息构成，其中，对象的生命线与激活是顺序图特有的内容。顺序图可以按时间顺序对系统的控制流建模。此外，本章还讲解了使用 Rose 绘制顺序图的方法。本章中讲解的 UML 2 规范中顺序图的"片段"概念以及时间图的内容供有兴趣的读者自行学习。

习题

1．选择题

（1）顺序图是由对象、生命线、激活和（　　）等构成的。

  A．消息   B．泳道   C．组件   D．线程

（2）在 UML 的顺序图中将交互关系表现成一个二维图，其中纵向是（　　），横向是（　　）。

  A．时间，对象角色   B．交互，消息

  C．时间，消息   D．交互，泛化

（3）下列关于顺序图的说法不正确的是（　　）。

  A．顺序图是对象之间传送消息时间顺序的可视化表示

  B．顺序图比较详细地描述了用例表达的需求

  C．顺序图的目的在于描述系统中各个对象按照时间顺序的交互

  D．在顺序图中，消息表示一组在对象间传送的数据，不能代表调用

（4）在顺序图中，一个对象被命名为":B"，该对象名的含义是（　　）。

  A．一个属于类 B 的对象 B   B．一个属于类 B 的匿名对象

  C．一个所属类不明的对象 B   D．非法对象名

（5）消息的组成不包括（　　）。

  A．接口   B．活动   C．发送者   D．接收者

（6）下列关于生命线的说法，不正确的是（　　）。

  A．生命线是一条垂直的虚线，用来表示顺序图中的对象在一段时间内存在

  B．在顺序图中，每个对象的底部中心位置都带有生命线

  C．在顺序图中，生命线是一条时间线，从顺序图的顶部一直延伸到顺序图的底部，所用时间取决于交互持续的时间，即生命线表现了对象存在的时间段

  D．顺序图中的所有对象在程序一开始运行的时候，其生命线都必须存在

（7）对象生命线的激活阶段表示该时间段此对象正在（　　）。

  A．发送消息   B．接收消息   C．被占用   D．空闲

（8）若一个消息发送后接收者无法在指定时间内接收，则发送者放弃该消息，这种消息的类型应为（　　）。

  A．同步消息   B．异步消息   C．超时消息   D．阻塞消息

（9）顺序图中的消息是以（　　）顺序排列的。

  A．时间   B．调用   C．发送者   D．接收者

（10）顺序图的作用有（　　　）。

    A. 确认和丰富一个使用语境的逻辑表达

    B. 细化用例的表达

    C. 有效地描述如何分配各个类的职责，以及这些类具有相应职责的原因

    D. 显示在交互过程中各个对象之间的组织交互关系以及对象彼此之间的连接

2．填空题

（1）顺序图是按_____顺序显示对象交互的图。

（2）顺序图主要包括_____、生命线、激活和消息这四个元素。

（3）在顺序图中，生命线用一条垂直的_____表示。

（4）激活在 UML 中用_____表示。

（5）简单消息(又称顺序消息)使用实心_____表示。

（6）根据消息的并发性区分，消息可以分为_____和异步消息两种。

（7）顺序图中使用_____机制表示循环行为和条件行为。

（8）循环片段关键字为_____。

（9）顺序图中消息是以_____顺序排列的。

（10）时间图中横轴表示时间，纵轴表示_____。

3．判断题

（1）顺序图从时间顺序上显示了交互过程中信息的交换。（　　　）

（2）顺序图中元素的摆放顺序无关紧要。（　　　）

（3）顺序图中的对象可以在交互开始时就已经存在，也可以在交互过程中才被创建。（　　　）

（4）在顺序图中，对象的生命线一定会贯穿整个交互过程。（　　　）

（5）在顺序图中，所有对象的生命线一定会被一个销毁标记所结束。（　　　）

（6）激活表示在这一时间段内对象正在完成某项任务。（　　　）

（7）每条消息一定关联着至少两个不同的对象，即消息的发送者和接收者。（　　　）

（8）在顺序图中，如果一个对象在接收到消息时还没有被激活，那么这条消息将会激活这个对象。（　　　）

（9）信号就是调用类的操作。（　　　）

（10）顺序图虽然能表示消息发送的事件顺序，却无法量化地表示消息发送的具体时间。（　　　）

4．简答题

（1）顺序图有哪些组成部分？

（2）顺序图中的消息分为哪些？

（3）顺序图中对象的创建和销毁操作怎样表现？

（4）简述顺序图的建模方法。

5．应用题

（1）某银行系统的"取款"用例的执行顺序如下：工作人员输入取款单信息后，银行系统请求银行数据库匹配用户，进行身份验证，验证通过后，数据库注销相应存款，返回注销完成信息，银行系统在存折上打印取款记录。

请根据以上信息绘制顺序图。

（2）在某一学生指纹考勤系统中，有一个用例名为"上课登记"。此用例允许学生在上课前使用系统识别自己的指纹信息进而识别自己的身份，同时系统可以将登录信息存储在数据库中。

"上课登记"用例的主要事件流如下：

- 学生从系统菜单中选择【上课登记】；
- 系统显示指纹识别界面；
- 学生将手指放置于界面上；
- 系统捕获并识别学生的指纹，向学生返回识别的身份信息；
- 学生单击【确认】按钮；
- 系统生成一个关于该登记学生及当前日期、时间的新记录，并将该记录保存到数据库中。

请根据以上描述绘制"上课登记"用例的顺序图。

第9章　协作图

我们已经知道用例可以使用顺序图来描述其实现。具体方法是将与执行用例相关的对象横向排列，按时间顺序以对象之间发送消息的方式进行连接。本章将要介绍的协作图可以替代顺序图对用例的实现进行描述。两者对用例的实现的侧重点不同，协作图主要刻画在用例的实现中参与过程里的所有对象之间的交互和消息传递。

9.1　协作图的概念

在了解协作图的概念之前，我们需要先了解协作的概念。协作，指的是对一组对象以及对象之间上下文关系的描述，这些对象在上下文中通过交互来完成一个系统的功能。我们可以形象地认为，协作就是一组对象为实现某种目的而组成的一个相互合作的"社会"。协作同时包含运行时的类元角色（Classifier Role）和关联角色（Association Role）。其中，类元角色指的是参与协作执行的对象描述，而关联角色指的是参与协作执行的链（即关联关系的实例）的描述。

与顺序图相似，协作图也是用来表示交互过程的图。协作图（Collaboration Diagram）是表现对象协作关系的图，它可展现多个对象在协同工作达成共同目标的过程中互相通信的情况，通过对象和对象之间的链、发送的消息来显示参与交互的对象。

协作图中的元素主要有对象、消息和链 3 种。对象和链分别作为协作图中的类元角色和关联角色出现，链上可以有消息在对象间传递。图 9-1 展示了某个系统的"登录"用例的一个简要协作图。

图9-1　某个系统的"登录"用例的一个简要协作图

在图 9-1 中，一个匿名的 User 类对象首先向"登录界面"对象输入了用户信息，接着"登录界面"对象向"用户数据"对象请求验证用户信息是否正确并得到请求的返回结果，最后"登录界面"对象根据返回的结果向 User 类对象反馈对应的登录结果。

结合协作图的概念和图形表示，我们可以从结构和行为两个方面来分析协作图。从结构方面来看，协作图包含对象的集合并且定义它们之间的行为方面的关系，表达系统的静态内容。然而协作图与类图等静态图的区别在于，静态图描述的是类元的内在固有属性，而协作图描述的则是对象在特定语境下才表现出来的特性。从行为方面来看，协作图与顺序图相似，包含在各对象之间进行传递交换的一系列消息集合，以完成协作的目的。可以说，协作图中表示了数据结构、数据流和控制流三者的统一。

协作图是一种描述协作在某一语境下的空间组织结构的图，在进行建模时，主要具有以下 3 个作用。

- 通过描绘对象之间消息的传递情况来反映具体使用语境的逻辑表达，这与顺序图的作用相似。
- 显示对象及其交互关系的空间组织结构。
- 表达一个操作的实现。

9.2　协作图的组成元素

协作图强调的是发送和接收消息的对象之间的组织结构，显示了一系列的对象和这些对象之间的关系以及对象间发送和接收的消息。本节主要介绍协作图的组成元素——对象、链和消息。

9.2.1　对象

协作图中的对象与顺序图中对象的概念相同，都表示类的实例。不参与协作过程的对象不应添加在对应的协作图中，协作图只关注有交互作用的对象和对象关系，而忽略其他对象。由于协作图中不表示对象的创建与销毁，因此，对象在协作图中的位置没有限制。

协作图中对象的表示法也与顺序图中对象的表示法基本相同，使用包围对象名称的矩形来表示。与顺序图中对象的表示法不同的是，协作图无法显示对象的生命线。图 9-2 显示了对象在协作图中的表示法。

在协作图中，有时会有多个同类对象与其他对象进行交互。协作图支持多重对象的表示，用来表示一组同类型的对象在交互中执行同一个操作。多重对象表示为对象图标的重叠，如图 9-3 所示。

图9-2　对象　　　　　　　　　　　图9-3　多重对象

9.2.2　链

协作图中的链与对象图中的链在语义以及表示法上都相同，都是两个（或多个）对象之间的独立连接，是关联的实例。链同时也是协作图中关联角色的实例，其生命受限于协作的生命。

链用一条实线段来表示，这条实线段连接两个在交互过程中直接关联的对象。UML 允许链连接的两个对象之间在交互执行过程中进行消息传递和交互。UML 也允许对象自身与自身之间建立一条链。

可以通过对链命名来进行区分和说明，也可以仅进行连接而不进行命名。链的表示法如图 9-4 所示。

为了详细地表达两个对象最终以什么方式进行联系，UML 提供了 4 种修饰，用于说明链的可见属性。通过在链任意端添加一个带字母的黑色小实心矩形来表示靠近该修饰端的对象对链的可见性。图 9-5 显示了一个一端带有"本地可见"修饰的链。

图9-4　链的表示法　　　　　　　　　　　　　图9-5　链的可见性修饰

UML 提供的 4 种链的修饰分别如下。

- 域可见（F）：如果两个对象之间的链带有域可见性，那么表示关联的对象在执行这些交互的域内一直是相互可见的。这种性质可以类比 Java 中的包内可见、C++和 C#等中的命名空间内可见。

- 参数可见（P）：链关联的两者平时不可见，仅在交互过程中可见，产生关联的方式是一方向另一方进行了参数传递，即发送了携带参数的消息。

- 本地可见（L）：链关联的对象在同一个运行位置可见，"本地"的概念随系统的运行环境不同而有所不同。例如，在一个网络应用程序的语境下，"本地"可能指的是同一个服务器或同一个客户端；在一个不联网的单机运行的系统语境下，"本地"可能指的是同一个进程或同一个运行平台，如 JVM（Java 虚拟机）、.NET Framework 等。

- 全局可见（G）：链关联的对象在整个系统中全局可见，在不同的情况下"全局"的概念同样有不同的范围。如果该系统是一个客户端-服务器（Client/Server，C/S）结构的软件，则全局可见指的是从服务器到客户端，这个关联的两个对象均可见。

需要注意的是，在协作图中出现的链是动态关联的实例。与动态关联相对的是静态关联。一般情况下，类与类之间的关联关系是在系统运行之前就事先设计在系统结构当中的，所以这种形式的关联称作静态关联。但在协作图中，由于各个对象可能在生命周期中参与多个不同的协作，并且需要考虑模块化和低耦合度的需求，因此，各个对象之间的链是在运行时即时发生的，在必要的消息传递完毕之后，这种关系可能不复存在。

9.2.3　消息

协作图与顺序图相似，同样使用消息来帮助描述系统的动态信息。两种图中消息的概念也基本相同，都是由一个对象（发送者）向另一个对象（接收者）发送信号，或由一个对象（发送者或调用者）调用另一个对象（接收者）的操作内容。协作图的消息需要附加在对象之间的链上，链用于实现消息的传递。

协作图中的消息通过在链的上方或下方添加一个短箭头来表示，如图 9-6 所示。消息的短箭头指向消息的接收者，一条消息触发接收者的一项操作。消息的名称显示在消息箭头上，通常需要使用阿拉伯数字作为序号来表示协作图中发送消息的顺序。

图9-6　消息

协作图中的消息也可以有各种类型，这些类型对消息的主动性、并发性进行了描述。其具体语义在前文已经进行了详细的讲解，这里不再赘述。

9.3　协作图与顺序图

协作图与顺序图都用来对系统中的交互过程建模，描述对象间的动态关系。协作图与动态图之间有着密切的联系。

协作图与顺序图主要有 3 个共同点。

- 主要元素相同。两种图中的主要元素都是对象与消息，且都支持所有的消息类型。
- 表达语义相同。两种图都用于对系统中的交互过程建模，描述系统中某个用例或操作的执行过程，两者的语义是等价的。
- 对象责任相同。两种图中的对象都扮演发送者与接收者的角色并承担发送消息与接收消息的责任。两者都通过对象之间消息的传递来实现系统的功能。

协作图与顺序图也有 3 个不同点。

- 协作图侧重于将对象的交互映射到连接它们的链上，这有助于验证类图中对应的类之间关联关系的正确性或建立新的关联关系的必要性。然而顺序图不表示对象之间的链，而是侧重于描述交互中消息传递的逻辑顺序。因此协作图更适用于展示系统中的对象结构，而顺序图则适用于表现交互中消息的顺序。
- 顺序图可以显式地表现对象创建与撤销的过程，而在协作图中，只能通过消息的描述隐式地表现这一点。
- 顺序图还可以表示对象的激活情况，而对于协作图来说，由于缺少表示时间的信息，除了对消息进行解释，无法清晰地表示对象的激活情况。

由于协作图与顺序图所表达的语义是等价的，因此它们可以在不丢失语义信息的情况下互相转化，Rose 等建模工具也提供了这一功能。图 9-7 所示的顺序图就是由图 9-1 所示的协作图转化而来的。

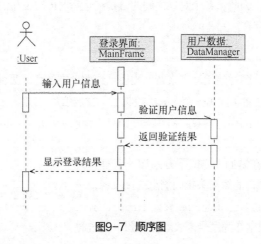

图9-7　顺序图

9.4 协作图的建模技术

协作图用于描述用例或协作的实现当中各个对象交互的控制流。当我们对贯穿用例或协作的对象和角色的控制流建模时，可以使用协作图。由于协作图强调对象在结构语境中的消息的传递，因此这种建模方法被称为按组织对控制流建模。

和绘制任何其他的 UML 图一样，绘制协作图是出于让对象结构便于被理解的目的。如果在描述简单过程时绘制了太多协作图，或是协作图中出现了冗余元素等，都会导致出现干扰构思、影响设计人员和编程人员理解的反作用的情况。为了简要、完整地进行协作图建模，我们可以采用以下思路和步骤。

- 识别交互的语境，即交互所处的环境。
- 识别出图中应该存在的对象。仔细分析这个协作图对应的交互过程，识别出在交互过程中扮演了某一角色的对象。将这些对象作为协作图的顶点放在图中，一般比较重要的对象放置在图中间，关系邻近的对象依次向外放置。
- 识别可能有消息传递的对象并设置链。找到对象之后，分析在执行过程中哪些对象之间产生了直接关联或相互发送过消息，把这些相互之间存在直接关系的对象使用链连接在一起，再考虑它们部署的位置或域关系来控制可见性，使用可见性构造型标注这些关联关系。
- 设置对象间的消息。得到基本的消息路径后，再开始着重处理消息。依次考察那些存在链的对象，找出它们之间进行了什么样的调用、发送了什么样的信号或参数，把这些调用、信号、参数（携带参数或本身作为参数的类）转化成消息，附加在各个关联关系的横线上。
- 如果需要更多约束，如时间或空间的约束，可以使用其他的约束来修饰这些消息。

至此，协作图的建模过程基本完成。如果在协作图绘制完成之后发现在关联关系中有不合理的可见性约束，可以再对其构造型进行修改。另外，在建模中如果希望对控制流添加更多描述，可以给重要的消息注明前置条件或后置条件，还可以使用修饰或其他注释事物进行更为详细的解释。

9.5 （*）UML 2中的通信图

通信图（Communication Diagram）是 UML 2 中新增的一种图，可以看作协作图的增强版，二者都是侧重于表现交互过程中各个对象之间的数据传递的图。在功能上，通信图具备协作图的原有功能，还提供了许多丰富和精确的新功能。本节将对 UML 2 规范中的通信图的新功能做简要介绍。

图 9-8 展示了一个通信图。可以看到，通信图在表示法上与协作图是十分相似的，只是有些细节部分有所不同。

通信图为消息的分层问题提供了一个新的解决方案——强制分级编号规则，即任何编号都需要有层级。最上层的（也就是级别最高的）消息使用阿拉伯数字进行编号；下一层级的消息被注明为 1.1、1.2……依次类推。之所以强制消息编号的分级书写，是要保证在包含自连接以及其他复杂的消息路径时，不会导致消息时序的歧义。并且在消息编号当中可以包含一些字母标识，如消息 1a1 和消息 1b1 在通信图中是合法的消息编号。消息 1a1 和消息 1b1 可以表示在消息 1 内存在并发的 a、b 两个线程，其中 1a1 代表消息 1-a 线程-第一个消息，1b1 的表示意义也同理。虽然使用字母的方式不一定能解决并发的图形表示问题，但是已经减少了 UML 1.×中协作图的名称歧义问题。

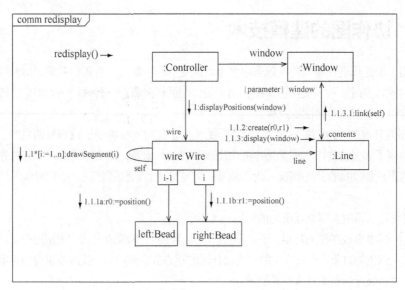

图9-8　通信图

　　另外，通信图还在消息格式中增加了迭代表达式、并行表达式以及条件表达式来表达更复杂的过程和行为。

　　当消息需要被重复执行时，使用迭代表达式来表达这一循环过程。迭代表达式通过在消息名称前添加星号"*"和用方括号括起来的迭代子句来表示，迭代子句可以使用类似伪代码的语言表达。例如，"1.1 *[for each Object]: doSth()"就是一个消息的迭代表达式，表示对每个对象各执行一次 doSth()操作。

　　迭代表达式假设其中的消息是顺序执行的，但情况并非总是如此。当需要迭代表达式中的消息并发执行时，我们可以通过在迭代指示符（*）后面添加双竖线（||）来创建并行表达式。例如，"1.1 *||[for each Object]: doSth()"是一个消息的并行表达式，表示对每个对象执行的 doSth()操作是并发执行的。

　　条件表达式可以通过附加布尔约束来决定消息是否被发送，当满足条件时消息才可能被发送。条件表达式通过在消息名称前添加用方括号括起来的条件子句来表示。条件子句多用伪代码方式表示，返回一个布尔值。例如，"3 [value==true]: doSth()"就是一个消息的条件表达式，表示当满足 value 为真的条件后消息才可能被发送。

　　这些通信图新增的功能是 UML 1.×规范中的协作图所不具有的。但在使用协作图建模时，我们也可以参考通信图的新思想和新做法，以注释或文档形式对协作图中的元素进行约束，以便可以对更复杂的交互过程建模。

9.6　实验：使用Rose绘制协作图

　　本节主要介绍如何使用 Rose 绘制协作图。

9.6.1　协作图的Rose操作

1. 协作图工具栏

　　在 Rose 中，当选择协作图进行操作时，框图工具栏将变成协作图工具栏。图 9-9 显示了系统默认的协作图工具栏。

图9-9　系统默认的协作图工具栏

2. 创建协作图

协作图与顺序图的创建方法相似，可以独立创建，也可以附属于用例或关联到类的操作。具体操作方法请参照顺序图的创建过程，这里不再赘述。

3. 顺序图与协作图的相互转化

我们已经知道，顺序图与协作图所表达的语义是完全等价的，因此 Rose 提供了使两者互相转化的功能。要将一个顺序图转化为协作图，首先要在 Rose 中打开要转化的顺序图，然后在菜单栏中选择【Browse】→【Go To Collaboration Diagram】，如图 9-10 所示。转化后会在顺序图的同目录下自动生成一个同名的协作图，打开后稍微调整其中的元素位置即可。也可以使用相似的操作将协作图转化为顺序图。

4. 在协作图中添加对象

要在协作图中添加对象，在协作图工具栏中单击【对象】按钮，在图中适当位置单击即可。双击打开对象的规格说明对话框，可以设置对象名称以及所属的类，如图 9-11 所示。

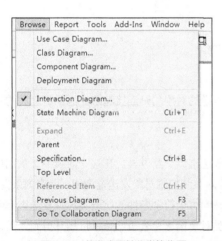

图9-10 将顺序图转化为协作图

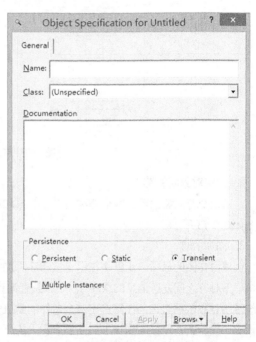

图9-11 协作图中对象的规格说明对话框

5. 在协作图中添加消息

在协作图中添加消息之前，首先要使用链来连接两个对象。通过协作图工具栏中的【链】或【自身的链】按钮就可以连接两个对象或连接到自身。在建立了链之后，就可以使用协作图工具栏中的【消息】与【反向消息】按钮来建立链上的消息了。其中，使用【消息】按钮所创建的消息与链的方向是相同的，而使用【反向消息】按钮所创建的消息则与链的方向相反。在创建了消息之后可以打开其规格说明对话框设置消息名称。

6. 设置消息类型

协作图中同样允许用户设置消息的具体类型。设置消息类型的具体操作方法与顺序图的相同，即在消息的规格说明对话框的【Detail】选项卡中进行相应设置。

9.6.2 绘制机票预订系统中"查询航班信息"用例的协作图

协作图与顺序图相似，在设计时同样要经历两个阶段（关于"两个阶段"的说明请参照 8.6.2 小节）。本小节以机票预订系统中的"查询航班信息"用例为实例，简要介绍协作图的创建过程。

使用Rose绘制机票预订系统中
"查询航班信息"用例的协作图

使用Rose绘制机票预订
系统中其他用例的协作图

1. 确定交互对象

创建协作图的第一步也是要确定参与该交互过程的所有对象。我们可以从情境中确定参与该用例交互过程的对象有系统查询界面对象、系统控制对象（TicketManagement 类对象）、航班类（对应于 Flight 类）对象以及机票类（Ticket 类）对象。需要注意的是，在查询操作中需要有多个航班类对象与机票类对象参与，因此两者使用多重对象来表示。将确定好的交互对象添加到协作图中，如图 9-12 所示。

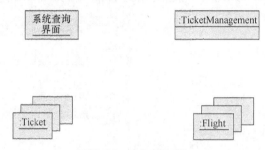

图9-12 确定交互对象

2. 确定对象间的链

在确定交互对象之后，我们需要将存在关系和有消息传递的对象用链连接起来。添加链之后的协作图如图 9-13 所示。

3. 添加消息

创建协作图的最后一步就是在链上按顺序添加消息来表达整个交互过程。在这一情境中，我们可以梳理出对象之间发送消息的顺序如下：系统查询界面对象向系统控制对象发送查询请求及查询条件，系统控制对象根据查询条件筛选出符合条件的航班类对象并向每个符合条件的航班类对象发送查询余票请求，航班类对象接收到请求后向该航班上的所有机票类对象请求检查机票是否可用并得到返回，然后向系统控制对象发送航班余票信息，最后系统控制对象将查询结果发送给系统查询界面对象。

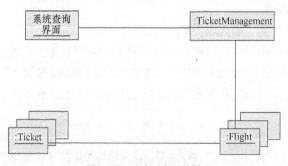

图9-13 确定对象间的链

将消息添加到协作图中，得到完整的交互图，如图 9-14 所示。

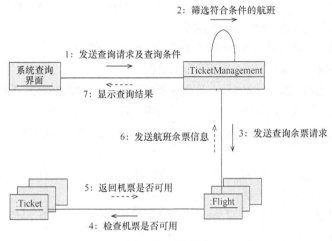

图9-14 添加消息

小结

本章主要介绍了协作图的相关内容。协作图主要由对象、链以及消息构成。与顺序图相似，协作图也用来描述一个交互过程，然而两者表达的侧重点不同。本章还介绍了使用 Rose 绘制协作图的方法。本章中关于 UML 2 规范中的通信图内容供有兴趣的读者自行学习。

习题

1. 选择题

（1）对一次交互过程中有意义的对象间的关系建模，并且着重刻画对象间如何交互以执行用例的图是（　　）。

    A. 用例图　　　　　　B. 组件图　　　　　　C. 部署图　　　　　　D. 协作图

（2）下列关于协作图的说法，错误的是（　　）。

    A. 协作图可以对一次交互过程中有意义的对象和对象间进行交互建模

    B. 协作图显示了对象之间如何协作以完成一个用例或用例特定部分的功能

    C. 协作图的重点在于描述系统中各个对象交互的时间顺序

    D. 协作图中的交互双方不一定彼此可见

（3）下列 UML 图中与协作图建模的内容相同的是（　　）。

    A. 顺序图　　　　　　B. 类图　　　　　　C. 用例图　　　　　　D. 状态图

（4）下列关于协作图与顺序图中的对象的相同点的叙述，正确的是（　　）。

    A. 两种图中都可以表示对象的创建和销毁

    B. 对象在两种图中的位置都没有任何限制

    C. 对象在两种图中的表示法完全一致

    D. 对象名在两种图中的表示法完全一致

（5）在协作图中用来连接对象与对象的元素是（　　　）。

    A. 关联关系　　　　　B. 链　　　　　C. 生命线　　　　　D. 消息

（6）下列关于协作图中链的叙述，正确的是（　　　）。

    A. 协作图中的链与对象图中的链在语义以及表示法上都相同

    B. 在协作图中，链一定连接两个不同的对象

    C. 在协作图中，链可以添加可见性修饰来表示两端对象对整条链的可见性

    D. 协作图中对象之间的链一定在整个系统的生命周期内都存在

（7）若想在协作图中表示链关联的对象在整个系统中全局可见，则应该对链的一端添加字母（　　　）作为修饰符。

    A. F　　　　　　　B. G　　　　　　　C. P　　　　　　　D. L

（8）协作图中的消息类型不包括（　　　）。

    A. 简单消息　　　　B. 返回消息　　　　C. 函数消息　　　　D. 异步消息

（9）协作图的作用包括（　　　）。

    A. 显示对象及其交互关系的时间传递顺序

    B. 表现一个类操作的实现

    C. 显示对象及其交互关系的空间组织结构

    D. 通过描绘对象之间消息的传递情况来反映具体的使用语境的逻辑表达

（10）下列选项中不属于协作图与顺序图的共同点的是（　　　）。

    A. 表达语义相同，都是对系统中的交互过程建模

    B. 对象责任相同，都扮演发送者与接收者的角色并承担发送消息与接收消息的责任

    C. 主要元素相同，都是对象与消息作为主要元素

    D. 对象表示相同，都可以显式地体现出对象的生命周期

2. 填空题

（1）协作图强调参加_____的对象的组织，明确显示了元素之间的关系。

（2）协作图表达了系统的_____内容。

（3）顺序图的内容与_____的相同。

（4）协作图中消息的顺序和并发的线程必须通过_____来确定。

（5）协作图表示了数据结构、_____和控制流三者的统一。

（6）协作图的组成元素包括_____、___和_____。

（7）链用一段_____表示。

（8）协作图中链是_____关联的实例。

（9）消息的重复序列用_____表示。

（10）协作图与顺序图可以在不丢失_____信息的情况下相互转换。

3. 判断题

（1）协作就是一组对象的集合。　　　　　　　　　　　　　　　　　　　　　（　　　）

（2）协作图是表现对象协作关系的图，它可展现多个对象在协同工作达成共同目标的过程中互相通信的情况。　　　　　　　　　　　　　　　　　　　　　　　　　　　　　　（　　　）

（3）协作图的主要组成元素包括对象、链、生命线和消息。　　　　　　　　　　（　　　）

（4）协作图中应该表示交互发生的时刻系统中存在的所有对象。　　　　　　（　　）

（5）由于交互时可能会有一组同类型的对象在交互中执行同一个操作，因此协作图提供了多重对象的概念。　　　　　　（　　）

（6）在协作图中，只有通过链连接的对象才能进行消息传递和交互。　　　　　（　　）

（7）与关联关系相似，UML 也允许对象自身与自身之间建立一条链。　　　　　（　　）

（8）在协作图中出现的链是静态关联的实例。　　　　　　　　　　　　　　　（　　）

（9）就语义和表示法而言，协作图中的消息与顺序图中的消息完全相同。　　　（　　）

（10）因为协作图无法表示对象在交互时的激活，顺序图也无法表示交互过程中对象间的链，因此两种图所表达的语义是完全不等价的。　　　　　　（　　）

4．简答题

（1）简要说明协作图的作用。

（2）简述协作图的组成部分。

（3）简述对协作图中的各个关联添加可见性修饰的方法。

（4）什么是关联的可见性？有哪些不同的可见性，分别代表什么？

（5）简述协作图和顺序图的异同。

5．应用题

（1）某银行系统存款处理过程如下。

①系统将存款单上的存款金额分别记录在存折和账目文件中。

②将现金存入现金库。

③将打印后的存折还给储户。

请分析此交互过程所涉及的系统对象，并结合存款处理过程绘制协作图。

（2）某个自助售货机系统的用户购买汽水的交互过程如下。

①用户投币，系统接收到硬币后显示出机器中的商品余量信息。

②用户选择其中一种汽水，系统处理后将该种汽水释放。

请绘制此交互过程的协作图。

10 第10章 状态图

状态图是系统分析过程中常用的一种图，可以帮助分析人员、设计人员以及开发人员理解系统中各个对象的行为。本章将主要介绍状态图的基本概念。

10.1 状态图的基本概念

状态图对一个状态机建模。本节主要介绍状态机与状态图的相关概念。

10.1.1 状态机

状态机是一种行为，它说明对象在其生命周期中响应事件所经历的状态变化序列以及对那些事件的响应。简单来说，状态机就是表示对象状态与状态转换的模型。在计算机科学中，状态机的使用十分普遍，在系统控制、编译技术、机器逻辑等领域都起着非常关键的作用。例如，在编译技术中就使用有穷状态机来描述词法分析的过程。

UML 中的状态机模型主要来源于对戴维·哈雷尔（David Harel）工作成果的扩展，由对象的各个状态和连接这些状态的转换组成。状态机常用于对模型元素的动态行为建模，更具体地说，就是对系统行为中受事件驱动的方面建模。一般情况下，一个状态机附属于一个类，用来描述这个类的实例的状态及其转换和对接收到的事件所做出的响应。此外，状态机也可以附属于用例、操作、协作等元素，描述它们的执行过程。使用状态机考虑问题时习惯将对象与外部世界分离，将外部影响都抽象为事件，所以它适用于对局部、细节进行建模。

从某种意义上说，状态机是对象的局部视图，用来精确地描述独立对象的行为。状态机从对象的初始状态（即初态）开始，响应事件并执行某些动作，从而引起状态的转换；在新状态下又继续响应事件并执行动作，如此循环进行到对象的终止状态（即终态）。

状态机主要由状态、转换、事件、动作和活动 5 部分组成。

- 状态表示对象的生命周期中的一种条件或情况。对象的一种状态一般表示其满足某种条件，执行某种活动或等待某个事件。
- 转换表示两种状态间的一种关系。它指明当特定事件发生或特定条件被满足时，处于某状态的对象将执行某一动作或活动并进入另一状态。
- 事件表示在某一时间与空间下所发生的有意义的事情。在状态机的语境下，事件往往是触发一个状态转移的激励。

- 动作表示可执行的原子操作，是 UML 能够表达的最小计算单元。所谓原子操作，指的是它们在运行过程中不能被中断，必须执行至动作结束。动作的执行最终将导致状态的变更或返回一个值。
- 活动表示状态机中的非原子执行，一般由一系列动作组成。

10.1.2 状态图

状态图（Statechart Diagram），在 UML 2 规范中被称为状态机图（State Machine Diagram），是展示状态机的图。状态图基本上就是状态机中所有元素的投影，这也就意味着状态图包括状态机的所有特征。状态图可显示对象如何根据当前状态对不同事件做出反应的动态行为。

状态图主要由状态和转换两种元素组成。图 10-1 显示了某网上购物系统中订单类的一个简单状态图。状态机从初态开始，首先转换为"审核中"状态。此时如果用户立即支付，则直接转换到"审核完成"状态而进入终态；而如果用户不立即支付，则进入"等待支付"状态。当订单类对象处于"等待支付"时，如果用户在时限内及时支付，则同样转换到"审核完成"状态，然后进入终态；而如果超过时限却没有支付，则转换到"审核失败"状态，然后进入终态。

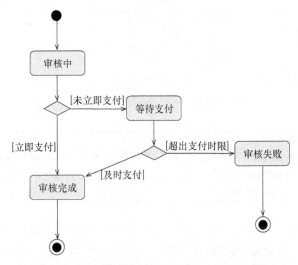

图10-1 某网上购物系统中订单类的一个简单状态图

状态图用于对系统的动态方面进行建模，适合描述对象在其生命周期中的各种状态及状态的转换。与前文介绍的交互图相比，交互图关注的是多个对象的行为，而状态图只关注一个对象的行为；交互图只显示对象在一个交互过程中的行为，而状态图则可以显示对象的所有行为。

状态图的作用如下。

- 状态图描述状态转换时所需的触发事件和监护条件等因素，有利于开发人员捕获程序中需要的事件。
- 状态图清楚地描述状态之间的转换及其顺序，这样就可以方便地看出事件的执行顺序清晰的事件顺序有利于开发人员在开发程序时避免出现事件错序的情况，状态图的使用可节省大量的描述文字。
- 状态图通过判定可以更好地描述工作流在不同的条件下出现的分支。

10.2　状态图的组成元素

状态图用于显示状态集合、使对象达到这些状态的事件和条件，以及达到这些状态时所发生的操作。它代表一个状态机，由状态组成。各状态由转移连接在一起。本节将重点介绍简单状态、转换以及伪状态这 3 种元素。

10.2.1　简单状态

状态是状态图的重要组成部分，它描述对象的某一个持续过程或所处稳定状况，与动态行为的执行所产生的结果有关。当对象满足某一状态的条件时，该状态被称为激活的。在 UML 中，状态分为简单状态与复合状态。简单状态就是没有嵌套的状态，一般表示为具有一个或两个分栏的圆角矩形。初态和终态是两个特殊的状态，分别表示状态机的入口状态和出口状态。对于一个不含嵌套结构的状态机，只能有一个初态，可以有一个或多个终态甚至没有终态。初态表示为一个小的实心圆，终态表示为初态的符号外部再加上一个圆。图 10-2 显示了简单状态的各种表示法。

图10-2　简单状态的各种表示法

 注意　实际上，初态在UML中被定义为一种伪状态。这里按照更易于理解的方式将其归为一个特殊的状态，不用对此过度深究，在后文会进一步说明。

状态一般由状态名称、子状态、入口动作与出口动作、内部执行活动、内部转换和可推迟事件组成。对于简单状态而言，不会有子状态。

 建议　本小节后文内容主要讲解状态内部所包括的内容。由于状态内部构造比较复杂且与转换、动作、事件等概念有交叉，建议初学UML的读者暂时跳过这一部分，待学习并理解了10.2.2小节内容后再阅读这一部分。

1. 状态名称

状态名称可以把一个状态与其他状态区分开，即状态名称必须在当前层次内保持唯一。在实际使用中，状态名称一般为直观易懂的名词短语，要能清楚表达当前状态的语义。当然，状态名称不是必需的，没有名称的状态被称为匿名状态。不同匿名状态的数目不限。

在表示法上，状态名称显示在状态图形上面的分栏中，其他内容均显示在图形下面的分栏中。

2. 入口动作与出口动作

入口动作与出口动作是 UML 提供的特殊概念，它们表示由其他状态转移到当前状态或从当前状态转移到其他状态时要附带完成的动作。这些活动的目的是封装这个状态，这样就可以不必知道状态的内部细节而在外部对它进行使用。例如，某系统"文件"类的状态机有"分析文件"这一状态，那么我们就可以设定其入口动作为"打开文件"，出口动作为"关闭文件"。

在表示法上，入口动作和出口动作表示为"entry /动作表达式"和"exit /动作表达式"格式。例如，前文例子中的入口动作和出口动作就可以表示为"entry/打开文件"与"exit/关闭文件"。

3. 内部执行活动

状态可以包含内部执行活动。当对象进入一个状态时，在执行完入口动作后就开始执行其内部活动。内部执行活动完成后，状态就将等待转换为触发以进入下一状态。由于活动是非原子的，因此如果内部活动执行过程中触发了转换，则内部执行活动将被中断结束。

在表示法上，内部执行活动使用"do/活动表达式"来表示。例如，前文例子中"分析文件"的内部执行活动可以简要表示为"do/提取文件中每一个字符并……"。

4. 内部转换

内部转换指的是不导致状态改变的转换。相较普通的转换，内部转换只有源状态而没有目标状态。如果某一事件发生时，对象正处在拥有该内部转换的状态中，则内部转换上的动作将会被执行。简单来说，内部转换可以被理解为对象在某个状态下对事件进行响应而不改变状态。由于内部转换不改变状态，因此转换不会执行入口动作或出口动作。例如，某个系统"表单"类的状态机中有"输入密码"的状态，用户每输入一个密码字符，系统都将触发执行判断密码强度的动作，然而这一转换的执行并没有改变当前"输入密码"的状态，因此这就可以作为当前状态的内部转换来执行。

在表示法上，内部转换不采用箭头的方式来表示，而是使用文字标识附加在表示状态的圆角矩形里面，完整格式为"事件名称(事件参数)/活动表达式"。在事件没有参数时可以使用"事件名称/活动表达式"这一简单的格式。例如，前文例子中的内部转换就可以使用"用户输入密码/判断当前密码强度"来表示。

5. 可推迟事件

可推迟事件是一种特殊的事件，它不会触发状态的转换，且当对象处于该状态时事件可能会被推迟，但不会丢失。例如，对于某个单任务的下载工具，当第一个任务正在被下载时，第二个任务开始的事件就将被推迟至当前任务完成后。这种可推迟事件的实现一般会使用一个内部的事件队列。UML提供这样一种似乎有些违反状态机的原来规则的事件，是因为在某些情况下，外部提供给系统对象的一些事件是重要的、不可忽略的，但在当前状态下不便于处理，所以只能暂时缓存，等待系统到达一个合适的状态后再逐个处理它们。

可推迟事件使用保留的活动名称 defer 来表示，格式为"事件名称/defer"。例如，前文例子中的可推迟事件可以表示为"下载新任务/defer"。

 注意　　在Rose中，对内部转换与可推迟事件的表示会在事件名称前额外添加"event"关键字，请读者注意。

10.2.2 转换

转换是两种状态间的一种关系。它指明当特定事件发生或特定条件被满足时，处于某状态（源状态）的对象将执行某一动作或活动并进入另一状态（目标状态）。转换可以理解为状态与状态之间的关联，即从一个状态转变到另外一个状态的过渡。这个状态的转变过程称为转换被激活。

转换表示为从源状态指向目标状态的实线箭头，并附有转换的标签。转换的标签格式如下。

[转换名称：]$_{opt}$ 事件名称 $_{opt}$ [(参数列表)]$_{opt}$ [[监护条件]]$_{opt}$ [/效果列表]$_{opt}$

一个完整的转换及其标签如图 10-3 所示。

转换名称是转换的标识符，后面带有一个冒号。在实际使用中，为了防止转换名称与转换的触发器或监护条件混淆，一般不必为转换命名。

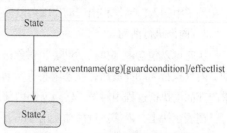

从转换的表示法与标签格式上我们可以看出，对于一个转换，除了源状态、目标状态外，还要有事件、监护条件和效果列表等内容。这 3 个部分的内容不是必需的，在使用时要根据转换所表达的具体语义来添加相应内容。

图10-3　一个完整的转换及其标签

1. 事件

事件是在某一时间与空间下所发生的有意义的事情，是系统执行中发生的值得建模的事物。事件可以理解为能被对象探知到的一种变化，它发生在某个时间点上。

事件不会显式地出现在模型中，它一般被状态或转换所发送和接收。在转换中被接收的事件也被称为该转换的触发器（Trigger）或触发事件，即只有当源状态下的对象接收到该事件后才可能发生状态转移。

事件包含一个参数列表（可能为空），用于由事件的发送者向其接收者传递信息。在转换触发器的语境下，这些参数可以被转换使用，也可以被监护条件及效果列表中的动作使用。

对应触发器转换，没有明确的触发器的转换称为结束转换或无触发器转换，是在状态的内部活动执行完毕隐式地触发的。

能够在触发器中接收的事件有以下 4 种。

● 调用事件（Call Event）：调用事件表示对象接收到一个调用操作的请求。其期待的结果是事件的接收者触发一个转换并执行相应的操作，事件的参数包括所调用的操作的参数。转换完成后，调用者对象将收回控制权。简单地说，调用事件就是转换状态并通知调用对象的某成员方法的事件。如图 10-4（a）所示，对于一个操作系统中的图标对象，开始时是未选中状态。当在该图标位置单击时，图标变为已选中状态。该单击事件需要执行系统中的 click() 操作，因此属于调用事件。

● 改变事件（Change Event）：改变事件的发生依赖于事件中某个表达式所表达的布尔条件。改变事件没有参数，要一直等到条件被满足才能发生。如图 10-4（b）所示，对于一个光控的灯光系统，灯光一般为熄灭状态，只有当光照强度小于 20lx 时灯才打开，这就是一个改变事件引起的状态转换。改变事件一般使用 when() 操作来辅助表示。

● 信号事件（Signal Event）：信号是对象之间通信的媒介，是一种异步机制。信号由一个对象准确地发送给另一个或一组对象。在实际使用中，为了提高效率，信号可能通过不同的方式实现。发送给一组对象的信号可能触发每个对象的不同转换。如图 10-4（c）所示，对于一个操作系统中的文件浏览器，当键盘上的"Shift"键被按下时系统为多选模式，即可以选择多个文件；当"Shift"键被释放时为单选模式，即只能选中一个文件。"Shift"键的按下与释放就可以通过信号事件来传递。

- 时间事件（Time Event）：时间事件的发生依赖于事件中的一个时间表达式。例如，可以让对象进入某状态后经过一段给定的时间或到达某个绝对时间后发生该事件。如图 10-4（d）所示，对于一个自动门控制系统，系统控制门打开 5s 后自动关闭，这一状态转换的触发器就是一个时间事件。时间事件一般使用 after()操作来辅助表示。

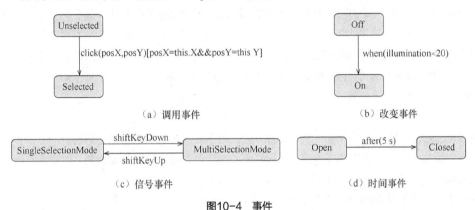

（a）调用事件　　　　　　　　　　　　（b）改变事件

（c）信号事件　　　　　　　　　　　　（d）时间事件

图10-4　事件

2. 监护条件

监护条件（Guard Condition）是转换被激活之前必须满足的条件。监护条件是一个布尔表达式，可以根据触发器事件的参数、属性和状态机所描述的对象的链接等写成。当转换接收到触发事件后，只有监护条件为真，转换才能被激活。

需要注意的是，对监护条件的检验是触发器计算过程的一部分，对于每个事件监护条件只检验一次。如果事件被处理时监护条件为假，那么除非再次接收到一个触发事件，否则将不会再重新计算监护条件的值。

例如，在图 10-4（a）中，触发器 click()事件带有两个参数 posX 与 posY 来表示单击的位置。此时需要满足监护条件即单击位置与图标位置一致，图标才可以切换至选中状态；否则，说明单击的是其他位置，转换不会被激活，需要等待下一次单击事件的接收。

3. 效果列表

效果列表（Effect List）是一个过程表达式，在转换被激活时执行，表示转换附加的效果。效果列表包括多个动作，可以根据操作、属性、拥有对象的连接、触发器事件的参数等写成。动作可以是一个赋值语句、算术运算、发送事件、调用对象的属性或操作、创建或销毁对象等。效果的表达语法与其实现的具体内容有关。

例如，在图 10-4（d）所对应的例子中，我们可以让门在自动关上时发出提示音，这就是转换带来的效果，其表示法如图 10-5 所示。

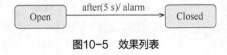

图10-5　效果列表

10.2.3　伪状态

伪状态（Pseudo State）指的是在状态机中虽然具有状态的形式，却具有特殊行为的顶点。伪状态实际上是瞬间的状态，它实际上帮助描述或增强转换的语义细节。当一个伪状态处于活动时，系统不会处理事件，而是瞬间自动转换到另一个状态，并且这种转换是没有事件来进行显式触发的。

状态图中有多种不同的伪状态。常见的伪状态包括初态、选择、分叉与结合、历史状态等。本小节只介绍初态和选择，其他伪状态会在必要时进行讲解。

1. 初态

在 10.2.1 小节中，我们已经介绍过初态的概念。当我们再次审视这一概念时，会发现它似乎更符合伪状态的定义。初态实际上不是一个真正的状态，它更像是状态机的入口。初态的具体语义概念是模糊的，即它不代表对象的任何具体状态。初态是瞬时的，同时初态进入下一个状态这一过程是自动转换的，不能存在触发器进行触发，否则对象将可能会长时间停留在一个语义不明的初态中。

2. 选择

选择（Choice）是状态机中的一个伪状态节点，用于表达状态机中的分支结构。

一个选择节点将一个转换分割为两个片段。第一个片段可以包含一个触发器，主要用于触发转换，并且可以执行效果中的伪代码。选择节点后的片段一般具有多个分支，每个分支都包含一个监护条件。当执行到选择节点时，第二个片段上的监护条件将被动态计算，其中监护条件为真的一个分支会被激活，状态机成功转换到这个分支的下一个状态。

为了保证模型是良构的，选择节点不同分支上的监护条件应该覆盖所有情况，否则状态机将不知道如何运行。为了避免这种错误的发生，可以将其中一个分支的监护条件使用[else]表示，当其他分支的监护条件都为假时，将执行这个分支。

转换节点可以被视为一个受限的简单状态，其限制是输出转换之一必须被立即激活且转换只能包含监护条件。

在状态图中，选择节点使用菱形表示。图 10-6 显示了某系统"登录表单"类使用选择节点的一个简易状态图。

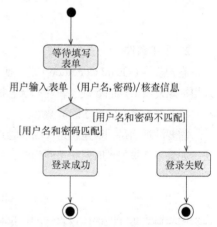

图10-6　某系统"登录表单"类使用选择节点的一个简易状态图

10.3　复合状态

在本章前面介绍的内容中，所涉及的状态都是不包含嵌套子结构的简单状态。然而，在建模过程中，需要表现的状态可能会很复杂，这时就需要用复合状态来进行建模。

复合状态是指包含一个或多个嵌套状态机的状态。当想要描述的系统非常复杂，而有一些状态又相互关联的时候，我们可以先将一部分细小的状态组合成一个状态机，把这个新的状态机作为总状态图中的一个复合状态来呈现。复合状态中包含的状态称为子状态。复合状态可以分为顺序复合状态与并发复合状态。

1. 顺序复合状态

顺序复合状态，在 UML 2 规范中又被称为非正交复合状态，是仅包含一个状态机的复合状态。

当顺序复合状态被激活时，只有一个子状态会被激活。它只增加了一层子结构，没有增加额外的并发性。

例如，在一个游戏中需要有对游戏角色的动画进行控制。这个游戏角色的动画控制就可以使用一个状态图来描述。例如，这个游戏角色在地面上可以站立、蹲下、行走、跑动和起跳，但在空中的时候就没有可选动作了，由于重力的原因，只能随时准备着地了。那么我们可以先设计一个 Ground（地面）状态机，在 Ground 状态机中定义 Stand（站立）、Squat（蹲下）、Walk（行走）、Run（跑）这几个状态和它们之间的状态转移，在这里我们排除了"起跳"，因为这实际上是地面状态到空中状态的一个转换。之后把 Ground 状态机本身作为一个状态，和 Fly（空中）状态以起跳事件作为转移触发点进行关联，一个比较复杂的行为规范问题就已经通过顺序复合状态的方式被巧妙解决了，其状态图如图 10-7 所示。

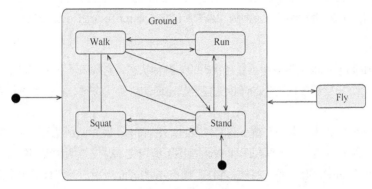

图10-7　顺序复合状态

2. 并发复合状态

当一个复合状态中包括两个或多个并发执行的子状态机时，这个复合状态称为并发复合状态，也称正交复合状态。并发复合状态将复合状态分成若干个正交区域，每个区域都有一个相对独立的子状态机。如果该并发复合状态是激活的，那么该状态中每个区域都将有一个状态是激活的。

例如，参加某门课程的学生需要完成课程任务与期末考试才能使课程完成。在课程任务与期末考试完成前应该属于课程的"未完成"状态。然而，这个"未完成"状态的两个部分是相互独立的，因此我们可以使用并发复合状态进行描述。

对于并发复合状态的表示法，UML 1.× 与 UML 2 规范略有不同，分别如图 10-8 和图 10-9 所示。读者在建模时可以根据使用的建模工具所支持的表示法进行绘制。

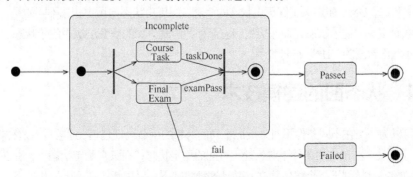

图10-8　并发复合状态的UML 1.x表示法

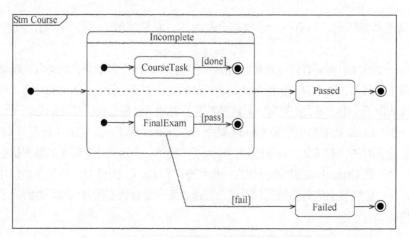

图10-9 并发复合状态的UML 2表示法（使用Enterprise Architecture绘制）

3. 历史状态

历史状态（History State）是应用于复合状态的一种伪状态，它代表上次离开该复合状态时的最后一个子状态。当一个来自复合状态外的转换为复合状态内的历史状态时，将使历史状态所记录的子状态被激活。

历史状态表示为复合状态中一个被小圆圈包围的"H"符号。图10-10显示了一个文本编辑系统的状态图片段。该系统允许用户在页面视图和Web视图下编辑文本并支持两种视图的互相切换。当系统接收到"打印预览"的事件时，系统将转移到打印预览视图。而当用户退出打印预览视图时，系统应当切换为进入打印预览视图前的视图状态，即所谓的历史状态。

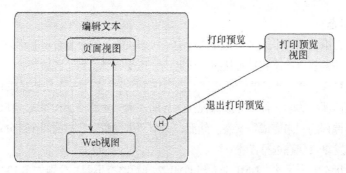

图10-10 文本编辑系统的状态图片段

除了历史状态，UML还定义了深历史状态的概念。深历史状态与历史状态不同的是，历史状态保存的是当前嵌套层次中的子状态，而深历史状态保存的则是更深的嵌套层次中的子状态。深历史状态使用一个被小圆圈包围的"H*"符号表示。

10.4　状态图的建模技术

状态图可以为一个在不同条件下对外反应不同的对象的生命周期建模，通常具有这种特点的UML元素都有 3 个特征：在确定的条件下对象处于可知的稳定状态；在某个稳定状态下，存在某些确定的事件使得当前状态跳转到下一个稳定状态，并且这种跳转不可以中断；在不同的状态下，对象对外开放的接口、行为等一般不同。

在这 3 个特征中，第一个特征保证了建立状态图的基础，即对象不是时刻变化的，它总有一段时间会给出特定的行为；第二个特征确保了状态机是合理的，如果一个对象的状态转移规则是不确定的，如可能出现从状态 A→接收事件 e→转移到事件 B，而在完全相同的状态下，状态 A 下发生事件 e，却转移到另外一个事件 B 这样的情况，这个对象是无法使用状态机来描述的；第三个特征保证了状态图建模的必要性，如果一个对象有若干个状态，而它处于这些状态时对于我们关心的领域而言给出的接口基本不变，那对这个对象建立状态图的意义就没有了。并且，根据先前提到的原则，状态是一个对象在某些条件下表现出的明显状态——如果几个状态从外部看并不能加以区分，那么它就是一个状态。

使用状态图为对象的生命周期建模，需遵循以下策略。

- 确定状态机的语境。一般情况下，状态机附属于一个类，也可能附属于一个用例或整个系统。如果语境是一个类或一个用例，则需要关注与之在模型关系上相邻的类。这些类将成为状态机中涉及的动作或监护条件的待选目标。如果语境是一个系统，则需要让该状态集中体现这个系统的第一个行为，因为为系统建立一个完整的状态机是非常棘手的。
- 设置状态机的初态和终态。
- 确定该对象的状态机中可能需要响应的事件。这些事件需要在对象的接口中和语境下与该对象交互的对象所发送的事件中寻找、确定。
- 从初态到终态，列出这个对象可能处于的所有顶层状态。用转移将这些状态连接起来，明确转移的触发器和监护条件，接着向转移中添加效果动作。
- 识别状态是否需要有入口动作和出口动作。
- 如果需要，使用子状态来对顶层状态进行嵌套。
- 检查状态机中提供的事件是否与所期望的相匹配；检查所有事件是否都已经被状态机所处理。
- 检查状态机中的动作是否能被类或对象的关系、操作等支持。
- 跟踪状态机，确保状态机是良构的，即不存在无法到达的状态，也不会发生停机。

10.5　实验：使用Rose绘制状态图

本节将介绍如何使用 Rose 绘制状态图。

10.5.1　状态图的Rose操作

1. 状态图工具栏

当在 Rose 中打开一个状态图时，框图工具栏将变为状态图工具栏。图 10-11 显示了系统默认的状态图工具栏。

2. 创建状态图

状态图可以作为独立的图被创建到 Rose 项目中，具体方法与其他图的类似，在浏览器的【Use Case View】或【Logical View】目录上单击鼠标右键，在弹出的菜单中选择【New】→【Statechart Diagram】，此时视图目录下会出现一个名为 "State/Activity Model" 的子目录，子目录下包括新创建的状态图。

图10-11　系统默认的状
态图工具栏

由于状态图经常被用来描述一个类或用例，因此状态图可以附属于类或用例而创建。要为一个类或用例添加附属的状态图，需要在浏览器中该元素上单击鼠标右键，在弹出的菜单中选择【New】→【Statechart Diagram】，如图 10-12 所示。

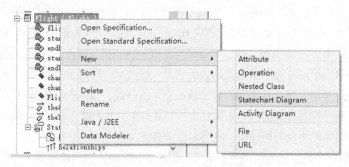

图10-12　创建附属于类的状态图

3. 添加状态

状态是状态图中的基本元素。要添加一个状态，只需要单击状态图工具栏中的【状态】按钮，在图中适当位置单击即可。在状态的规格说明对话框的【General】选项卡中，可以设置状态的名称以及构造型。

使用类似的方法也可以添加初态与终态。需要注意的是，由于同一层次的状态机中只能有一个初态，如果我们试图在同一层次下创建第二个初态，Rose 就会弹出图 10-13 所示的对话框来向用户发出错误提示。

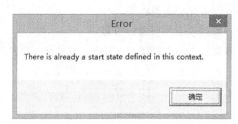

图10-13　添加不合法初态的错误提示

4. 添加状态的内部构造

我们已经知道，状态可能包含入口动作、出口动作、内部执行活动、内部转换和可推迟事件，这些内容将显示在状态下面的分栏中。

在 Rose 中要添加状态的这些内容，需要打开状态的规格说明对话框的【Actions】选项卡，在其中列表上单击鼠标右键，在弹出的菜单中选择【Insert】，然后双击产生的新条目，进入该动作的规格说明对话框，如图 10-14 所示。

该对话框中最上面的【When】下拉列表框用来选择动作类型。其中，【On Entry】代表入口动作，【On Exit】代表出口动作，【Do】代表内部执行活动，【On Event】代表内部转换。下面的【Type】下拉列表框用来选择所执行的是普通动作还是发送一个事件。当选择【On Event】添加内部转换时，可以在【On Event】区域的 3 个文本框中填写内部转换的触发事件及监护条件。图 10-15 显示了一个添加了这些内容的状态及其规格说明对话框中所显示的内容。

图10-14　动作的规格说明对话框

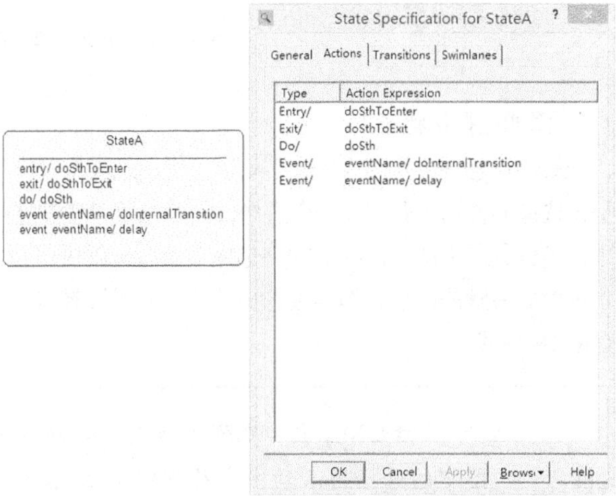

图10-15　添加了内部构造的状态

5．添加转换

转换是状态图中另一种重要的元素。要在 Rose 的状态图中添加转换，需要在状态图工具栏中单击【转换】或【自身转换】按钮，拖动完成两个状态或状态到自身的连接。

6．添加转换的详细内容

双击状态图中的转换可以打开转换的规格说明对话框。在对话框的【General】选项卡中，可以添加转换的触发事件的名称及参数，如图 10-16 所示。在对话框的【Detail】选项卡中，可以添加转换的其他细节，包括监护条件以及效果列表等，如图 10-17 所示。按照图 10-16 和图 10-17 所示例子填写的细节创建出来的转换如图 10-18 所示。

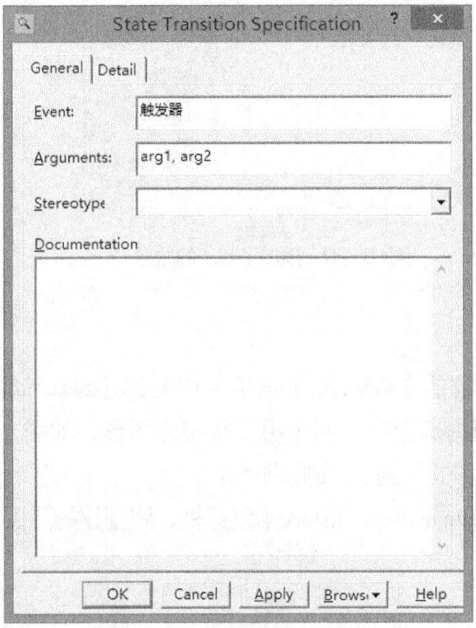

图10-16　添加转换的触发器

图10-17　添加转换的细节

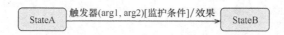

图10-18　添加细节后的转换

7. 添加选择伪状态

选择在状态图中表示为一个小菱形，是用来表示分支结构的伪状态。Rose 默认的状态图工具栏没有提供选择的按钮，要创建一个选择，需要在菜单栏中选择【Tools】→【Create】→【Decision】，在图中适当位置单击即可。在添加完选择节点后，就可以在选择与其他状态之间建立转换了，此时要注意本书前面讲解的内容，即连接选择节点的后半段转换只能包含监护条件。使用选择节点的部分状态图如图 10-19 所示。

 注意　由于UML 1.×规范中状态图与活动图的区分不十分明确，因此Rose对状态图中的选择与活动图中的判断（Decision）也不进行区分，两者在Rose中都表示为判断。

8. 添加子状态

Rose 支持状态的嵌套，即状态中可以嵌套子状态。要创建嵌套的子状态，只需要在其上层状态的图形内部单击添加新状态即可。添加子状态的效果如图 10-20 所示。

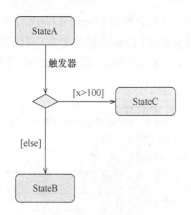

图10-19　使用选择节点

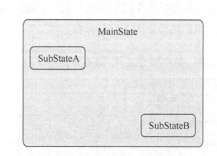

图10-20　添加子状态的效果

9. 添加历史状态

要添加历史状态，需要在状态的规格说明对话框的【General】选项卡中勾选【State/activity history】复选框，如图 10-21 所示。此时状态的图形内部会产生两个历史状态的图形，如图 10-22 所示。如果只需要使用一个历史状态，将产生的多余的历史状态删除即可。

如果在状态的规格说明对话框中同时勾选【Sub state/activity history】复选框，则创建的是深历史状态。

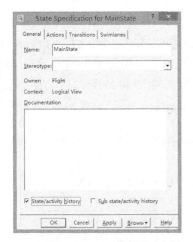

图10-21 添加历史状态

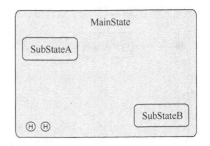

图10-22 添加历史状态的效果

10.5.2 绘制机票预订系统中"航班"类的状态图

一般情况下，对于一个系统中所有具有复杂状态及行为的类都需要建立状态图来表示其内部的状态及转换。本小节以机票预订系统中的"航班"类为例，简要介绍创建该类的状态图的过程。

使用Rose绘制机票预订系统中"航班"类的状态图　　使用Rose绘制机票预订系统中其他类的状态图

1. 确定状态

我们假设，航班会在飞行日期前的两个月前开始发售机票，在飞行前一天停止在网上发售机票。在飞机起飞后，将不能查询到该航班信息。因此，在机票预订系统中，航班可以分为 3 个状态——"未开始售票"状态、"已开始售票"状态及"已停止售票"状态。将这些状态以及初态和终态添加到状态图中，如图 10-23 所示。

2. 添加转换

在添加了状态后，下一步就是添加状态的转换。我们可以很容易看出，在这个状态图中，首先由初态进入"未开始售票"状态，"未开始售票"状态可以转换为"已开始售票"状态，其触发器是一个时间事件；"已开始售票"状态可以转换为"已停止售票"状态，其触发器同样是一个时间事件；最后由"已停止售票"状态转换为终态，"航班"类的状态机结束。将上述转换添加到状态图中，如图 10-24 所示。

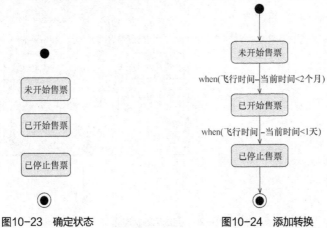

图10-23 确定状态　　　　　　　　　图10-24 添加转换

3. 刻画子状态机

在完成最上层的状态机后，我们需要再分析是否有某个状态可以被详细建模为几个子状态。在本例中，"已停止售票"状态可以划分出"等待起飞""推迟起飞""已起飞""已取消"4个子状态。将这4个子状态与子状态机中的初态与终态添加到"已停止售票"状态内部，如图10-25所示。然后在"已停止售票"状态的子状态之间建立转换以完成子状态机，完成后的状态图如图10-26所示。至此，状态图创建完毕。

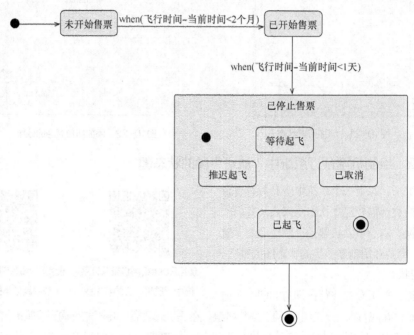

图10-25 添加子状态

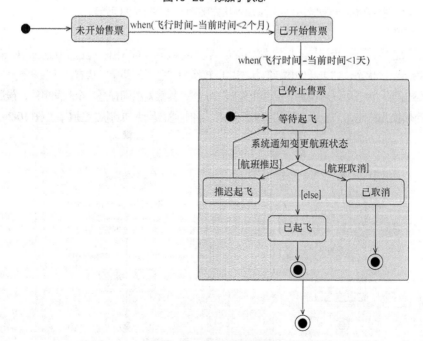

图10-26 完成后的状态图

小结

本章讲解了 UML 中状态图的相关内容。状态图描述了一个状态机，常常附属于一个类，有时也会附属于用例等元素。状态图主要由状态与转换组成，还包括一些伪状态。状态图中的状态允许嵌套子状态，称为复合状态。复合状态包括顺序复合状态与并发复合状态。状态图可以用来对对象的生命周期建模。本章还讲解了使用 Rose 绘制状态图的方法。

习题

1. 选择题

（1）下列不是状态图组成元素的是（　　）。

    A. 状态   B. 转移   C. 初态   D. 组件

（2）状态图的意义是（　　）。

    A. 对实体在其生命周期中的各种状态进行建模，状态是实体在一段时间内保持的一个状态

    B. 将系统的需求转化成图形表示，简单、直观，还可以转化成程序的伪代码

    C. 表示两个或多个对象之间的独立连接，是不同对象不同时期情况的图形化描述

    D. 描述对象和对象之间按时间顺序的交互行为

（3）下列选项中不属于状态内部的内容是（　　）。

    A. 入口动作   B. 内部转换   C. 触发器   D. 可推迟事件

（4）下列选项中不属于伪状态的是（　　）。

    A. 历史状态   B. 复合状态   C. 初态   D. 选择

（5）假设在某个状态的内部的一行内容表示为"eventA/defer"，则这行内容所表示的是（　　）。

    A. 触发器   B. 内部转换   C. 内部执行活动   D. 可推迟事件

（6）下列说法不正确的是（　　）。

    A. 触发器事件就是能够引起状态转换的事件，触发器事件可以是信号或调用等

    B. 没有触发器事件的转换是由状态活动的完成引起的

    C. 内部转换默认不激活入口和出口动作，因此内部转换激活的结果不改变本来状态

    D. 状态图的主要目的是描述对象创建和销毁的过程中资源的不同状态，有利于开发人员提高开发效率

（7）假设一个转换表示为"A[B]/C"，那么这个转换所表达的语义是（　　）。

    A. 该转换的触发器事件为 B，监护条件为 A，效果列表为 C

    B. 该转换的触发器事件为 A，监护条件为 B，效果列表为 C

    C. 该转换的触发器事件为 C，监护条件为 A，效果列表为 B

    D. 该转换的触发器事件为 A，监护条件为 C，效果列表为 B

（8）需要依赖于某个表达式所表达的布尔条件才能发生的事件被称作（　　）。

    A. 信号事件   B. 调用事件   C. 改变事件   D. 时间事件

（9）下列关于状态图的说法，不正确的是（　　）。

    A. 状态图通过建立类对象的生命周期模型来描述对象随时间变化的动态行为

    B. 状态图适用于描述状态和动作的顺序，不仅可以展现对象拥有的状态，还可以说明事件如何随着事件的推移来影响这些状态

    C. 状态图用于模型元素的实例（对象、交互等）的行为

    D. 状态图用于对系统的静态方面建模

（10）组成一个状态的多个子状态之间是互斥的，不能同时存在，那么这种状态称为（　　　）复合状态。

    A. 顺序　　　　　　　B. 并发　　　　　　　C. 历史　　　　　　　D. 同步

2. 填空题

（1）状态机主要有状态、转换、事件、动作和_____五部分组成。

（2）动作表示一个可执行的_____操作。

（3）活动表示状态机中的非_____执行。

（4）状态图由状态和_____两种元素组成。

（5）状态中一个小的实心_____表示初态。

（6）状态中一个小的实心圆外再围上一个_____表示终态。

（7）不导致状态改变的转换是_____转换。

（8）不会触发状态转换的事件是_____事件。

（9）没有参数且需要一直等待直到条件被满足才发送的事件为_____事件。

（10）复合状态可分为_____复合状态和正交复合状态。

3. 判断题

（1）状态机一般都附属于类，也可以附属于用例、操作等元素。（　　　）

（2）在状态图中，转换就是对象在两种状态之间的时间与空间下发生的有意义的事情。（　　　）

（3）一个状态图中只能有一个初态。（　　　）

（4）内部转换就是某个状态转换到自身的过程。（　　　）

（5）可推迟事件表示这一事件如果无法立即执行，则会被推迟执行。（　　　）

（6）如果一个非内部的转换没有触发器，则该转换会在其内部活动执行完毕触发。（　　　）

（7）在转换被触发器激活一次的过程中，会一直计算监护条件直到其结果为真。（　　　）

（8）一个正确的状态图中选择节点不同分支上的监护条件应该覆盖所有情况。（　　　）

（9）当顺序复合状态被激活时，同一时间只有一个子状态会被激活。（　　　）

（10）历史状态就是状态机中该状态的前一状态。（　　　）

4. 简答题

（1）什么是状态机？什么是状态图？

（2）简述状态图的组成元素。

（3）简述简单状态和复合状态的异同。

（4）简述顺序复合状态和并发复合状态的区别。

（5）简述状态图的建模方法。

5. 应用题

（1）某医院拟引入一款患者监护系统。基本要求是随时接收每位患者的生理信号（脉搏、体温、

血压、心电图等），定时记录患者情况，以形成患者日志。当某位患者的生理信号超出医生规定的安全范围时，向值班护士发出警告信息。此外，护士在需要时还可以要求系统打印出某个指定患者的病情报告。

请根据以上描述绘制患者监护系统的状态图。

（2）当手机开机时，手机处于空闲状态；当用户使用电话呼叫某人时，手机进入拨号状态。如果呼叫成功，即电话接通，手机就处于通话状态；如果呼叫不成功，如对方线路有问题或关机，则拒绝接听，这时手机停止呼叫，重新进入空闲状态。手机在空闲状态下被呼叫，手机进入响铃状态；如果用户接听电话，手机处于通话状态；如果用户未做出任何反应（可能用户没有听见铃声），手机一直处于响铃状态；如果用户拒绝来电，手机回到空闲状态。

请根据以上描述绘制使用手机的状态图。

11 第11章 活动图

学习过程序设计语言的读者一定接触过流程图。流程图可以清晰地表达程序的执行步骤。在 UML 中，活动图的作用就像流程图的作用一样，用来表达动作序列的执行过程，不过其语义要远比流程图的丰富。本章主要介绍活动图的相关概念。

11.1 活动图的基本概念

活动图（Activity Diagram）是 UML 中一种重要的用于表达系统动态特性的图。活动图的作用是描述一系列具体动态过程的执行逻辑，展现活动和活动之间转移的控制流，并且它采用注重逻辑过程的方式来叙述。

读者在初看活动图的时候可能认为它只是流程图的一种，但事实上活动图是在流程图的基础上添加了大量软件工程术语的改进版。具体地说，活动图的表达能力包括逻辑判断、分支甚至并发，所以活动图的表达能力要远强于流程图的：流程图仅仅展示固定的过程，而活动图可以展示并发和控制分支，并且可以对活动与活动之间信息的流动进行建模。可以说，活动图在表达流程的基础上继承了一部分协作图的特点，即可以适当表达活动之间的关系。

在软件工程学科中有一组概念可以被用来举例讲述活动图与流程图的能力区别，那就是软件开发过程中的"瀑布模型"和"迭代模型"。这里我们不妨展开瀑布模型的解释，即"六步法"，它们是计划制订、需求分析、系统设计、软件编程、软件测试和运行维护。瀑布模型最大的特点，也是最受人诟病的一点，就是它的单向性（不可回退性）。因为瀑布模型的回退修改成本极大，所以在当前软件行业飞速发展、软件需求时常变动的时代，对于经常变化的项目而言，瀑布模型已经被基本否定。但就是这种极为简单、"粗暴"的软件工程方法论，已经达到了普通流程图描述能力的瓶颈，那就是它只能表述线性的、单向的简单过程。对于软件过程的其他方法论如"螺旋模型""喷泉模型"，使用传统的流程图来表达就已经捉襟见肘。而目前较受欢迎的、被许多软件企业所公认有效的迭代模型，更是需要在每一次回滚和反复的时候做更多的条件判断，添加更多的附加文档（我们可以视作一些数据和参数）。在描述这样一个实用但复杂的过程时，就不得不借助 UML 的活动图的一些优秀特性了。

在对软件密集型系统建模的时候，有时需要详细地模拟系统在运作时的业务流程。面对这种需要，我们可以分析对象间发生的活动和触发条件，选用活动图对这些动态方面进行建模。

活动图的主要组成元素包括动作、活动节点、控制流、分支与合并、分叉与汇合、泳道和对象流等。图 11-1 显示了某银行 ATM 中"取款"用例的活动图。

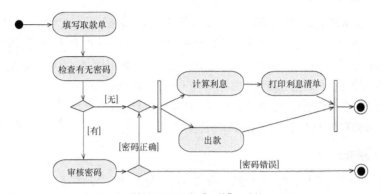

图11-1 某银行ATM中"取款"用例的活动图

注意 实际上，与UML 1.×相比，UML 2中的活动图的元模型变化非常大。在UML 1.×中，活动图被定义为状态机的一个子类，而UML 2中则对活动图的元模型进行了很大的扩充，将活动图定义为与状态机图完全独立的图。但是这种底层的变化对使用活动图的影响不是很大。也正是这个原因，Rose工具将状态图与活动图均归为 State/Activity Model，在使用二者时也有一些元素是重合的。

11.2　活动图的组成元素

活动图的核心元素是活动和控制流，活动与活动之间通过控制流进行连接，结合成一张有意义的动作网络。本节将主要介绍组成活动图的几种主要元素。

11.2.1　动作和活动节点

动作代表一个原子操作，操作可能是任何合法的行为。动作可以是并且不限于：创建或删除对象、发送消息、调用接口，甚至数学运算以及返回表达式的求值结果。并且动作仅有描述，不需要命名，描述的内容就是动作所代表的内容。在描述中可以使用各种语言，如一个使用 Pascal 语言的开发团队可能会选用"x := 7"作为一个赋值动作的描述，而使用 C++语言进行开发的团队可能会使用"x=7"；一个美国开发团队在使用结构化语言解释一个动作时可能会使用"Clean Screen"这样的词组，而一个中国开发团队显然更习惯于直接写上"清屏"。在 UML 规范中没有对动作描述做任何限制，对此，我们的建议是，仅需要在开发团队内做到保持风格一致、保证描述无歧义、确保可读性 3 点即可。

在活动图中，动作使用一个左右两端为圆弧的矩形框来表示，在这个图形内部加入该动作的描述，如图 11-2 所示。

图11-2　动作

活动节点是一系列动作，主要用于实现动作序列的简化和动作图的嵌套。活动节点在图例上的表达方式和动作的相同，它们之间的区分需要依靠编辑工具或附加说明来完成。活动节点本身可以代表一个复杂过程，它的控制流由其他的活动节点和动作组成，如需要可以另附其他的活动图来表达活动节点的控制流。

11.2.2　开始和终止

活动图中的开始和终止是两个标记符号。开始标记注明了业务流程的起始位置，使用一个黑色实心圆点来表示；终止标记注明了业务流程的可能结束位置，使用一个内有开始标记符号的空心圆圈来表示。活动图中必须有且仅有一个开始标记，一般至少有一个终止标记。之所以说终止标记仅仅是业务流程的可能结束位置，是因为业务流程可能有不止一种结束方式，一个活动图中可能出现多个终止标记。另外，存在一些特殊的无穷过程不存在终止标记。开始和终止的表示法如图11-3所示。

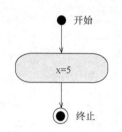

图11-3　开始和终止的表示法

11.2.3　控制流

控制流是活动图中用于标识控制路径的一种符号。它负责当一个动作或活动节点执行完毕，将执行主体从当前已完毕的节点转移到过程的下一个动作或活动节点。控制流从活动图的开始标记开始运行，经过顺序、分支等结构引导着各个动作的连续执行。在 UML 中，控制流使用一条从前一个动作（或活动节点）出发指向下一个动作（或活动节点）的简单箭头表示。控制流的表示法如图11-4所示。

图11-4　控制流的表示法

11.2.4　判断节点

判断节点是活动图中进行逻辑判断并创造分支的一种方法。判断节点具有一个进入控制流和至少两个导出控制流（从当前节点出发指向其他动作或节点的控制流称为导出控制流或离开控制流），判断节点的前一个动作需要是判断型动作。形如"检查用户是否登录""检查服务器是否已满""验证用户是否为管理员"这样的动作是判断型动作，这些动作导出的控制流应该走向一个判断节点。

判断节点具有多个导出控制流，对于每个导出控制流而言，应当在表示该导出控制流的箭头上附加控制条件。例如，"检查用户是否登录"对应的判断节点的导出控制流应该至少有"已登录""未登录"两种控制条件；而"验证用户是否为管理员"对应的判断节点的导出控制流可以使用"是管理员/不是管理员"或者"是管理员/是其他角色"两种控制条件来表述。归结起来就是，对于一个一般的判断，可以使用 Yes/No 或 Condition/Else 句式来描述导出控制流的控制条件。这些导出控制流规定了对于这个判断所有可能的离开路径，而系统根据判断结果满足哪一个条件来判断应该走向哪一个活动。

因为一个非并发的活动不可能同时进入两个动作，所以判断条件之间应当各自独立、互不交叉。如果第一个导出控制流的条件是"用户是管理员或会员"，第二个导出控制流的条件是"用户是会员或游客"——那么一个"会员"用户到这里应该进入哪个控制流呢？

在活动图中判断节点用一个菱形来表示。作为判断节点，这个菱形有且仅有一个指向它的箭头，有至少两个由它发出并指向其他动作或活动节点的箭头。判断节点的表示法如图 11-5 所示。

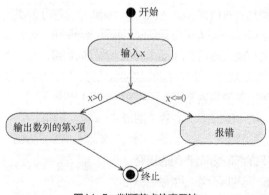

图11-5　判断节点的表示法

11.2.5　合并节点

合并节点将多个控制流合并，并统一导出到同一个导出控制流。需要注意的是，合并节点仅有逻辑意义而没有时间和数据上的意义，几个动作都指向同一个合并节点也并不意味着这些动作要在进入之后互相等待或进行同步数据之类的操作。合并节点的语义仅仅是将所有执行到该合并节点的动作统一导出到同一个导出控制流。可以说它是一种为了避免图形的结构混乱而存在的辅助标记，所以我们不再更深地探讨它的意义。

在活动图中合并节点也同样使用一个菱形来表示。作为合并节点，这个菱形应该至少有两个指向它的箭头，有且仅有一个由它发出并指向其他动作或活动节点的箭头。合并节点的表示法如图11-6所示。

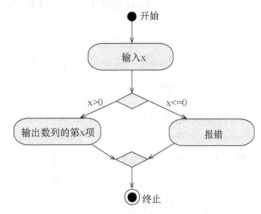

图11-6　合并节点的表示法

11.2.6　泳道

活动图中的元素可以使用泳道来分组。泳道是将活动图中的具体活动按照负责进行该活动的对象进行分区，一条泳道中的所有活动由同一个对象来执行。例如，在业务模型中，每一个泳道的负责对象可能是一个单位或一个部门；而系统中泳道的负责对象可以是系统或子系统。例如，一个考试的全过程当中，我们有如下过程。

（1）教师出卷。

（2）学生答卷。

（3）教师批卷。

（4）教师打印成绩单。

（5）学生领取成绩单。

在这个过程中，我们可以发现每一个过程的主语都是该动作的执行者，那么在这个简单的过程中我们可以分"教师"和"学生"两个泳道，把动作与负责执行它的对象以这种形如二维表的方式进行关联，如图11-7所示。

除了以上对线性流程进行分区以外，使用泳道可以更清晰地表示并发。在更多的情况中一个负责对象在同一时间仅能进行一个动作或动作序列（表示为活动节点），所以并发的情况很有可能是逻辑上和时间上没有顺序要求的多个动作，由不同的负责对象进行执行的情

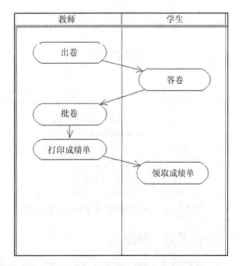

图11-7　使用泳道描述考试活动

况。在这种情况下使用泳道可以使并发以及实现并发的对象非常容易被获取，大大增强了活动图的可读性。

在UML活动图中，如果需要使用泳道，那么需要将活动图纵向分割成几个部分，每个部分都以负责对象的名字作为标题，然后以从上到下的顺序书写流程，动作和活动节点的水平位置应该处于负责

对象的那一列中，竖直位置代表动作先后，并发动作可以处于不同的泳道的相同竖直位置。

11.3　活动图的高级概念

除了基本的流程描述功能外，UML中的活动图还赋予了用户对系统的并发行为的强大描述能力。本节将介绍活动图中的一些高级概念，包括活动图是如何表现并发的。

11.3.1　并发

并发指的是同一时间间隔中，系统内有两个或多个事件一起发生。具体地，在单处理器系统上，在一个时间段内有多个程序都处于已启动运行到运行完毕的状态之间，并且运行的先后顺序根据操作系统、硬件、程序、时间等多个因素决定。所以在并发情况下，不可以对多个事件的发生顺序做预测，这也是在UML中难以表现并发的一个原因。活动图中的某些片段上可能是隐含并发的，请读者格外注意。

11.3.2　分叉节点

分叉节点是从线性流程进入并发过程的过渡节点，它拥有一个进入控制流和多个导出控制流。不同于判断节点，分叉节点的所有导出流程都是并发关系，即分叉节点使执行过程进入多个动作并发的状态。分叉节点在活动图中表示为一条粗横线，粗横线上方的进入箭头表示进入并发状态，导出粗横线的箭头指向的各个动作将并行发生。分叉节点的表示法如图11-8所示。

11.3.3　结合节点

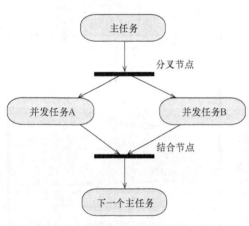

图11-8　分叉节点和结合节点的表示法

结合节点是将多个并发控制流收束回同一流的节点标记，功能上与合并节点类似。但要注意结合节点与合并节点的关键区别，合并节点仅代表形式上的收束，在各个进入合并节点的控制流间不存在并发关系，所以也没有等待和同步过程；但结合节点的各个进入控制流间具有并发关系，它们在系统中同时运行。在各个支流结束时，为了保证数据的统一性，先到达结合节点的控制流必须等待直到所有的流全部到达这个结合节点后才继续进行，即转移到导出控制流所指向的动作开始运行。活动图中的结合节点也用一条粗横线来表示，粗横线上方有多个进入箭头，下方有且仅有一个导出箭头。结合节点的表示法如图11-8所示。

11.3.4　对象流

对象流是UML为填补活动图与面向对象思想之间的疏离而引入的一种建模表示。活动图是一种升级的流程图，然而流程图所描述的运行过程很难使用面向对象方法进行分析。所以当活动图中描述的过程具有一些对关键对象的属性要求时，通过添加对象流的方法可以在活动图中呈现操作的对象。如果需要在活动图中表现对象流，则首先需要绘制出泳道，且对象应该作为泳道的负责对象出现。在某些关键动作前后，设计人员可以通过加入对象的状态描述来呈现对象状态，描述文字应简明扼要。

需要说明的是，在实际项目中，在活动图中使用对象流描述法的例子非常少。第一，活动图中的对象一般没有建模元素（如类、组件）来对应，它很可能是一个没有精确表述的业务模型；第二，即使这种对象在设计模型中有对应，在活动图中显示对象状态和交互也很不方便，这些要求应当使用表意更加清晰、准确的交互图来达成。

11.3.5 扩展区域

扩展区域是表示过程中的某个活动片段的模型。在某些活动的过程中，可能存在多个输入元素，需要在活动图中使用同样的操作去处理。例如，存在一组学生提交的试卷，对于每张试卷都要进行批卷、计算成绩和登录成绩 3 个步骤，那么在过程中应该体现出对每张试卷的处理过程。但对于大量甚至未知数量的试卷来说，与其逐步展开这种相同的处理过程，不如将它表现为一个循环过程。那么要在活动图中表现一个循环过程，扩展区域的引入是必不可少的。

扩展区域可以对一个需要体现在活动图中的循环过程进行提取（不需要体现在活动图中的，可以直接使用活动节点来略写）。具体做法是，在活动图中围绕一个区域画一个虚线框来表示扩展区域。扩展区域需要有输入输出的定义，输入输出的集合（如一组试卷）表示为一个数组（一行相连的小方块），对于集合中的每一个元素，扩展区域都执行一次迭代处理，即对当前的元素进行区域内动作所代表的处理。迭代的过程不详细描述，扩展区域的语义本身包含对每个元素的迭代处理。特殊情况下，如果在扩展区域运行时可以并行执行，也就可能有多次迭代并行执行。直到扩展区域的迭代工作执行完毕，集合中的每个元素都对应地被处理成一个输出元素，全部输出元素的集合对应输入时的顺序同样表示为一个数组（一行相连的小方块），然后继续向下执行。

扩展区域仅代表一个反复执行的过程，UML 没有规定它的输出数组的数量——唯一的要求是扩展区域至少有一个输入数组，否则扩展区域没有意义。扩展区域可以没有输出。扩展区域的语义中包含迭代，不需要表现迭代细节。

11.4 活动图的建模技术

活动图中存在动作流和对象流，在建模过程中既可以使用和分析动作流，也可以使用和分析对象流。在建模时，通常选择对业务流程建模或对用例交互建模。本节将主要介绍这两种活动图的建模技术。

1. 对业务流程建模

活动图描述一系列系统动作的执行过程，并且这些动作或动作序列常常有一个与系统密切相关的参与者。

对业务流程建模时，可以使用以下策略。

- 选择一个将要描述的重要过程，过程中尽量涉及数量少但是关键的对象或参与者，将无关或关联很小的对象排除在外，为每一个选中的对象或参与者绘制泳道。
- 在总体业务流程中提取关键的动作或活动节点，并且将它们与对象或参与者相对应；若发现有些动作无法对应，则考虑动作是否在这个流程中起关键作用，或者是否遗漏了某些对象或参与者。
- 规定初始状态；确定过程可能的结束位置，为活动图添加开始和结束标记。
- 从业务流程的开始标记开始，把过程中发生的动作按事件顺序排列，依次把这些动作添加到活动图中。
- 把局部的过于复杂的动作序列加以总结，绘制成一个活动节点；如果需要，对这个动作序列使用另外的活动图进行建模。

- 找出连接这些动作和活动节点的控制流，并且准确找到过程中的分支、分叉、合并与结合节点。
- 如果业务流程中有一些关键对象的值或状态需要被加以描述，使用对象流添加这些对象在某些动作或活动节点前后的状态描述。

2. 对用例交互建模

用例也是一个过程，活动图可以从逻辑顺序角度对用例中的各个交互过程进行建模。我们通过用例场景来阐述一个实现参与者目标的行为过程。在建模时通常选择出业务主体和其他参与者，为它们建立泳道，以它们各自的工作单元为活动来绘制活动图。我们通过绘制该活动图可以明确了解用例的执行过程、参与者与系统的交互行为以及存在哪些业务实体。

对用例交互建模时，可以使用以下策略。

- 选择概念用例，即从系统对客户提供的各种服务中确定出一个关键业务，这个关键业务可能是在多个相同或不同的情况下反复出现的服务或操作，或者是系统需要提供的一个关键服务或进行的关键操作。
- 对于当前选择的用例，通过事件流进行顺序叙述，并找出所有参与者的主动动作，把这些动作整理成动作或活动节点。
- 把参与者和系统划分为两个泳道，如果有除了主参与者以外的其他参与者，也为其分别划分泳道。
- 把活动节点纵向按照事件发生顺序、横向按照参与者角色和系统角色对应填入活动图中。

11.5　活动图的进一步说明

活动图是四大动态视图之一，它在 UML 图中具有比较特殊的地位。活动图的描述方式不局限于使用软件工程相关的专有名词，即使是一次会议流程、一个游戏规则、一个算法的执行过程都可以使用活动图来表示。这一点既使得活动图成为一种比较符合人的表达习惯与理解习惯的图例，又使之在 UML 图中的地位有些尴尬：前者是因为我们平时习惯于使用流程图来描述过程和分析问题，所以很容易就可以理解它的内容；而后者是因为活动图所描述的是"活动"，而活动不是一个软件工程中的概念，或者说，活动所包含的意义太过广泛。

还以之前的学生考试与教师批阅试卷的过程为例，这个过程可以简单地概括为考试，从长时间范围的教学实践上来讲，一次考试完全可以视为一个活动。但如果把整个过程都看作一个活动，那么这个活动图的描述就毫无意义了——举这个例子的意义就是说，虽然活动图有着清晰的过程顺序，但是对于每一个动作和活动节点的大小比较难以掌控；另一方面，泳道的出现使得活动需要由一个对应的对象来触发，而由于活动本身（尤其是活动节点）可能包含若干操作或交互等行为，它不容易在模型元素里找到恰当的对应，因此，活动图适用于从概念上描述过程，而在高级模型元素对应方面则宜使用顺序图、状态图等对其进行补充。

11.6　实验：使用Rose绘制活动图

本节将主要介绍如何使用 Rose 绘制活动图。

11.6.1 活动图的Rose操作

1. 活动图工具栏

在 Rose 中，当选择一个活动图进行操作时，框图工具栏将变成活动图工具栏。图 11-9 显示了系统默认的活动图工具栏。

 注
意
　　　由于UML 1.×规范中状态图与活动图的概念重合，因此Rose中活动图的元素依旧采用状态图的命名，如活动图的控制流在Rose中仍然被称为转换。

2. 创建活动图

要创建一个活动图，可以在【Logical View】或【Use Case View】目录下单击鼠标右键，在弹出的菜单中选择【New】→【Activity Diagram】，如图 11-10 所示，然后对新创建的活动图进行命名。

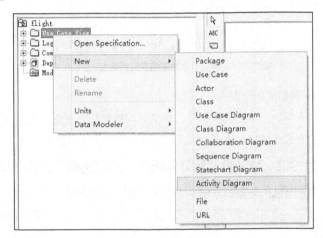

图11-9 系统默认的活动图工具栏　　　　　　　　　　图11-10 创建活动图

3. 添加活动节点

要在活动图中添加活动节点，只需要在活动图工具栏中单击【活动】按钮，并在图中适当位置单击即可。

双击可以打开活动节点的规格说明对话框，如图 11-11 所示。在对话框的【General】选项卡中，可以设置活动的名称以及构造型。在【Actions】选项卡中，可以添加活动的内部动作，具体操作方法与状态添加内部活动的方法相同（参考 10.5.1 小节）。如果一个活动没有内部动作，我们就认为这个活动是原子的，即它自身表示了一个动作。在【Transitions】选项卡中，可以查看与该活动通过控制流直接相关的活动。在【Swimlanes】选项卡中，可以查看该活动所处的泳道。

4. 添加控制流

要在活动图中添加控制流，只需要在活动图工具栏中单击【控制流】按钮，然后在图中拖动连接两个活动节点即可。

5. 添加泳道

要在活动图中添加泳道，只需要在活动图工具栏中单击【泳道】按钮，并在图中适当位置单击即可。此时的活动图将创建出一块竖直的区域，并且顶部出现泳道的分栏，如图 11-12 所示。

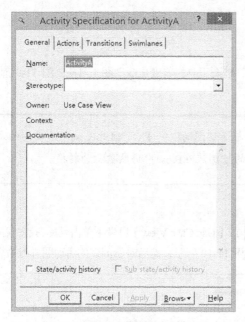

图11-11　活动节点的规格说明对话框

图11-12　添加泳道

6. 添加其他元素

对于活动图中的其他合并、分叉、判断与结合节点，也可以用类似的方法添加到活动图中，并以正确的方式通过控制流连接到其他节点上，这里不再赘述。

11.6.2　绘制机票预订系统中"购买机票"用例的活动图

本小节以机票预订系统中"购买机票"用例为例，展示活动图的创建过程。

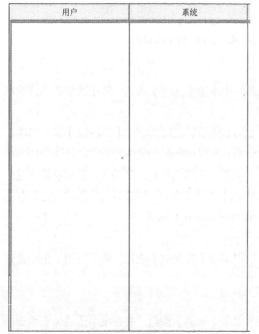

图11-13　确定泳道

1. 确定泳道

开始创建活动图时，首先需要确定参与的对象，即确定该活动图有几个泳道。泳道说明活动是由哪个对象执行的。在本例中，我们将其分为用户与系统两个泳道，将它们绘制在活动图中，如图 11-13 所示。

2. 按逻辑顺序完成活动图

在添加完泳道后，我们需要梳理整个控制流的过程。用户首先选择购票的航班，此时如果该航班已无余票，则系统提示该航班已无票，用户重新选择航班。如果该航班有余票，则系统请求用户确认

使用Rose绘制机票预订系统中
"购买机票"用例的活动图

使用Rose绘制机票预订系统中其他用例的活动图

机票信息，此时用户可以取消购票，也可以确认购票并支付，支付完成后系统修改机票状态并生成订票记录，然后结束整个流程。

按照上述控制流的文字描述完善活动图，注意几个特殊节点的使用。绘制完成的活动图如图 11-14 所示。

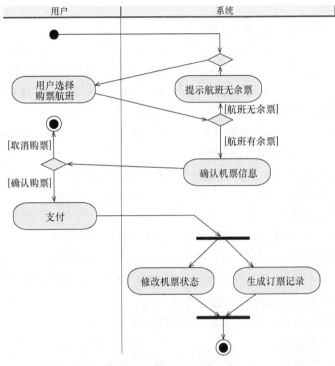

图11-14 绘制完成的活动图

小结

本章介绍了 UML 中活动图的概念、核心元素及建模方法。UML 中活动图因其描述方法简单易懂、适用范围特别广泛而成为软件工程动态分析的重要工具。活动图中包含动作、控制流、开始和终止、判断节点、结合节点、泳道、对象流、分叉节点、合并节点、扩展区域等核心元素。在对活动图建模过程中，可以选择对业务流程建模和对用例交互建模两种方法。这两种方法的主要过程比较类似，只是前者并不局限于某一项业务或服务，着眼于比较广泛的业务过程；而后者比较符合软件工程的思路，从系统的角度看问题。本章最后还给出了使用 Rose 绘制一个用例交互的活动图的方法。

习题

1. 选择题

（1）在活动图中包含并发含义的元素主要指的是（　　）。

　　A. 控制流　　　　　B. 判断节点　　　　C. 泳道　　　　　　D. 分叉节点

（2）在活动图中用于连接动作或节点、表示活动进行方向的元素是（　　）。

A. 控制流　　　　　B. 对象流　　　　　C. 动作　　　　　D. 扩展区域

（3）在活动图中用于对其他元素按照负责对象进行分组的元素是（　　）。

A. 判断节点　　　　B. 泳道　　　　　C. 分叉节点　　　　D. 控制流

（4）在活动图中用于将判断节点产生的多个控制流合成并导出为一个控制流的元素是（　　）。

A. 分叉节点　　　　B. 结合节点　　　　C. 判断节点　　　　D. 合并节点

（5）活动图中可能出现的终止标记的数量是（　　）。

A. 0个　　　　　　B. 0到多个　　　　C. 1个　　　　　　D. 0~1个

（6）在活动图中负责在一个活动节点执行完毕切换到另一个节点的元素是（　　）。

A. 控制流　　　　　B. 对象流　　　　　C. 判断节点　　　　D. 扩展区域

（7）若想在活动图中表现对象流，则首先需要绘制出（　　）元素。

A. 控制流　　　　　B. 分叉节点　　　　C. 泳道　　　　　D. 扩展区域

（8）下列选项中不容易在活动图中表达的是（　　）。

A. 动作执行顺序　　　　　　　　　B. 动作的执行者

C. 活动进行的逻辑结构　　　　　　D. 执行者之间的交互

（9）以下说法错误的是（　　）。

A. 活动图中的开始标记一般只有一个，而终止标记可能有多个

B. 判断节点的出口条件必须保证不互相重复，并且不缺少情况

C. 在活动图中没有表现出并发的，在实际实现的时候一定不涉及并发问题

D. 活动图比状态图更加适合描述一个流程

（10）下列建模需求中，适合使用活动图来完成的是（　　）。

A. 对体系结构建模　　　　　　　　B. 对消息流程建模

C. 对业务流程建模　　　　　　　　D. 对数据库模式建模

2. 填空题

（1）活动图用来表达系统的_____特性。

（2）活动图中用_____标示控制路径。

（3）活动图中用圆角矩形表示_____。

（4）活动图必须有且仅有一个_____标记。

（5）_____是活动图中进行逻辑判断、创造分支的一种方法。

（6）活动图中判断节点和合并节点用_____表示。

（7）活动图中使用_____进行分组。

（8）活动图中用_____和结合节点来表示并发。

（9）活动图中使用_____圈起来的区域被称作扩展区域。

（10）_____用来表示源活动产生了一个对象或目标活动消费了一个对象。

3. 判断题

（1）活动图是一种用于表达系统动态特性的 UML 图。　　　　　　　　　　　（　　）

（2）活动本身是一个原子操作，是不可被中断的。　　　　　　　　　　　　（　　）

（3）活动图中有且仅有一个开始标记。　　　　　　　　　　　　　　　　　（　　）

（4）活动图的控制流与状态图中的转换是语义完全相同的元素。　　　　　　（　　）

（5）泳道按活动发生的时间将活动图划分为几部分。 （　　）

（6）一个活动不可能属于多个泳道。 （　　）

（7）在活动图中，合并节点仅有逻辑意义而没有时间和数据上的意义。 （　　）

（8）结合节点与合并节点相似，当控制流进行到该节点时都不需要等待其他控制流的到达。

（　　）

（9）活动图可以像流程图一样表达出顺序、分支及循环控制结构，但语义要比流程图的丰富得多。

（　　）

（10）活动图可以在逻辑顺序角度对用例中的各个交互过程进行建模。 （　　）

4．简答题

（1）简述活动图和普通流程图的异同。

（2）为什么在实际实现中需要更多地注意并发情况?

（3）简述判断节点的流出条件的制定原则。

（4）简述适合使用活动图来描述的事物特点。

（5）谈谈活动图中使用泳道的意义。

5．应用题

（1）某学生选课系统的"查询课程"用例如下：学生首先进入选课系统，然后输入要查询的课程名，系统验证输入的课程名是否存在，若存在，则跳转到对应的显示课程信息的页面；若不存在，则给出提示信息，返回选课页面。

请根据以上描述绘制活动图。

（2）在机票预订系统中，使用系统的用户必须先注册一个自己的账号，其过程为输入注册信息、验证信息完整性、提交信息、系统进行验证（是否重名等），如果验证均通过，则注册成功，否则注册失败。

请根据以上描述绘制"用户注册"用例的活动图。

12 第12章 组件图

我们在前面几章介绍过的图都用来对系统的用例方面或逻辑方面建模，更关注系统的内部业务组成与逻辑结构，而本章介绍的组件图则重点关注系统的物理组成。在实际建模过程中，一般在完成系统的逻辑设计之后，就需要考虑系统的物理实现了。组件图可以描述软件系统的各个物理组件以及它们之间的关系。本章主要讲解组件图的相关内容。

12.1 组件图的基本概念

组件是软件系统设计和实现时的一个模块化部分，在宏观上作为一个有指定功能的整体被关联和使用。组件图（Component Diagram，又译为构件图）即用来描述组件与组件之间关系的一种 UML 图。组件图在宏观层面上显示构成系统某一个特定方面的实现结构。

在 UML 1.×中，组件表示一个文件或一个可运行的程序，这些程序构成了系统的某个部分。但是在之后的应用中发现组件的这种定义和其他的一些定义相冲突，所以在 UML 2 中，组件的定义被更详细地确定了。现在组件是一个独立的封装单位，并且组件需要对外提供接口。组件是把代码细节组合成封闭的逻辑黑箱而只暴露出接口的更大的设计单元。在更高层次的、涉及更多对象的表示图例中，将多个相关的类和对象组织成一个组件，可以有效地减少图示数量，从而降低阅读难度，更便于设计人员和编码人员理解系统的组织结构。

事实上，组件图的内容是非常简单的，但是在对系统建模的过程中它的功能又是非常强大的。组件图是面向对象思想的核心体现。在面向对象程序设计中，我们首先希望要描述的事物可以对象化、模块化，其基本思想就是封装体内部的改变不应该对软件系统的其他部分造成影响。对象化是类的特点，类或类的实例构成组件的内容；模块化是组件的特点，组件本身就作为一个外部不可分割的模块来呈现，在外部看来是一个带有若干接口的黑箱。在面向对象的另一重要特性——可重用性方面，由于组件和组件之间仅通过接口来连接，耦合度很低，当一个组件的功能不适用于系统时，编程人员不需要对整个系统范围内的代码进行重写，而仅需要对组件内部的代码加以修改，保持接口不变，就可以把这个组件重新安装回系统中协同工作。因此组件图是对整个系统以面向对象的思维进行描述的强有力的工具，也是设计人员和编程人员沟通的桥梁。软件开发团队可以通过组件图来确定整个系统可以分成的模块情况，并基于所分的模块把团队分成不同小组。组内成员只需要完成自己负责的组件的功能并保留外部调用接口即可。

组件图中主要包含 3 种元素，即组件、接口和组件之间的关系。组件图通过这些元素描述系统的各个组件及其之间的依赖关系，组件的接口及调用关系。此外，组件图还可以使用包来进行组织，使用注释与约束来进行解释和限定。

图 12-1 显示了某系统"订单模块"的简单组件图。Product（产品）组件、Customer（顾客）组件与 Account（账户）组件都实现了自己组件的一个接口，由 Order（订单）组件使用接口。此外，Account 组件需要依赖 Customer 组件存在。

组件图在面向对象设计过程中起着非常重要的作用，它能够明确系统设计，降低沟通成本，而且按照面向对象方法进行设计的系统和子系统通常可以保证低耦合度，提高可重用性。可以说，组件图是系统设计时不可或缺的工具。

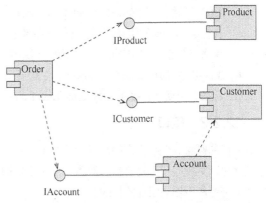

图12-1 某系统"订单模块"的简单组件图

12.2 组件图的组成元素

组件图的组成元素主要为组件、接口和组件之间的关系。使用这 3 种元素就可以建立对系统的整体理解。本节将重点介绍这 3 种元素。

12.2.1 组件

组件是系统设计的一个模块化部分，它隐藏内部的实现，对外提供一组接口。简单来说，组件是一个封装完好的物理实现单元，它具有自己的身份标示和定义明确的接口。并且由于它对接口的实现过程与外部元素独立，因此组件具有可替换性——外部元素不关心组件内部的实现，它们仅仅需要组件保证提供它们所需功能的接口即可。因此，具有相同接口但实现不同的组件一般来说是可以互相替换的。组件通常对应于实现性文件，例如，源文件、动态链接库、数据库、ActiveX 控件等都可以作为系统中的一个组件。

在 UML 1.× 规范中，组件表示为一个左侧带有两个小矩形的矩形元素，如图 12-2 所示（Rose 中也使用这种表示法）。在 UML 2 规范中，组件以标签的形式表示在一个矩形框里，如图 12-3 所示。

图12-2 组件的UML 1.×表示法

图12-3 组件的UML 2表示法

组件与类的概念十分相似，它们都是封装完好的元素，都可以通过实现接口让外部元素依赖于该元素，都可以实例化，都可以交互等。但我们需要注意的是，尽管组件与类的行为和属性十分相似，但组件与类两者的抽象方式和抽象层次是不同的。类是逻辑抽象，不能独立存在于计算机中；组件是物理抽象，可以独立存在并部署在计算机上。组件的抽象层次要更高，而类作为一个逻辑模块只能从属于某个组件。

组件在系统中一般有 3 种类型，分别为部署组件、工作产品组件和执行组件。

- 部署组件（Deployment Component）是构成系统必需的组件，是运行系统时需要配置的组件。例如，一些辅助可执行文件运行的插件和辅助控件，以及一些动态链接库、EXE 文件等都属于部署组件。
- 工作产品组件（Work Product Component）主要是开发过程的产物，是形成配置组件和可执行文件之前必要的工作产品，是部署组件的来源。工作产品组件并不直接参与可执行系统，而是用来产生系统的中间产品。例如，程序源代码或一些数据文件等都属于工作产品组件。
- 执行组件（Execution Component）代表可运行的系统最终运行时产生的运行结果，并不十分常见。例如，由动态链接库（Dynamic Link Library，DLL）实例化形成的 COM+对象就属于执行组件。

12.2.2　接口

接口的概念我们在类图中已经介绍过了，它用于描述一个服务。组件的接口也有同样的概念。某个组件可以实现接口来对外提供服务，外部组件通过该组件的接口来触发该组件的操作序列，以此达成该外部组件调用该组件的目的。

对于组件而言，它有两类接口，即提供接口（Provided Interface）与需求接口（Required Interface）。提供接口，又被称为导出接口或供给接口，是组件为其他组件提供服务的操作的集合。需求接口，又被称为引入接口，是组件向其他组件请求相应服务时使用的接口。

在组件的定义中我们强调了组件的可重用性很高，这一特性是少不了接口的功劳的。系统开发人员在开发新系统时，若发现新的需求刚好是之前某个已有项目的某个组件提供的服务，那么由于组件的环境无关性，可以很方便地把以前的组件和新系统通过接口搭建起来，实现组件的重用。在另外一种情况下，开发人员认为某个功能由于算法效率低或存在潜在的不安全性，需要替换掉现有组件，那么他们可以放心地实现另外一个组件，对于新的组件只需要满足与旧组件具有一模一样的接口即可。

在 UML 1.×规范中，组件的接口与类图接口的表示法一致，都用一个小圆圈表示。接口与提供该接口的组件通过简化的实现关系（一条实线段）相连接，而需要该接口的组件则使用依赖关系（一个虚线箭头）与该接口相连接。图 12-4 显示了这种表示法。

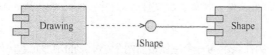

图12-4　接口的UML 1.×表示法

在 UML 2 规范中，接口还提供了另一种表示法。在这种新的表示法中，接口的提供和需求两部分是分别表示的。提供接口表示为用直线连接组件的一个小圆圈，需求接口表示为用直线连接组件的一个半圈，通过提供接口与需求接口的连接来表示两个组件与接口之间的关系，如图 12-5 所示，这种表示法也被形象地称为"球窝表示法"。实际上，两种表示法所表示的语义是完全相等的。Rose 工具只支持前一种表示法。

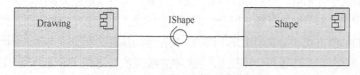

图12-5　接口的UML 2表示法

12.2.3 组件图中的关系

组件图中的关系主要包括依赖关系与实现关系。两种关系的用法之一就是建立组件与接口之间的关系，即组件与提供接口之间建立实现关系，组件与需求接口之间建立依赖关系。

组件图中关系的另一种用法就是建立组件与组件之间的关系。组件之间可以建立依赖关系。依赖关系在组件图中同样使用虚线箭头表示。当组件 A 和组件 B 之间没有接口相关联，而是使用依赖关系直接连接时，则证明在运行过程中组件 A 在某些行为上依靠组件 B 的支持。如果需要具体说明这种支持的意义，则需要通过创建构造型或添加注释来进行说明。

12.2.4 （*）Rose中的特殊组件

由于组件的定义十分宽泛，在实际建模过程中，如果仅使用一种图标表示组件可能不能详细表示组件的具体含义，因此许多建模工具都为不同类型的组件提供了不同的表示法。

为了详细阐述不同类型的组件在软件系统中的职责，Rose 也提供了一批不同形状的组件图标，每一种都具有特殊的语义，表示带有某一构造型的组件。在建模过程中设计人员可以方便地通过图标来辨别组件的用途，这些图标增加了组件图的可读性。下面将分别介绍 Rose 中不同类型组件的图标。

1. 主程序

主程序（构造型为<<MainProgram>>）是包含启动程序的组件，主程序的图标是一个白色长矩形，内部顶端有一个黑条。图 12-6 显示了 Rose 中主程序的表示法。

2. 子程序体

子程序体（构造型为<<Subprogram Body>>）是那些不含启动部分，在运行时提供系统必需服务的程序体。在组件图中子程序体使用黑色长矩形来表示，内部顶端有一个白条，颜色搭配刚好和主程序的相反。子程序体的表示法如图 12-7 所示。

3. 子程序规范

子程序规范（构造型为<<Subprogram Specification>>）通常是一组子程序集合名，子程序中不包括类定义。子程序规范表示为一个白色长矩形内部顶端有一个白条的形式，如图 12-8 所示。

4. 包规范

包规范（构造型为<<Package Specification>>）主要包含类的方法声明。在 C++中，包规范对应.h文件。包规范的图标为组件图形的两个小矩形的上方加上一个椭圆。图 12-9 显示了包规范的表示法。

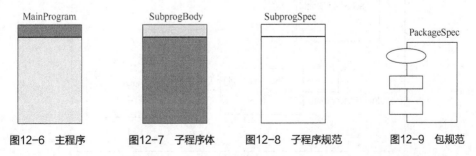

图12-6 主程序　　　图12-7 子程序体　　　图12-8 子程序规范　　　图12-9 包规范

5. 包体

包体（构造型为<<Package Body>>）主要包含类的代码实现。在 C++中，包体对应.cpp 文件。包体的图标是将包规范图形的主体部分涂黑，如图 12-10 所示。

6. 任务规范

任务控制了一个独立线程，是一个具有独立控制线程的包。任务规范（构造型为<<Task Specification>>）规定了单个线程可以执行的文件和操作。任务规范的图标是一个倾斜的白色平行四边形，左边框上有3个小矩形，如图12-11所示。

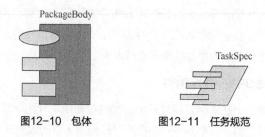

图12-10 包体　　　　图12-11 任务规范

7. 任务体

任务体（构造型为<<Task Body>>）是在独立线程上运行的一个或多个可执行文件。任务体的图标与任务规范的图标基本相同，只不过其中的平行四边形底色填充为黑色，如图12-12所示。

8. 数据库

数据库（构造型为<<DataBase>>）所表达的语义和一般计算机科学中对数据库的定义相同，在这里不做阐述。Rose中的数据库组件使用一个白色三维圆柱体表示，如图12-13所示。

图12-12 任务体　　　　图12-13 数据库

12.2.5 （*）UML 2中组件的嵌套

在UML 2规范中，允许通过嵌套结构来表现组件的内部结构，如图12-14所示。

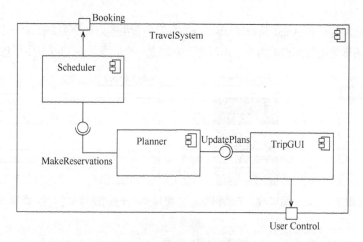

图12-14 UML 2中组件的嵌套

图12-14中TravelSystem组件包含3个子组件，子组件之间通过接口建立关系，组件边缘的小矩

形称为端口（Port），端口可以理解为组件的入口与出口，组件通过端口与外部元素相互协作。端口上可以添加提供接口（Interface）或需求接口来使组件得以扩展。

12.3 组件图的建模技术

总的来看，组件图表现的是系统的物理层次或实现层次上的静态结构，能够帮助开发团队加深对系统的组成的理解。组件图经常用于对源代码、可执行程序等结构建模。

1. 对源代码结构建模

在采用某一个面向对象语言开发软件系统时，源代码往往会保存在许多源文件中。这些文件往往会相对独立地完成某一功能并且要与其他源文件之间建立关系以相互合作。使用组件图可以清晰地表示各个源文件之间的关系，有助于开发人员确立源文件的优先级及依赖关系等。使用组件图对源代码结构建模时，应遵循以下策略。

- 识别出感兴趣的源文件集合，并建模为组件。
- 如果系统规模较大，使用包对组件进行分组。
- 可以使用约束或注释来表示源代码的作者、版本号等信息。
- 使用接口和依赖关系来表示这些源文件之间的关系。
- 检查组件图的合理性，并识别源文件的优先级以便进行开发工作。

2. 对可执行程序结构建模

组件图也可以用来清楚地表示各个可执行程序、链接库和资源文件等运行态的物理组件之间的关系。对可执行程序结构的建模可以帮助开发团队规划系统的工作成品。在对可执行程序结构进行建模时，要遵循以下策略。

- 识别相关的运行组件集合。
- 考虑集合中每个组件的类型。
- 如果系统规模较大，可以使用包对组件进行分组。可以按照文件在文件系统中的存储结构来组织包。
- 分析组件之间的关系，使用接口和依赖关系建模。
- 考量建模结果是否实现了组件的各个特性，对建模结果进行细化。

12.4 实验：使用Rose绘制组件图

本节将介绍如何使用 Rose 绘制组件图。

12.4.1 组件图的Rose操作

1. 组件图工具栏

在 Rose 中，当选择一个组件图进行操作时，框图工具栏将变成组件图工具栏。图 12-15 显示了系统默认的组件图工具栏。

2. 创建组件图

在 Rose 中，组件图只能被创建在【Component View】中。在一个新建的项目中，Rose 提供了一个名为"Main"的空白组件图，用户可以直接在此处进行绘制，也可以自行创建组件图。

创建组件图的具体操作是在浏览器的【Component View】目录下单击鼠标右键，在弹出的菜单中选择【New】→【Component Diagram】，如图 12-16 所示，再对新创建的组件图进行命名即可。

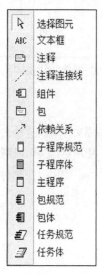

↖	选择图元
ABC	文本框
▱	注释
/	注释连接线
🔲	组件
🗀	包
↗	依赖关系
🗍	子程序规范
▮	子程序体
🗍	主程序
🔲	包规范
🔲	包体
▱	任务规范
⬛	任务体

图12-15　系统默认的组件图工具栏

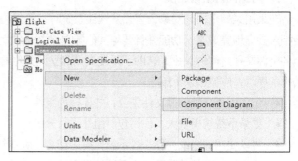

图12-16　创建组件图

3. 添加组件

要在模型中添加一个新的组件，只需要在组件图工具栏中单击【组件】按钮或 Rose 定义的其他带有构造型的组件（如主程序、子程序体等）按钮，然后在组件图的适当位置单击即可。

双击添加的组件可以打开规格说明对话框，如图 12-17 所示。在对话框的【General】选项卡中可以设置组件名称及构造型，在【Detail】选项卡中可以进行组件的相关声明。

4. 添加接口

接口是组件图中另一个重要的元素。组件通过实现接口来对外提供服务。只需要从浏览器中将存在的接口元素（一般位于【Logical View】目录中）拖放到组件图中，就能在组件图中显示接口元素。

要建立组件与接口的实现关系，需要打开接口的规格说明对话框，选择【Realizes】选项卡，选择组件要实现的接口并单击鼠标右键，在弹出的菜单中选择【Assign】即可。此时对话框中被组件实现的接口图标上会出现一个对勾，如图 12-18 所示。此时组件图中的接口元素也会与组件元素通过一条实线连接起来，效果如图 12-19 所示。

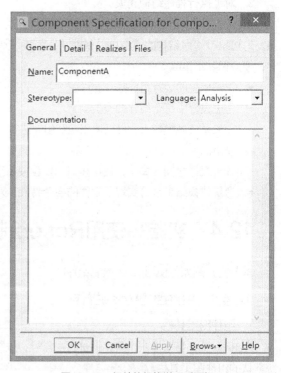

图12-17　组件的规格说明对话框

图12-18 为组件添加要实现的接口

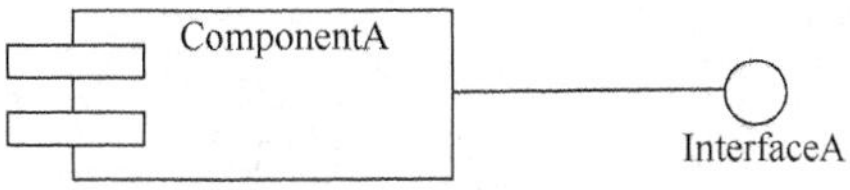

图12-19 组件实现接口

5. 建立依赖关系

在组件图中，组件与组件之间或组件与接口之间均可以存在依赖关系。要在组件图中建立依赖关系，需要在组件图工具栏中单击【依赖关系】按钮，然后拖动连接图中两个元素即可。在组件图中建立依赖关系的效果如图 12-20 所示。

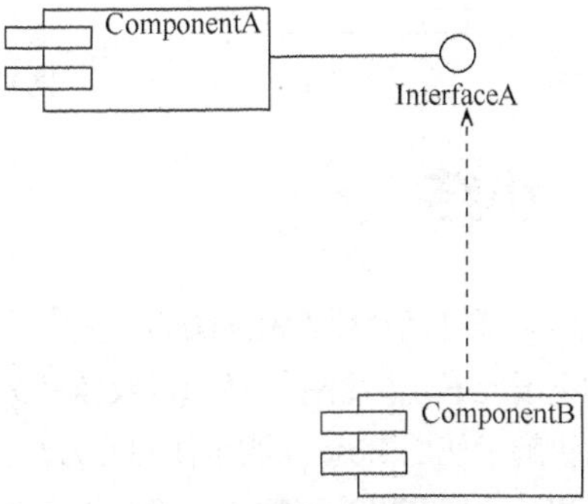

12.4.2 绘制机票预订系统的组件图

使用Rose绘制机票预订系统的组件图

本小节继续以机票预订系统为例，介绍组件图的创建过程。

图12-20 建立依赖关系

1. 确定系统组件

通过对系统的工作产品的规划和设计可以确定系统的主要组件。在本例中，可以确定系统的主要组件包括用户端程序、管理员端程序、服务器端程序、数据库操作组件及数据库。将这些组件添加到组件图中，如图 12-21 所示。

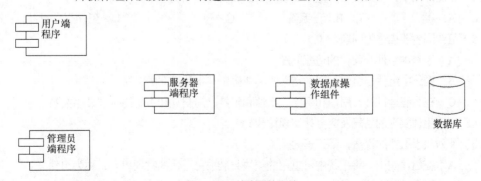

图12-21 确定系统组件

2. 确定组件接口与依赖关系

在确定系统组件之后，就需要考虑组件可以对外部提供什么服务，即组件的接口和组件之间的依赖关系。在本例中，数据库操作组件需要对服务器端程序提供操作数据库的接口，命名为 "IDatabase"。另外，用户端程序与管理员端程序需要依赖服务器端程序的行为（如查询操作）才能执行，数据库操作组件也需要依赖数据库的行为（如执行 SQL 语句）。

　　按照以上分析确定组件接口与依赖关系，建立完整的组件图，如图 12-22 所示。

　　通过最后的组件图我们可以看出，数据库在这个系统中有着重要的地位，其他组件的运行都要依赖数据库中的数据，因此在设计及开发过程中要提高数据库的优先级。

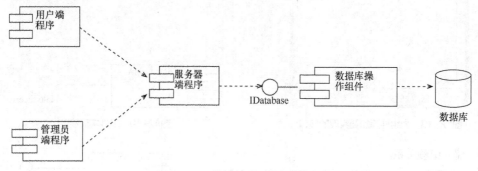

图12-22　确定组件接口与依赖关系

小结

　　本章重点介绍了组件图的相关内容。组件图是展示系统物理结构的一种很重要的 UML 图。组件图的主要元素包括组件、接口以及依赖关系。组件图可以用来对源代码或可执行程序结构建模。本章最后讲解了使用 Rose 绘制组件图的方法。另外，本章介绍的 Rose 中的特殊组件以及 UML 2 规范中支持的组件的嵌套供有兴趣的读者自行阅读。

习题

1. 选择题

（1）在组件图中，将系统中可重用的模块封装成可替换的物理单元称为（　　　）。

　　　A. 类　　　　　　　　B. 子系统　　　　　　C. 包　　　　　　　　D. 组件

（2）组件图主要描述的问题是（　　　）。

　　　A. 系统中组件和硬件的适配问题

　　　B. 系统中组件与组件之间、定义的类或接口与组件之间的关系

　　　C. 在系统运行时，用户和组件、组件和组件之间交互和引用的时间顺序关系

　　　D. 组件实现的功能及其具体实现源代码

（3）下列关于组件的说法，不正确的是（　　　）。

　　　A. 在组件图中，将系统中可重用的模块封装成可替代的物理单元，称为组件

　　　B. 组件是独立的，是在一个系统或子系统中的封装单元，提供一个或多个接口，是系统高层的可重用部件

　　　C. 组件是系统定义良好接口的物理实现单元，但是它需要依赖其他组件而不仅仅依赖组件

所支持的接口

    D. 组件作为系统中的一个物理实现单元，包括软件代码（包括源代码、二进制代码和可执行文件等）或者相应组成部分

（4）在下列 UML 关系中，可能出现在组件图中的是（   ）。

    A. 依赖关系   B. 泛化关系   C. 关联关系   D. 包含关系

（5）下列关于组件图的叙述，说法不正确的是（   ）。

    A. 在组件图中，可以将系统中可重用的模块封装成具有可替代性的物理单元

    B. 组件图是用来表示系统中组件与组件之间、定义的类或接口与组件之间的关系图

    C. 在组件图中，组件和组件之间的关系表现为实现关系，定义的类或接口与类之间的关系表现为依赖关系

    D. 组件图通过显示系统的组件以及接口等之间的关系，形成更大的设计单元

2. 填空题

（1）UML 图中_____用来描述组件与组件之间的关系。

（2）组件图体现了面向_____思想。

（3）组件图的主要元素包括组件、接口和_____。

（4）类是逻辑抽象而组件是_____抽象。

（5）组件在系统中一般存在三种类型，分别为配置组件，工作产品组件和_____。

（6）组件向其他组件请求相应服务时使用的接口叫做_____(引入接口)。

（7）组件为其他组件提供服务的操作的集合成为提供_____。

（8）_____是组件的实现单元。

（9）_____是一个被封装的组件的对外窗口。

（10）提供接口表示为用直线链接的圆圈，需求接口表示为用线链接组件的半圆，这种表示法被称作_____表示法。

3. 判断题

（1）组件是一个封装完好的物理实现单元，与外部完全分离。（   ）

（2）组件比类的抽象层次要高，类应该从属于某个组件。（   ）

（3）组件是系统工作产品的一部分，因此 EXE 文件是一个组件，而程序的源文件不能作为一个组件。（   ）

（4）组件与其提供接口之间构成依赖关系。（   ）

（5）在组件图中，组件之间的依赖关系表示组件在某些行为上对其他组件的依赖。（   ）

4. 简答题

（1）简述组件和组件图的作用。

（2）简述组件图中出现的各个元素及其作用。

（3）组件在系统中一般存在哪些类型，它们的含义是什么？

（4）简述组件和类的依赖、泛化、关联、实现 4 种关系。

5. 应用题

（1）已知某系统包括 3 个组件，分别名为 MainProg、PrintProg 与 Database。其中，PrintProg 组件提供 IPrint 接口供 MainProg 使用，MainProg 组件在运行时直接依赖于 Database 组件的存在。请对以上

所描述的 3 个组件绘出相应的组件图。

（2）目前住院患者主要由护士护理，这样做不仅需要大量护士，而且由于不能随时观察危重患者的病情变化，还会延误抢救时机。某医院打算开发一个以计算机为中心的患者监护系统。医院对患者监护系统的基本要求是能够随时接收每位患者的生理信号（脉搏、体温、血压、心电图等），定时记录患者情况，以形成患者日志。当某个病人的生理信号超出医生规定的安全范围时，系统向值班护士发出警告信息。此外，护士在需要时还可以要求系统打印出某个指定患者的病情报告。

在设计阶段拟将系统分为 5 个主要组件——用户界面、系统控制、患者监护、患者日志实体与数据库。请根据情境描述，结合设计阶段提出的 5 个组件绘制组件图。

13 第13章 部署图

本章介绍的部署图重点在于程序的物理部署，如程序的网络布局以及组件在网络上的位置。每个系统只有一个部署图。部署图保证开发的软件产品能够在合适的硬件环境上运行，并通过不同设备之间的通信来完成整个系统的功能。

13.1 部署图的基本概念

部署图（Deployment Diagram，也译为配置图或实施图），是一种展示运行时进行处理的节点和在节点上存在的制品的配置的图。部署图能够阐述在实际应用中软件和它的运行环境（这里主要指运行该软件的硬件环境）的关系，并且描述软件部署在硬件上的具体方式。部署图与组件图都用来对系统的物理方面进行建模，但组件图更关注系统的物理组织结构，而部署图则侧重于系统安装、部署的拓扑结构。

在部署图中，我们忽略软件内部的各个关系，使用节点和连接来表示运行系统的硬件部署结构，这种结构主要描述物理系统的组成部分是如何组织在一起的。在实际应用中我们使用部署图来提示如何配置系统使得部署效率较高，或哪些硬件配置可能给相应位置的组件带来效率瓶颈。

部署图中的主要元素包括节点与节点之间的关联关系。此外，部署图中也可以使用注释和约束。

图 13-1 显示了一个 C/S 系统的简易部署图。图中包含 3 个节点，分别代表客户端（Client）、服务器（Server）和数据库服务器（Database Server）。其中，客户端和服务器之间通过超文本传输协议（Hypertext Transfer Protocol，HTTP）进行通信，而服务器和数据库服务器之间通过 ActiveX 数据对象（ActiveX Data Objects，ADO）进行通信。

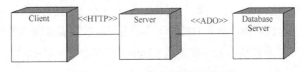

图13-1 一个C/S系统的简易部署图

部署图对嵌入式系统、C/S 系统和分布式系统的建模具有重要的作用。

13.2 部署图的组成元素

部署图的抽象能力十分强大。它将所有硬件（运行环境、计算资源）视为节点，并根据条件划分为处理器和设备两种节点。通过在这些节点上部署组件，开发人员可以尽早了解软件产品将在何处工作。本节将介绍部署图的组成元素。

13.2.1 节点

节点是运行时的物理对象，代表计算资源。计算资源，即在运行过程中进行的大量的操作和运算，并且需要一定的存储空间。在设计软件时我们考虑那些对计算有用的硬件资源，它们通常就是节点。

在 UML 中，节点被分为两类，分别是处理器和设备。处理器是一些具有计算能力的节点，并且一般可以运行软件。例如，服务器可以作为处理器节点。而设备指的是一些不具有计算能力的节点，它们可能作为一些输入输出设备或者本身是处理器的外部连接设备，如显示器、B/S 模式的浏览器端设备都可以视为设备节点。UML 图中的节点被表示为一个长方体，并包含节点的名称。处理器与设备的表示法也稍有不同，表现在处理器图标的侧面是用黑色填充的，如图 13-2 所示。

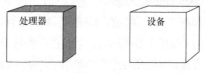

图13-2 节点

既然我们要考虑节点这些硬件资源，就必然要分析它们运行时的特性，如运算速度、内存大小等，因为这些特性可能是最终限制软件性能，或者强化软件运行效率的关键参数。对于这些节点的附加特性 UML 没有进行预定义，但是我们可以使用构造型或标记值自行创建。

注意　　与用例图中的参与者相似，我们也可以利用UML的扩展机制来给节点定义不同的构造型，以提供一个更具体的图标表示，将相应的节点的图标定义为它所对应的客观事物，如服务器、个人计算机等。

13.2.2 部署图中的关系

部署图使用关联关系来表示节点之间的通信路径，称为连接（Connection）。在连接节点时，一般对关联关系不进行命名，而是使用构造型来区分不同类型的通信路径或通信的实现方式，如<<Ethernet>>、<<TCP/IP>>和<<HTTP>>等能表明通信协议或网络类型的内容。例如，在图 13-3 中，节点之间的关联关系就可以表示在主机（Host）与客户端（Client）之间使用 TCP/IP 进行通信。

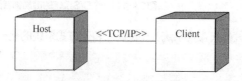

图13-3 部署图中的关联关系

13.3　部署图的建模技术

部署图的意义在于对各种系统的静态部署视图进行建模，无论是 C/S 系统、B/S 系统、嵌入式系统或分布式系统均可以使用部署图来有效表达。除了 UML 内置给部署图的两种基本节点类型（处理器和设备）以外，设计人员还可以通过泛化来将系统内独特的类型加入部署图进行表示。

如果所开发的软件只在一台机器上运行且所有与机器交互的设备（如键盘、打印机等）都已经由操作系统进行连接，就不必对这类软件设计部署图。另外，如果与开发的软件进行交互的设备不是由操作系统管理，或者这些设备是物理地分布在多个处理器上的，则使用部署图能够有助于思考系统中软件到硬件的映射关系。

一般来讲，会使用部署图对嵌入式系统、C/S 系统或分布式系统进行建模。嵌入式系统是软件密集的硬件集合，其硬件与物理世界相互作用；C/S 系统是将系统的用户界面与系统逻辑和永久数据分离的一类系统；分布式系统是一般由多级服务器组成、建立在网络之上的软件系统。我们可以看到，这 3 类系统都是需要软件与多台硬件设备交互的系统，使用部署图会对理解系统的物理结构有很大的帮助。

使用部署图对系统建模，可以遵循以下策略。

- 识别系统中的设备，并将其建模为节点。
- 使用构造型对不同类型的节点进行限制说明。如果可能,利用扩展机制创建适当的图标来表示。至少要区分出处理器与设备。
- 对图中的节点,分析哪些节点之间需要进行通信,在这些节点之间建立关系并用适当的构造型来描述。
- 如果需要，添加注释和约束来对模型进一步描述。

13.4　实验：使用Rose绘制部署图

本节将介绍如何使用 Rose 绘制部署图。

13.4.1　部署图的Rose操作

1. 部署图工具栏

在 Rose 中对部署图进行操作时，框图工具栏将变成部署图工具栏。图 13-4 显示了系统默认的部署图工具栏。

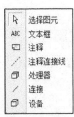

图13-4　系统默认的部署图工具栏

2．打开部署图

在 Rose 中，部署图位于【Deployment View】目录中。由于部署图描述的是系统的部署情况，因此一个项目只允许有一个部署图，不允许用户自行创建部署图。要打开部署图，双击浏览器中的【Deployment View】即可。

3．添加节点

要向部署图中添加节点，只需要在部署图工具栏中单击【处理器】或【设备】按钮，在图中适当位置单击即可。

双击添加的节点可以打开节点的规格说明对话框，如图 13-5 所示。在对话框的【General】选项卡中，可以设置节点的名称及构造型；在【Detail】选项卡中，可以添加节点的特性与进程等内容。

4．添加连接

要在节点之间添加连接，只需要单击部署图工具栏中的【连接】按钮，然后在图中拖动连接两个节点即可。

双击添加的连接可以打开连接的规格说明对话框，如图 13-6 所示。在对话框的【General】选项卡中，可以设置连接的名称以及构造型；在【Detail】选项卡中，可以添加连接的特性。

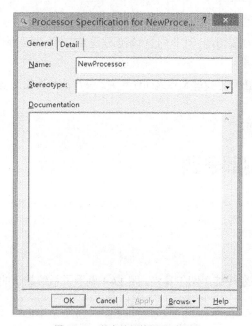

图13-5　节点的规格说明对话框

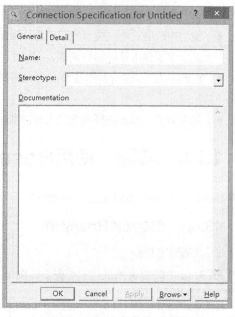

图13-6　连接的规格说明对话框

13.4.2　绘制机票预订系统的部署图

为了使读者加深对部署图的理解，本小节依旧以机票预订系统为例，介绍部署图的创建过程。

1．添加节点

根据系统情境可以分析出，该系统应该包括 4 个节点，分别是用户端、管理员端、程序服务器端以及数据库服务器端。这 4 个节点都应该属于处理器，将其添加到部署图中，如图 13-7 所示。

使用Rose绘制机票
预订系统的部署图

2. 添加连接

在添加系统的节点之后，我们将需要通信的节点连接起来。在此系统中，用户端与管理员端都直接与程序服务器端通信以执行系统逻辑，程序服务器端与数据库服务器端通信以进行数据库的查询与更新操作。此外，最好对每一个连接附上合适的构造型来表示通信方式。添加连接的部署图如图 13-8 所示。至此，部署图创建完毕。

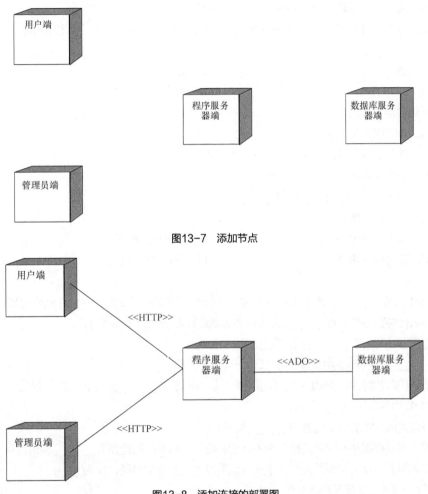

图13-7 添加节点

图13-8 添加连接的部署图

小结

本章介绍了 UML 中部署图的相关内容。部署图主要由节点和连接组成，用来描述项目的部署结构和运行环境。本章还介绍了如何使用 Rose 来绘制部署图。

习题

1. 选择题

（1）部署图的组成元素不包括（　　）。

　　A. 处理器　　　　　B. 设备　　　　　C. 组件　　　　　　D. 关联关系

（2）下列关于部署图的说法，不正确的是（　　　）。

    A. 部署图是描述一个系统运行时的硬件节点、在这些节点上运行的软件构件将在何处物理运行，以及它们彼此将如何通信的静态视图

    B. 每一个系统模型中可以包含多个部署图

    C. 在一个部署图中包含两种基本的模型元素——节点和节点之间的连接

    D. 每一个系统模型中应该仅包含一个部署图

（3）某系统部署时需要一台 LED（发光二极管）显示屏，其在部署图中应该被建模为（　　　）类型的节点。

    A. 设备　　　　　　　　　　　　B. 处理器

    C. 两者均可　　　　　　　　　　D. 都不适用

（4）下列说法正确的是（　　　）。

    A. 部署就是复制软件

    B. 软件的执行环境一般是一个独立的设备节点

    C. 部署图不适用于分布式系统

    D. 节点之间一般会存在通信

（5）软件部署的实质是（　　　）。

    A. 部署软件组件　　　　　　　　B. 部署软件程序

    C. 部署软件模型　　　　　　　　D. 部署软件制品

2. 填空题

（1）UML 图中，_____用于展示运行时进行处理的节点和在节点上存在的制品的配置的图。

（2）部署图中使用节点和_____这两种事务来运行系统的硬件部署结构。

（3）部署图中将所有_____视为节点。

（4）_____是运行时的物理对象，代表一个计算资源。

（5）节点的附加特性在 UML 中没有预定义，但可以通过_____或标记值自行创建。

（6）UML 中节点用_____表示。

（7）节点之间存在通信、包含和_____关系。

（8）节点可以根据其不同种类标记为不同的构造型，常见的构造型有_____和执行环境。

（9）部署图的节点之间使用关联关系来表示节点之间的通信路径，成为_____。

（10）软件部署的实质是部署软件_____。

3. 判断题

（1）部署图与组件图都用来对系统的物理方面进行建模，因此两者所表达的语义是完全相同的。

                                                        （　　　）

（2）节点就是一台计算机。   （　　　）

（3）在部署图中，节点之间可以建立连接来表示节点间的通信。   （　　　）

（4）部署图中节点之间的关联关系，可以对其应用构造型来表示不同类型的通信路径或通信的实现方式。   （　　　）

（5）如果所开发的软件只运行在一台机器上且所有与机器交互的设备都已经由操作系统进行连接，就不必对这类软件设计部署图。   （　　　）

4. 简答题

（1）什么是部署图，试述该图的作用。

（2）简述处理器和设备的异同。

（3）为什么要将处理器和设备分开处理？谈谈你的理解。

（4）简述部署图的建模方法。

5. 应用题

（1）某自动售货机系统部署时存在 3 个节点，分别为远程服务器、售货机和客户端。远程服务器负责一些数据存储工作；售货机是系统中有处理和计算能力的部分；客户端是系统中直接和用户进行交互的硬件部分。

其中售货机部分和客户端部分通过机器直接相连，售货机通过无线网络与远程服务器通信。

请根据以上描述绘制部署图。

（2）阅读图 13-9 所示的某系统的部署图，回答以下问题。

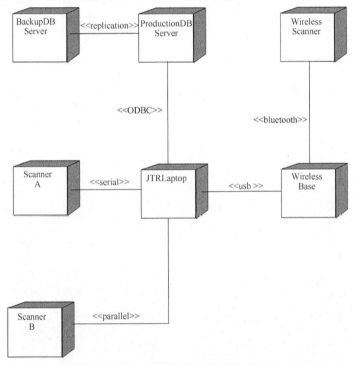

图13-9　某系统的部署图

① 与该系统相关的节点有哪几个？其中哪些是处理器，哪些是设备？

② 根据部署图描述节点之间的通信关系以及通信方式。

第三部分　建模过程剖析

第14章 统一软件开发过程

软件工程师通过多年的实践，总结出许多成熟的软件开发过程。其中比较常用的一种就是统一软件开发过程。这个概念对于我们认识软件开发和理解一些基本原则至关重要。我们将用一章的篇幅来详细介绍统一软件开发过程。

14.1 统一软件开发过程概述

统一软件开发过程是一个基于网络且面向对象的程序开发方法论。它可以为所有方面和层次的程序开发提供指导方针、模板以及事例支持。本节将介绍统一软件开发过程的基本概念。

14.1.1 什么是软件开发过程

在软件规模日益庞大、复杂程度不断提高的互联网时代，软件本身作为人类智慧的直接产物，在需要多人合作而交流成本极高的现有开发环境中变得越来越难以掌控。人们发现必须要采用某些业界公认有效的工程化的方法对软件的开发流程加以限制，或是利用一些方法对开发过程进行建模和管理，来解决业内常说的软件开发成本失控（成本高）、可靠性低（不可靠）、开发过程是一个"人月神话"（效率低）的软件危机现状。

软件开发过程，指的是一款软件从无到有，直到最后交付使用以及维护的全过程。这个过程包含许多软件开发方面的方法、技术、实践，也包括一些软件相关产物，如文档、模型、代码等。提出软件开发过程的概念的目的就是要寻找和分析软件开发过程中存在的问题和低效步骤，并且通过一系列工程化的方法进行有针对性的优化。优化后得到的产物仍然需要经过多年的实践检验，以判定新的软件开发过程是否可以有效地提高软件企业的开发效率，然后从众多方案中筛选出比较有效的一个作为标准解决方案。一些得到验证的软件开发经验使得软件开发团队在工作中对一些重要的问题加以明智而精准地把控；并且其工程化、标准化的流程使得这些经验可以被重复和积累，一些中间产品可以被重用；同时标准化的流程保证了其通用性，在使用同一种开发过程但开发不同项目的不同小组间，可以就每个阶段的工作进行交流，从而保证协作的可行性和高效性，并且流程的一致性使得软件企业可以引进行业内的先进开发技术，在指定的阶段内还可以采用行业先进的配置管理、体系结构建模方法、软件维护方法和技术支持方法等。

现如今，业内有许多成熟的软件开发过程可供借鉴，具体如下。

- 统一软件开发过程。
- 面向对象软件过程（Object-Oriented Software Process，OOSP）。
- 开放式过程框架（Open Process Framework，OPF）。
- 极限编程（Extreme Programming，XP）。
- 动态系统开发方法（Dynamic System Development Method，DSDM）。

14.1.2 统一软件开发过程简介

统一软件开发过程（RUP）是由IBM公司下属的Rational公司提出的软件工程方法，它由雅各布森提出的对象工厂过程（Objectory Process）和理性取向（Rational Approach）发展而来，这种软件工程方法将软件开发过程按照时间顺序组织成几个阶段，每个阶段有当前阶段最重要的任务，并且根据这些任务的完成情况为下一个阶段提供输入，实现每个阶段的逻辑连接。但每个阶段又不是全然割裂的，在每个阶段中可能对之前的工作进行小范围的迭代，也可能提前开始进行下一个阶段中的部分工作。RUP不是一个具体的、线性的、规范的过程（事实上，对于软件开发很难找到一个这样的过程）。反之，RUP是一种迭代式的、可按需定制的软件开发框架。这种开发框架允许在实际项目执行过程中，由开发团队对项目进行功能分析和规模评估，并以此决定哪些是对项目要求最重要的元素，采用这些重要元素进行实际的开发。正如其名字显示的，RUP是一种统一过程的具体实现。

14.1.3 统一软件开发过程发展历程

经过多年的检验和完善，今天的RUP已经成为软件工程实践中的重要工具。RUP是如何从最初的简陋一步一步走向今天的成熟？在我们应用一门技术的时候，应当了解一些它的历史。RUP的发展历史如图14-1所示。

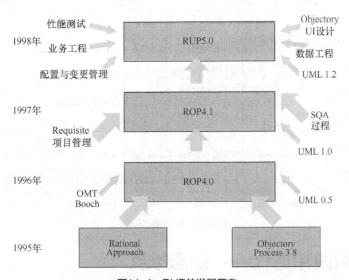

图14-1 RUP的发展历史

早在RUP诞生之前，一个名为Objectory Organization的组织就提出过一套Objectory Process，Objectory Process提供了一些保证软件质量的思路和方法。1995年，Rational公司合并Objectory Organization时获得了该产品。随后Rational公司根据Rational方法对Objectory Process进行了改进，

并在此基础上，1996 年 Rational 公司将该产品正式更名为 Rational Objectory Process（ROP）。这次融合使得 ROP 具有了 Objectory Process 的过程化结构及其核心的用例概念，与此同时又具有了 Rational 方法中的迭代开发特性和构架概念。不仅如此，在细节方面，ROP 还吸收了 Requisite 公司在项目管理方面的技术和 SQA 公司在测试过程中的成熟经验。最终催生了一个新的通用建模语言——UML。ROP 和 UML 的出现使得软件过程与 Rational 公司下属的软件开发工具可以更加紧密地结合。

之后的 RUP 是 1998 年 Rational 公司在 ROP 的基础之上产生的产品。但是，RUP 本身还包含一个超链接化的基于知识的软件过程协助工具，并且在这个知识体系中附带了一些样例制品，以及对许多不同开发活动的详细介绍，这套产品允许软件过程进行自定义。

14.2　过程总览

RUP 可以用一个二维图来表示，如图 14-2 所示。

在图 14-2 中，横轴表示时间，更详细地说，从左到右看是从起始阶段到转化阶段的发展过程。其中每一条竖线意味着可能在这个时间点需要交付的文档、代码、成品、手册，或者是需要满足的一些条件。在 RUP 中，这些需要处于两个阶段交接的重要元素被称为里程碑。在开发过程中，项目的进程一般不会一直从左到右地顺利进行下去，往往会出现到达右侧的某个阶段之后需要回到之前的某个阶段再继续的情况，这种在横轴上移动的情况存在几个名词描述，它们分别是"周期"（又称为"轮"）、"阶段"和"迭代"。

在图 14-2 中，纵轴表示过程的静态内容，这些内容代表一系列的工作活动，并且这些活动通常使用"活动""制品""工作者""工作流"等相关术语来表示。

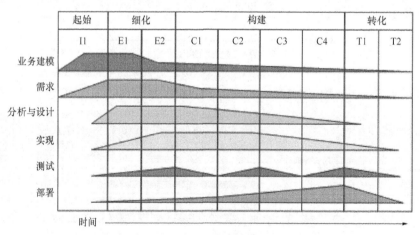

图14-2　RUP的二维图

14.3　阶段和迭代——动态维度

阶段和迭代用于描述软件开发过程的随时间的动态组织变化。在 RUP 中，一个软件的生命周期被分为许多轮，每一轮是一个子开发过程，其成品是当前制作产品的新一版。并且 RUP 将每一轮又分为 4 个阶段，它们是：

- 起始阶段（Inception Phase）；
- 细化阶段（Elaboration Phase）；
- 构建阶段（Construction Phase）；
- 转化阶段（Transition Phase）。

这 4 个阶段之间有明确的分界线，这些分界线是一些目标条件，如是否已经完善了需求分析文档、某个模块是否已经测试通过等。这些目标条件往往是对于系统的功能有重要标识作用的条件，当这些目标条件被满足时，则宣布整个项目进入下一个阶段。这些重要的具有阶段之间分解交接作用的目标条件使用术语"里程碑"来描述。

下面详细介绍每一个阶段。

14.3.1　起始阶段

1. 任务

起始阶段是一个项目的开始阶段，在这个阶段中开发团队需要建立业务事例，并确定该项目的范围。在实现上述目标的过程中有一些工作是非常关键的，首先，要识别所有与系统交互的外部实体；其次，需要在高层次上（不必提供细节，更不需要具体实现方法）定义和说明这些交互的本质特征。这些工作实质上是对所有可能的用例进行挖掘，并且详细描述重点工作。

业务事例包含项目标准、风险评估、资源需求估计、阶段计划。其中，项目标准定义项目完成时应当达到的一些条件；风险评估挖掘在软件开发过程中可能遇到的各种问题；资源需求估计是对完成这个项目所需要的资金、人员、时间和空间等资源消耗的估算；阶段计划需要提供一个与每个阶段对应的日期，并提出什么是用于阶段之间交接的主要里程碑。

2. 成果

归结起来，在起始阶段一般需要给出以下成果。

- 文档：文档包含对整个项目的宏观分析结果，包括项目的核心需求、关键特性以及一些主要约束。
- 简单的用例模型：用例模型不需要过于精细，只要可以定义一些重要的用例即可。
- 项目词汇表：定义项目中使用的专有词汇，这些词汇也可以使用域模型来表达。
- 简单的业务事例：包括业务上下文、完成标准、预算计划、市场调研结果等。
- 风险评估：阐述项目实现过程中可能遇到的问题和风险。
- 项目计划：给出项目流程中的各个阶段和迭代。
- 业务模型（可选）。
- 项目原型：在起始阶段交付时最好附带制作一些项目原型。

3. 里程碑

当起始阶段完成时，项目应当已经达到第一个项目的关键里程碑。当前阶段的里程碑应当具有以下评估标准。

- 项目资金在当前的限定范围和（资金和时间的）预算下是充足的。
- 实际明确了项目需求，体现在可以保证主要的用例忠实于项目需求。
- 项目时长估计、风险评估的可信性，以及工作优先级和开发计划的可执行性。
- 开发出的项目原型能实现的功能深度和业务广度。
- 实际开销和预计开销一致。

当项目未能成功实现起始阶段的里程碑时，开发团队可能要重新思考和分析甚至取消整个项目。

14.3.2　细化阶段

1. 任务

细化阶段的主要目的是分析问题域，为整个项目计划的执行建立一个稳定的结构基础，以及消除一些风险系数较高的因素。要对整个系统进行结构分析与设计，需要从大处着眼，从整个系统的范围、主要功能、非功能需求（如性能要求、健壮性要求）等方面进行处理。

从某种角度来说，细化阶段是 4 个阶段中最重要的一个，因为它具有承前启后的意义。

一方面，在细化阶段后，一些工程性的难题已经分析完毕，有些可以解决或已经解决，而另外一些无法解决；细化阶段的结果可能为整个项目的进一步开展提供重要的依据，也可能为这个项目"宣判死刑"。所以紧随细化阶段之后的是一个重要的节点，开发团队将在这个节点决定是继续进行构建阶段和转化阶段，还是放弃构建，重新分析或放弃项目。

另一方面，在细化阶段之前项目整体处于设计阶段，项目本身的文档是比较轻量级、分析性的，当需要修改某些部分时仅需要在相应文档上修改、注明即可。在细化阶段之前，如果发现了问题，那么相对而言解决这个问题的成本是比较小的。但是在细化阶段之后，项目将从前面的轻量级、低风险的工作进入高风险、高投入的工作中。在之后的构建和转化阶段，如果发现了问题，项目中已经有大量实际代码的参与，已有的代码将被修改，导致项目回滚，付出的成本将成倍地增加。

细化阶段的重点控制对象是系统分析的稳定性和开发的可行性。细化阶段的活动要确保项目结构、项目需求和项目计划足够稳定，并且应该做到避开或消除所有的风险。在上述条件达标后，我们就可以确定真正需要多少时间和资金来完成这个项目了。从概念上来说，稳定性越高、风险越小，我们在确定的预算下完成构建阶段的可能性就越大。

在细化阶段中，根据系统范围、风险、精细程度的不同，最终产生一个可执行的结构原型可能需要一个或多个迭代。过程中我们应该对上一阶段识别出的主要用例进行详细分析，因为这些用例的过程通常可以展现出项目面临的重大风险。与此同时，在每一轮中给出的升级版原型应当逐步强化产品设计质量，表现在这些原型应该逐渐降低风险或解决一些难题，逐渐完成设计和需求的权衡和逼近，确认各个构件的可行性，以及清楚地阐述投资者、消费者和最终用户。

2. 成果

细化阶段应当给出以下成果。

- 比较详细的用例模型。
- 非用例的需求和非功能需求。
- 软件结构说明。
- 可执行的项目结构原型。
- 修订后的风险列表及业务案例。
- 整体项目开发计划，计划中需要表示出迭代，并为每轮迭代制定评估标准。
- 进一步为各个开发案例指定处理流程。
- 基础用户手册。

3. 里程碑

在细化阶段完成时，项目应当已经达到第二个关键里程碑。此时我们对这个项目的细节目标、范围、结构的选择，以及主要风险的消除情况进行检查。建议通过以下问题来检查细化阶段的成果是否达标。

- 这个产品看起来稳定吗？
- 这个项目结构稳定吗？
- 系统中的主要风险已经全部被注意到并且可以消除吗？
- 对于下一步构建阶段的计划足够精细吗？这种精细是否有可信的依据和估计？
- 投资者是否认为这个项目在当前设计的结构中可以实现？
- 实际支出和计划支出是否依然吻合？

同样，如果我们发现这些条件没有达成，那么这个项目可能面临着返工和中断的危险。

14.3.3 构建阶段

1. 任务

在构建阶段中，我们将开发和整合所有剩余的组件和应用特性，然后对所有的功能和特性进行完全的测试。如果把软件比作物理存在的一个产品，那么构建阶段可以说是这个产品的制造过程——在这个过程中，我们应当着重管理资源和控制活动，以降低资金和时间成本，并力保产品质量在已有的资源条件下达到最高。从前两个阶段进入构建阶段时，我们的思路需要做一些转变：在前两个阶段中，我们主要输出的是一些文档等智力成果，而在后两个阶段，我们则需要脚踏实地地开发出可以实际操作、可以部署的真正的软件产品。

构建过程可以是线性的，也可以是并行的。对于一些大型项目而言，很多模块可以由一个小组负责开发，整个项目划分成几个模块由几个小组并行开发。这些并行活动显著加速了项目从开始构建到最终部署的过程，与此同时也显著增加了资源管理和工作流同步的复杂性。在此过程中，项目的结构是否稳定，这就与制订的计划是否清晰、完善紧密相关了。我们在细化阶段中强调结构和计划的平衡，就是为了保证项目结构是易于理解、易于构造的。结构的易于构造性对于整个项目的成功至关重要，一个不易实现、未经优化的结构很有可能导致计划延期或预算超支，甚至项目毁灭。

2. 成果

构建阶段的成果应该是已经具有完整功能的产品，这些产品应该可以被部署到各运行平台上，并保证可以被最终用户直接使用。例如以下成果。

- 一个整合在目标平台上的软件产品。
- 完善的用户手册。
- 对当前 release 版本的描述文档。

3. 里程碑

在构建阶段完成时，项目应当已经到达第三个关键里程碑——对产品运行能力的考查。在这个时间节点，我们应当考查产品是否可以被最终用户良好地使用，评判系统在实际使用过程中是否已经消除了所有可察觉的风险。构建阶段给出的产品可能不甚完善，但需要满足基本的功能、性能、稳定性要求，以及一些用户定制软件时提出的其他基本需求。这个版本通常被称为 beta 版本。

我们建议在此里程碑时对软件产品提出下面这几个问题，以评价它是否达标。

- 如果这个产品被部署在用户群当中，它是否足够稳定和成熟？
- 软件的投资者是否觉得这个产品已经可以交付和部署？
- 项目支出是不是没有太严重地超过项目预算？

如果发现产品遇到了某些问题难倒了，那么转化和交付的阶段可能面临着延期的风险。虽然你可能认为经历过构建阶段之后这个产品如果没有交付就太浪费了——但事实是，常常有项目在此节点发现实际产品的性能远远不能达到用户的要求，又因为构建后预算严重超支，而投资者不想继续等待，所以项目在此终结。这也告诉我们，一个严谨的结构设计对于构建阶段的成功是多么的重要，而在构建工作进行时资源的科学管理又是多么的必需。

14.3.4　转化阶段

转化阶段又称为交付阶段，因为其主要目的就是把制作出来的软件产品交付给用户使用。一旦产品已经交付，那么剩下的问题就变成开发新的 release 版本，修正问题，或者补充完成一些尚未完成的功能点，保持用户的软件最新等。

一个产品可以交付，通常意味着其结构已经足够稳定，可以被部署到最终用户域当中（基本上就是构建阶段的里程碑）。当然这个产品可能缺少一些细节上的优化，或者用户的某些需求在构建阶段因为复杂度等原因被延期，尚未交付，或者 UI（用户界面）不够美观、布局不够合理，这些细节问题将在转化阶段被完善到令人满意的程度，并且随着对产品的改动，也要保证对用户手册和 release 版本说明的持续更新。尽管它的工作任务看起来如此简单，但随着用户想法的不断改变，这个过程可能比想象中要长。在每一轮交付的时候，要注意新的版本是否确实有所进步，这时你需要做以下工作。

- 通过 beta 测试确认新一版系统可以达到用户的期望。
- 与用户正在使用的前一版本进行功能性比较。
- 转换操作数据库。
- 对用户和软件持有者培训。
- 推出产品。

转化过程关注那些在把软件产品交给用户使用时需要的活动。一般来说，这个过程少不了迭代，其产品包括 beta 版本、长期可用的稳定版本以及一些 bug 修复的版本或补丁程序。除去代码部分，在转化过程中我们同样要更多地关注用户，要不断地更新面向用户的文档，培训用户，对他们在实际工作中使用产品提供可靠帮助，并且对用户的各种反馈进行积极响应。因为最终决定交付成功与否的是用户，所以在这个阶段我们应当将用户的反馈作为产品调整的首要依据。

将转化过程的核心任务总结成以下 3 个。

- 使用户可以在无帮助环境下自由使用产品。
- 使投资者认同这个项目确实已经部署完毕，并且符合评估标准。
- 尽可能有效率地使产品达到最终产品标准。

随着产品类型的不同，你会发现这个过程可能持续很短的时间，也可能持续几个月或几年的时间。

14.3.5　迭代

RUP 中的每一个阶段都可以进一步分解为多个迭代。一次迭代定义为一个完整的循环开发过程，在每一轮过程中需要有内部或外部的产出，这些产出可能是可运行的产品、正在开发的模块，这些产品和模块经过一次次的迭代演变成最终的可用系统。

那么，我们为什么要使用迭代过程，迭代过程在软件开发中有哪些优势？事实上，与理想主义的"瀑布模型"相比，迭代过程具有以下几个显著优点。

- 可以更早地消除风险。

- 更灵活地处理各种变化。
- 更高层次的复用。
- 开发团队不必一次完成所有工作,可以在工作的过程中学习和调整。
- 通常提供了更高的产品质量。

14.4 过程的静态结构

14.3 节中我们介绍了 RUP 二维模型中横轴各个阶段的定义、任务、成果和里程碑,在本节中,我们将详细阐述 RUP 二维模型中纵轴的各个元素——过程的静态结构。

如何描述一个过程? RUP 建议开发者使用这个句式来描述一个过程: "谁在什么时候要用什么方法做什么"(*Who* is doing, *what*, *how*, and *when*)。在这个句式中,我们可以提取出 4 个重要元素,在中文句子里已经用下画线将这 4 个重要元素标注出来,在英文句子里这 4 个重要元素的单词使用斜体形式。归结起来,它们如下:

- "谁"——工作者;
- "什么方法"——活动;
- "做什么"——制品;
- "什么时候"——工作流。

14.4.1 工作者

工作者定义软件开发工作中某个工作单位的行为和责任,这个工作单位可能指某个个体,或者某个工作小组。要明确这个概念,就不要把 RUP 中的工作者(Worker)与工作人员相混淆,如张三是某个小型创业公司里的职员,那么他就是一个工作人员张三,永远不会是另外一个工作人员李四;但在不同的时刻他可能是不同的工作者,在设计阶段张三可能作为用例设计师,而在编码阶段张三又可能变成程序员。工作者和某一个人不是一对一的关系,它更像是一种角色,在不同的时刻(也可能同时),同一个个体可能担任着不同的工作者角色。确定的工作者角色承担着确定的任务和责任,他要亲力亲为地完成那些任务,这些任务可能是执行某些操作,或者长远一点——创造某些制品。

14.4.2 活动

活动定义一件事或一个动作,并且必须存在一个特定的工作者角色负责执行这个活动。活动带有清晰的目的性,常见的活动有创造、更新某些制品,如创建一个模型、写一个类、制订一个计划等。一项活动的粒度可以短至几个小时,也可以长至几天,经常由一个参与者来参与,对一个或若干制品产生影响。但活动的时长不要过长或过短,难度也要控制在合理的范围内,如果一个活动的实现过于短暂或简单,那么它很可能在一个工作者正常的工作活动中顺带完成,在宏观的开发过程中应当予以忽视;另外,如果一个活动过于庞大或复杂,那么这个过程应该被分解和列入宏观计划。

一些常见的活动如下。

- 设计一轮迭代(工作者:项目主管)。
- 发现用例和参与者(工作者:系统分析师)。
- 检查软件设计(工作者:设计检查员)。
- 运行性能测试(工作者:性能测试员)。

14.4.3　制品

制品描述过程中产生、修改或使用的事物。这些事物是真实存在的产品，既可能是最终成品的某个版本，也可能是某个成品的某个组成模块和组件。制品是工作者执行某个活动的工具（输入），也是工作者执行活动后的成果（输出）。在面向对象设计的术语中，活动可以说成对于某些活动对象的方法（操作），而这些方法中的参数则使用制品来描述。

制品有多种类型，这里列举一些常见的制品。

- 模型：用例模型、设计模型、分析模型等。
- 模型中的元素：类、用例、参与者、子系统等。
- 文档：需求分析文档、可行性分析文档、用户手册等。
- 代码。
- 可执行文件。

14.4.4　工作流

当活动具备工作者、活动和制品 3 个核心元素之后，需要使用工作流来对活动的操作顺序进行描述，如过程中工作者何时使用制品，何时进行操作，何时应该推出制品等。除此之外，工作流还可以展示工作者之间的交互关系。总结成一点：工作流就是展示活动的可见价值的流程，其最重要的意义是它为活动设计者对于活动进度宏观掌控提供了可能。如果使用 UML 来描述工作流，我们可以选择顺序图、协作图或活动图。

注意，有时活动与活动间的关系异常紧密，难以通过某个图来表示它们之间的具体依赖关系，尤其是负责执行它们的工作者或工作人员有重合的时候。人总是灵活的，我们很难在某种计划中阐述这个人具体将会如何同时完成两项工作，事实上一般我们也不需要做到如此精细。

在 14.5 节中我们将介绍一类至关重要的过程——核心工作流，它可以对 RUP 中最重要的过程进行划分和建模。

14.5　核心工作流

在 RUP 中，软件开发的全过程被划分成 9 个核心工作流，每一项工作中的工作者和活动按照逻辑规则被列入某一个或几个工作流中。这 9 个核心工作流中，有 6 个属于核心工程工作流。

- 业务建模工作流（Business Modeling Workflow）。
- 需求工作流（Requirement Workflow）。
- 分析与设计工作流（Analysis and Design Workflow）。
- 实现工作流（Implementation Workflow）。
- 测试工作流（Test Workflow）。
- 部署工作流（Deployment Workflow）。

而另外 3 个属于核心支持工作流。

- 项目管理工作流（Project Management Workflow）。
- 配置与变更管理工作流（Configuration and Change Management Workflow）。
- 环境工作流（Environment Workflow）。

细心的读者可能会注意到，核心工程工作流中的一些概念类似瀑布模型中的各个步骤。但需要认识到，瀑布模型是理想的线性过程模型，在 RUP 中这些步骤是二维图中的一个维度，真正的生命周期是横轴所代表的产品完成度，这也就是 RUP 的精髓所在——它沿袭了瀑布模型中对各个工作的准确定义，但是在过程上采用迭代开发模式，在每一个过程中体现不同工作的交叉关系、工作量对比，而整个生命周期是经过一轮又一轮的迭代的。接下来我们将着重介绍各个工作流的详细内容。

1. 业务建模工作流

在软件工程中一直存在着一个难题，那就是如何有效地建立起业务部门和技术部门的沟通。这个问题看上去既不像一个业务问题，也不像一个技术问题，似乎完全可以通过一个有效的团队内部组织和管理方法解决。但现实是，直至今日这个问题仍然困扰着许多企业，在每一个项目进行时仍然要花费大量的时间解决这个问题。一旦这个环节出现疏漏，那么我们得到的产品输出就很有可能和信息输入有所偏离。对此，RUP 提供了一种供业务部门和技术部门通用的统一语言，这种语言可以很好地协作开发团队建立可靠的业务和软件模型。

在业务建模阶段我们对一些鲜明的业务过程进行建模，这种模型也就是本书第二部分中着重介绍过的业务用例模型。分析业务用例的过程就是帮助设计人员理解业务的过程。

2. 需求工作流

在需求工作流中，首要任务是让开发人员与客户经过反复磋商，最终确定这个系统究竟应该做什么。这个过程不是一蹴而就的，因为客户不明白软件开发的专业术语，他描述的功能或许和这个系统真正要实现的功能还有一定的偏差，而恰好开发者又不是很确定在他的语境下他具体想要的是什么。所以为了最终达成一致，可能要经过软件开发方面的业务人员去有意识地引导和提问，并且对得到的信息进行组织归纳，之后形成系统功能点、非功能需求和其他系统约束的文档。文档生成之后，首先要交给投资者（为项目投资、对项目负责的一方）审阅，投资者确认无误后，软件开发方就可以进行下一步工序了。

对于需求调研得到的文档，我们应首先对其进行需求分析。需求分析的详细内容将在第 15 章中介绍，简而言之，需求分析就是获取参与者和用例的过程。生成用例图的过程在本章第二部分中已经通过大篇幅进行讲解，在此不再赘述。一旦用例模型生成，那么这个用例模型将在之后的整个软件开发过程中起到至关重要的作用——无论是需求获取、需求分析、系统设计还是软件测试，都需要用例模型的参与。

3. 分析和设计工作流

在分析和设计工作流中我们主要关心这个系统将如何被实现。对于这个问题，我们考虑 3 个方面。

- 系统在某个环境下运行时的性能。
- 对于用户需求的满足程度。
- 系统结构的稳定性。

分析和设计工作流的输出主要是设计模型，还可能有一套分析模型。设计模型事实上是一种抽象源代码，它指出最终代码的组织结构。设计模型包含一系列包和其中的设计类与子系统，对于各个组件（模块）应当有良好的接口定义，并且应当包含一些说明（协作图等），描述这些设计类应当如何协作以完成特定的用例任务。

为了总结这些活动的本质，我们提出"架构"（Architecture）的概念。工作流中的设计活动围绕着系统的架构进行，建立架构并且验证其可行性是项目初期几次迭代的主要任务。架构是一个抽象的、难以定义的概念，但是可以通过一系列视图（"4+1"视图）来表述。开发人员加深对架构的理解无论对于产品的稳定性，还是对于之后产品的易于改进性都至关重要。

4. 实现工作流

实现工作流就是编程实现各个设计组件的过程。在软件的实现过程中，RUP协助开发人员重用已有的模块，或实现新的设计完善的模块，增加模块的可重用性，并使得整个系统的实现变得更简单。实现工作流的主要任务目标是：

- 通过子系统等模型确认代码结构；
- 实现各个组件中的类；
- 对组件进行单元测试；
- 将实现的成果整合进已有的可运行系统中。

5. 测试工作流

使用RUP的迭代方法开发软件意味着测试工作流将要贯穿开发过程的始终。只有通过测试，才能在开发过程中发现各种风险和疏漏，然后利用一轮迭代的时间来解决现有的各种问题。尽管这看起来很烦琐，但事实上不断测试是迭代开发的基础，也正是这种方法使得软件开发的成本得到有效的控制。在测试时我们使用3个标准来评价当前的制品，分别是可靠性（Reliability）、功能性（Functionality）和性能（Performance），其中性能又分为应用性能（Application Performance）和系统性能（System Performance）。在这一阶段中，我们要做的核心任务：

- 确认对象间交互可用；
- 确认组件与其余系统部分整合良好；
- 确认当前组件的所有需求已经被满足；
- 确认缺陷已经在软件部署之前被解决。

6. 部署工作流

部署工作流的主要工作就是输出可用的完整产品，并将产品交付到用户手中。在此期间，可能涉及以下几个活动：

- 生成软件的release版本；
- 打包软件；
- 分发软件；
- 安装软件；
- 为用户提供必要帮助。

在部分情况下，还可能涉及：

- 进行beta测试，或制订beta测试计划；
- 软件和数据的迁移；
- 验收活动。

尽管这些部署活动与转化阶段（交互阶段）紧密相连，但许多活动事实上需要在之前的各个阶段中做好充分的准备。由于其内容和交互阶段有很多重合，因此RUP并没有给出此工作流的更详细说明。

7. 项目管理工作流

软件项目的管理是一项颇具挑战性的工作。这项工作结合目标实现、风险管理、控制约束等技术，并且只有经过成熟的项目管理，其产品才更有可能满足用户（包括投资者与最终用户）的需求。但事实是，鲜有软件项目不被这些问题难倒。

在这个工作流中，我们主要关心迭代开发过程中某些特定的方面，其目标是使任务更容易被高质量地完成。在这个阶段中，我们需要提供：

- 一个用于管理软件密集型项目的框架；
- 开发过程中计划、执行、人员调配和项目监控等过程的实用指导；
- 风险管理框架。

项目管理如此之难，我们无法通过给出一系列任务目标就保证这个工作流可以被正确完成，并且对项目起作用。以上这些仅仅是一些经验和建议，可能需要在特定的项目中进行细化。但有一点毫无疑问，那就是一个好的项目管理框架会显著提升项目的成功率。

8. 配置和变更管理工作流

配置和变更管理工作流描述开发团队应当如何掌控数量庞大的制品。在14.4节中，我们介绍了在各个过程中每个工作者处都要产生若干制品，那么对于这些制品的控制就必不可少。以下几点可以说明为什么我们需要控制制品。

- 同时更改导致出错——几个不同的工作者分别对同一制品进行更改，后提交的制品将覆盖先提交的制品。
- 交流不及时——制品中某些部分已经被修改或修复，但某些制品的共享者并不知情，仍然在进行修改。
- 版本混淆——同一功能模块在不同阶段可能表现为多个制品，它们一些被用来做测试，一些被纳入某个稳定的 release 版本，还有一些正在开发当中。版本混淆表现在我们发现了某个版本下某个模块的问题，却无法找到对应版本的制品进行修复。

此工作流为以上几种问题的解决提供了指导原则——基于软件构建制订版本跟踪计划；使用用户定义的版本规格生成 release 版本；确立有效的多点开发策略。我们建议在使用这些指导原则的时候加入一些自动化控制方法，因为制品的数量如此庞大，缺少自动化控制方法意味着开发团队需要付出大量时间去进行制品管理。

最后，我们建议在每次制品变更时都要对变更信息加以描述，描述的格式为"谁，何时，为何，对制品进行了修改"。这种控制方法使得版本跟踪、问责、bug 的发现和解决变得容易。

9. 环境工作流

环境工作流的目的是给予开发人员足够的编码工具、第三方库等各类资源，这些工作资源统称为环境。这个工作流关注那些使项目进程得以顺利进行的辅助活动，此工作流需要及时地提供一些指导原则、开发包、实用库，以便开发人员高效地工作。

14.6 在统一软件开发过程中使用UML图

RUP 作为一种实用的软件工程方法论，其具体的执行和实现是少不了工具的帮助的。UML 作为 Rational 公司在发明 RUP 的过程中产生的一种软件领域的统一建模语言，本身与 RUP 的契合度就很高。前文已经介绍过，RUP 在时间轴方面可以分为 4 个主要阶段，分别为起始阶段、细化阶段、构建阶段以及转化阶段。按照阶段的不同，主要参与工程的 UML 图也不同。这一节中我们将介绍如何在 RUP 中使用 UML 图。

14.6.1　起始阶段常用的UML图

起始阶段主要的问题是确定需求,对于软件工程师来讲,用户的需求只有转化成用例才可以被实现。所以起始阶段的主要任务实质上是进行需求分析,之后对于所有可能的用例进行挖掘,再对一些重要的用例进行描述(分为静态和动态两个方面)。

面向对象需求分析的过程的6个步骤可以总结为:

- 获取需求;
- 建立用例模型;
- 识别分析类;
- 定义类之间的关系;
- 定义交互行为;
- 建立分析模型(静态模型和动态模型)。

因此,在起始阶段,通常有用例图、类图、活动图、顺序图等UML图的参与。

一般来说,获取用户需求之后首先要将这些需求转化为系统的顶层用例图,如图 14-3、图 14-4 所示。

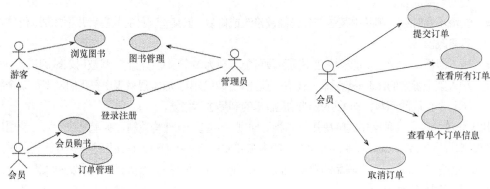

图14-3　起始阶段的顶层用例图(1)　　　　图14-4　起始阶段的顶层用例图(2)

在确定用例之后,需要为重要用例添加事件流描述。有了事件流描述之后就可以为一些用例中使用的系统功能指定分析类,如图 14-5 所示。

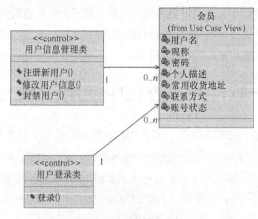

图14-5　系统的分析类

对于一些重要用例，可以绘制它们的动态模型。图 14-6 所示的就是系统中"用户登录"用例的顺序图。

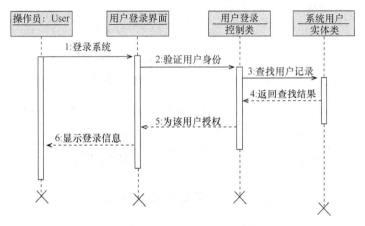

图14-6 "用户登录"用例的顺序图

14.6.2 细化阶段常用的UML图

细化阶段负责交接起始阶段和构建阶段，其核心任务是对分析的结果进行细化，最终输出一套"伪代码"级别的设计文档，便于构建阶段中的工作人员准确地按照既定目标开展工作。

在细化阶段经常需要使用类图、包图、组件图几种静态视图，以及所有动态视图。

静态视图中，细化阶段的类图主要描述系统的设计类。包图用来给系统划分子系统，可以厘清系统中的功能分布，也便于分工和合作。在大型项目中，可以将一些实现统一功能的代码集合抽象成一个高层次的组件，组件和组件之间通过接口相连来完成系统服务，这时就需要用组件图来描述，如图 14-7 所示。

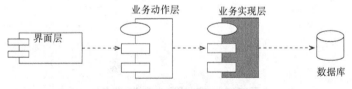

图14-7 在细化阶段使用组件图

动态视图用来确定任意时刻系统中某一对象/实体需要执行的操作，或应该处于的状态。图 14-8 所示为"用户登录"过程的交互图，图 14-9 所示为"登录界面"实体的状态图。

14.6.3 构建阶段常用的UML图

在构建阶段，使用 UML 的高频期已经过去（毕竟 UML 是一种设计语言，而不是真正的伪代码）。在详细的编码过程中偶尔会对之前的设计进行细微修改，基本不会改变整体的系统设计，需要 UML 的地方不多。但仍然有一个问题需要在选择软件框架、程序设计语言、目标平台时进行考虑，那就是最终系统要部署到的位置，这个时候需要用 UML 的部署图来说明，如图 14-10 所示。

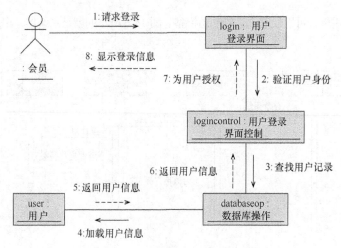

图14-8　"用户登录"过程的交互图

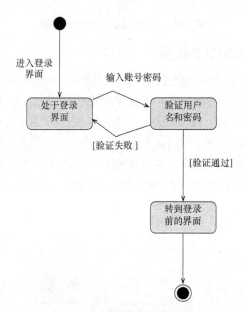

图14-9　"登录界面"实体的状态图

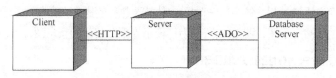

图14-10　在构建阶段使用部署图

14.6.4　转化阶段常用的UML图

转化阶段是以用户为主导的，用户需要试用软件来确定其要求是否已经被满足。在软件被交付给最终用户这一"刁钻"的群体前，可以将设计过程中的用例图拿回来，作为内部人员测试系统功能的重要依据。

此外，在测试时可以使用用例图来设计测试用例，使用活动图来辅助测试，如图 14-11 所示。活动图可以描述软件相关的并发等概念，同样也可以跨出软件术语的范畴去描述一个通用流程，这赋予了它在软件内外对问题进行排查的功能，同时其判断-分支机制可以用一种"等价类"的结构去快速覆盖所有测试点。

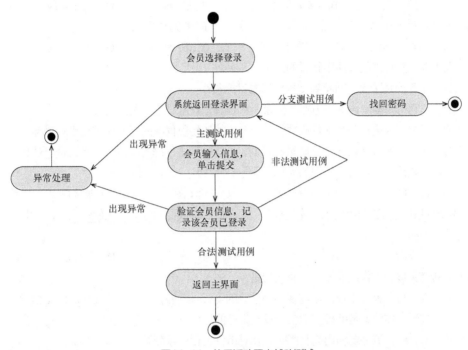

图14-11 使用活动图来辅助测试

小结

本章对 RUP 进行详细介绍。RUP 是 Rational 公司综合了 Rational 方法和 Objectory Process 的优势，提出的一种可定制的、面向对象的、基于网络的软件开发方法论。这种方法论能为许多方面的、不同层次的软件开发提供指导方针、模板以及事例支持。

RUP 可以用一个二维图来描述，横轴代表不同的阶段，纵轴代表不同的核心工作流。4 个主要阶段分别为起始阶段、细化阶段、构建阶段和转化阶段，每个阶段有不同的任务、成果和里程碑，在里程碑未达到的情况下可以进行迭代。核心工作流有 9 个，分为 6 个核心工程工作流、3 个核心支持工作流，在每个工作流当中定义了具体的工作方法和任务目标。核心工作流在不同的阶段中可以有所重叠，但各个主要阶段不重叠。

在具体的描述过程中涉及一些软件工程术语，它们在 RUP 中被称为静态结构，本章中介绍了工作者、活动、制品、工作流 4 种重要的静态结构。

在本章的最后还介绍了在 RUP 中使用 UML 的一般方法。

习题

1. 选择题

(1) RUP 共存在 4 个阶段,以下 (　　　) 不是 RUP 的阶段之一。

    A. 起始阶段　　　　B. 策划阶段　　　　C. 构建阶段　　　　D. 转化阶段

(2) RUP 共有 9 个核心工作流,以下 (　　　) 不是 RUP 的核心工作流。

    A. 需求工作流　　　B. 实现工作流　　　C. 测试工作流　　　D. 构架工作流

(3) 以下关于里程碑的说法中错误的是 (　　　)。

    A. 里程碑是阶段之间起到交接作用的目标条件

    B. 里程碑需要考虑许多方面的因素,如预算、技术难度、稳定性等

    C. 里程碑是决定一个项目成功的关键,不能达到里程碑的任务应该被果断抛弃

    D. 里程碑是最终软件产品质量的保证,不能达到里程碑的阶段可以考虑进行迭代

(4) 一般不在需求工作流中出现的 UML 图是 (　　　)。

    A. 组件图　　　　　B. 类图　　　　　　C. 活动图　　　　　D. 顺序图

(5) RUP 建议使用这个句式来描述过程:"谁在什么时候要用什么方法做什么",其中"做什么"对应静态结构中的 (　　　)。

    A. 工作者　　　　　B. 活动　　　　　　C. 制品　　　　　　D. 工作流

(6) 下列有关核心工作流的描述,有误的是 (　　　)。

    A. 在分析和设计工作流中需要考虑系统的运行时性能,以及用户需求的满足程度

    B. 实现工作流就是编程实现各个设计组件的过程

    C. 部署工作流需要输出完整产品,并对组件进行单元测试

    D. 配置与变更管理工作流描述开发团队应当如何掌控数量庞大的制品

(7) 下列选项中,不是迭代过程优势的一项是 (　　　)。

    A. 可以更早地消除风险

    B. 更灵活地处理各种变化

    C. 可以建立更抽象的软件架构

    D. 开发团队不必一次完成所有工作,可以在工作的过程中学习和调整

(8) 大型项目中的配置与变更管理工作流十分重要,下列选项中不是其原因的一项是 (　　　)。

    A. 团队缺乏管理,同时对产品进行更改会导致出错

    B. 团队对产品的理解不一致,得出的产品用户不满意

    C. 团队交流不及时,可能导致制品中的某些部分已经被修改或出现重复,而分享者不知情

    D. 项目管理混乱,同一功能模块在不同阶段的制品可能会发生版本混淆

(9) 估计项目时长、对项目进行风险评估一般是 (　　　) 进行的工作。

    A. 起始阶段　　　　B. 细化阶段　　　　C. 构建阶段　　　　D. 转化阶段

(10) 测试工作流的主要工作不包括测试系统的 (　　　)。

    A. 可靠性　　　　　B. 功能性　　　　　C. 性能　　　　　　D. 代码复杂性

2. 填空题

(1) ＿＿＿＿＿＿和迭代用于描述软件开发过程中随时间进行的动态组织变化。

（2）RUP 将生命周期分为许多轮，每一轮分为起始阶段、细化阶段、构建阶段和_____。

（3）这些具有阶段之间分解交接作用的目标条件使用属于_____来描述。

（4）业务实例包括项目标准、_____、资源需求估计、阶段计划。

（5）活动需具备_____、活动、制品三个核心元素。

（6）在测试时使用三个标准来评价当前商品，分别为可靠性、功能性和_____。

（7）性能分为应用性能和_____。

（8）核心工作流分为核心工程工作流和_____。

（9）核心支持工作流包括项目管理工作流、配置与变更管理工作流和_____。

（10）在_____阶段进行项目时长估计、项目风险评估。

3. 判断题

（1）RUP 是一个协助 UML 实现软件设计的工作过程。 （　　）

（2）制品指的是软件产品，可以有测试版或 release 版本的可执行文件，但不包括文档。（　　）

（3）RUP 的核心工作流有 9 个，其中 6 个属于核心工程工作流，3 个属于核心支持工作流。

（　　）

（4）瀑布模型是一个线性过程模型，相当于 RUP 二维模型的一个维度。 （　　）

（5）RUP 的静态结构通常用"活动""制品""参与者""工作流"等术语描述。 （　　）

（6）迭代过程指的是在某一个工作流中重复执行工作。 （　　）

（7）在起始阶段和转化阶段均可以使用用例图。 （　　）

（8）核心工作流在不同的阶段中可以有所重叠，但各个主要阶段不重叠。 （　　）

（9）工作者指的是某一个执行工作的业务人员。 （　　）

（10）RUP 的两个阶段之间交接的重要条件被称为迭代条件。 （　　）

4. 简答题

（1）列举迭代过程相对于顺序过程（瀑布模型）的优点。

（2）简述核心工作流中核心工程工作流和核心支持工作流任务重点的不同。

（3）简述 RUP 的静态结构，并解释工作者、活动、制品和工作流的概念。

（4）谈一谈里程碑对保证最终产品质量的重要作用。

本章将介绍一个小型网上书店系统的具体建模案例。读者可以通过此案例模型和建模过程加深对 UML 的认识和理解。

15.1 需求分析

本节主要介绍某小型网上书店系统在需求分析阶段所要做的工作。

小型网上书店系统的
完整开发过程

15.1.1 项目背景描述

随着互联网时代的到来，相对于实体书店，很多人选择在网上购书。某公司计划建立一个网上书店，需要软件开发团队来为公司开发一款小型网上书店系统。系统的主要功能是实现用户通过互联网购买图书。未注册的用户（以下称为游客）可以通过本系统浏览和搜索图书，并可以查看图书的名称、作者、价格等一系列基本图书信息，还可以通过注册来成为网上书店的会员（注册用户）。会员不仅具有游客的除注册之外的所有功能，还可以进行图书的购买操作。购买操作又称作交易，每一次交易对应一张订单。为了方便，该系统拟对会员提供已下订单的管理功能。

一个典型的会员购买流程如下。

- 用户（注册并）登录。
- 用户在浏览图书时选择其中一本。
- 填写姓名、收货地址、手机号等必要信息。（在这一步生成订单。）
- 用户确认订单，并通过第三方支付平台进行支付。
- 支付成功，通知书店发货。
- 书店发货。
- 用户收货，并确认收货。（订单生命周期结束。）

考虑到网络交易的非实时性，订单的处理情况可能比较复杂（尤其是涉及取消订单和退货问题时），在实现时需要注意这一点。

15.1.2 系统需求分析

使用以下包含 4 个步骤的建模方法进行该项目的需求分析。

（1）参与者的确定

根据参与者确定其对系统有何需求，并把这些需求转化成用例。

小型网上书店系统明显的主要业务参与者就是游客和会员，由于系统的书单需要管理员来维护，因此管理员也是这个系统的参与者。参与者包括游客、会员和管理员。

（2）用例的获取

从前文描述中我们可以知道，游客可以浏览和搜索网上书店的书目，可以查看某种图书的详细信息，并且可以注册成为会员，所以起初我们可以对这 3 个需求加以转化；会员具有游客的除注册以外的所有功能，还可以登录，以及进行购书操作，并且可以修改和取消订单（均纳入订单管理模块）；管理员可以对书目进行管理，并且在使用管理员功能时也应当事先登录。

（3）系统的模块划分

由于系统存在一定的复杂性，考虑将其划分成以下几个模块。

- 用户管理模块。
- 订单管理模块。
- 书目管理模块。

（4）系统的非功能需求考察

由于背景中给出的信息很少，考虑到未来可能添加更多的功能，应当适当地提高系统的可扩展性。因此，该系统应采用分层设计，把各个功能模块横向划分为显示层、接口层和实现层。在本项目中这些层次对应以下组件。

- 显示层：界面层。
- 接口层：业务动作层。
- 实现层：业务实现层。
- 其他实用组件：数据库。

15.1.3 用户管理模块

用户管理模块的核心任务是提供用户的注册、登录、个人信息添加和修改等功能。

本模块涉及的参与者包括游客、会员和管理员，对于这 3 种不同的参与者分别存在以下功能。

- 游客可以通过本模块进行注册和登录。
- 会员可以通过本模块添加个人信息、修改个人信息，个人信息包括昵称、密码、个人描述、常用收货地址等。
- 管理员可以通过本模块对会员进行管理，包括对一些被恶意操作的账号进行封禁和销号等。

15.1.4 订单管理模块

订单管理模块的主要功能是管理用户的订单，即已确认和未确认的购买记录。

本模块涉及的参与者主要为会员。会员可以通过本模块对指定图书进行购买操作，生成订单；可以对已有的订单进行管理；可以取消一份未确认的订单。

15.1.5 书目管理模块

书目管理模块的主要功能是管理网上书店的书目信息。

本模块涉及的参与者为管理员。管理员可以通过本模块进行图书的上新、下架、信息修改等。

15.2 系统的UML基本模型

本节主要介绍小型网上书店系统的 UML 基本模型。

15.2.1 需求分析阶段模型

小型网上书店系统的整体用例图如图 15-1 所示。通过对项目进行需求分析，得到用户管理模块的主要业务参与者有游客、会员和管理员。另外，还有一个外部服务参与者——第三方支付系统。

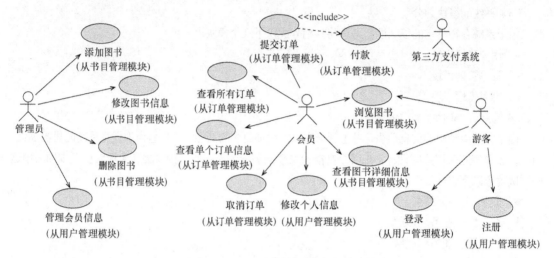

图15-1 小型网上书店系统的整体用例图

各用例的详细描述如下。

1. 书目管理模块

- 添加图书：管理员通过本用例进行网上书店新书信息的录入。
- 删除图书：管理员通过本用例进行网上书店下架图书的删除。
- 修改图书信息：管理员通过本用例进行某图书信息的修改。

2. 用户管理模块

- 注册：游客通过本用例进行注册，并成为网上书店的会员。
- 登录：游客通过本用例登录，从而可以以会员身份访问网站。
- 修改个人信息：会员通过本用例进行个人信息管理——个人信息包含的很多子项均在本用例中统一修改，故将其结合在同一用例中。
- 管理会员信息：管理员通过本用例进行会员信息管理，并且对某些会员进行封禁或解除封禁操作。

对于封禁会员还需要进行进一步说明，封禁会员的意义在于当有会员多次进行恶意操作（如大量提交购买操作但不确认订单等）时，管理员可以及时地查明情况并对恶意账号进行封禁。被封禁的账号不可以再进行购买。

3. 订单管理模块

本系统的设计认为一个订单具有很多状态，每一个状态对应购买过程的一个时间段，订单的状态图参见 15.2.2 小节。

- 查看所有订单：会员通过本用例查看所有与自己相关的订单。

- 查看单个订单信息：会员通过本用例查看某一订单的详细信息。

- 取消订单：会员通过本用例取消一个未结束的订单。（本用例可能发生退款过程，但不在系统考虑范围内。）

- 提交订单：会员通过本用例提交订单，并且进入付款过程。

- 付款：会员通过本用例付款。本用例的具体实现需要与第三方支付系统进行交互。

15.2.2 基本动态模型

1. "登录"用例的活动图

"登录"的主要过程为：

- 用户进入登录界面；

- 用户输入用户名、密码、验证码；

- 用户单击登录；

- 系统对输入信息进行验证；

- 若验证通过，则用户以会员身份进入系统，否则返回错误界面。

使用活动图来表达整个过程，如图15-2所示。

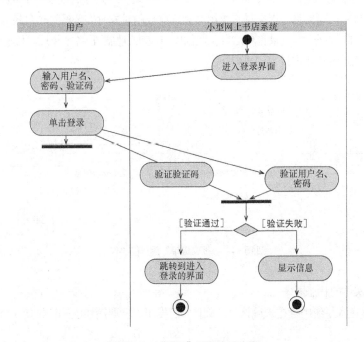

图15-2 "登录"用例的活动图

2. "取消订单"用例的活动图

在本系统中，"取消订单"是一个比较复杂的用例。在订单处于不同状态时，"取消订单"用例的事件流有比较大的变化，对这种需要经常根据条件变化的事件过程建立适宜的活动图。

"取消订单"用例的活动图如图15-3所示。

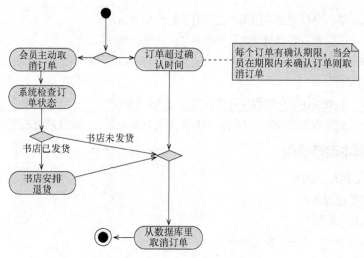

图15-3 "取消订单"用例的活动图

3."提交订单"用例的协作图

"提交订单"用例涉及用户界面、订单控制和数据库管理3个对象，以及一个数据库。会员通过用户界面来新建订单、填写信息并提交；订单提交到订单控制对象时需要经过信息校验，校验成功后通过数据库管理类来向数据库中记录订单信息，数据库将成功信息沿着各个类反向传递回用户界面。

"提交订单"用例的协作图如图15-4所示。

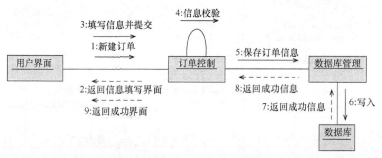

图15-4 "提交订单"用例的协作图

4."订单"实体的状态图

"订单"实体在本系统中存在未确认、已确认、已发出、已取消和已确认收货5个状态，不同状态的语义如下。

- 未确认：会员选择了购买图书，输入了必要的信息（如收货地址等），但没有确认购买。
- 已确认：会员确认购买并付款，网站正在对订单进行处理或刚刚处理完毕，书店方面没有发货。
- 已发出：书店已经发货，此时不支持从网站退货，若退货则需要另行和工作人员联系。
- 已取消：未发货的订单被取消，交易结束。
- 已确认收货：会员确认收到了图书，交易结束。

状态在发生指定事件的时候发生转移，表达为"订单"实体的状态图，如图15-5所示。

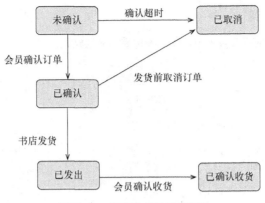

图15-5 "订单"实体的状态图

5. "添加图书"用例的顺序图

"添加图书"的基本步骤如下。

- 管理员在图书管理界面中选择【添加图书】。
- 图书管理界面类（简称界面类）返回一个添加图书的操作界面。
- 管理员录入新图书的各个信息并单击【提交】按钮。
- 界面类向图书管理控制类（简称控制类）发出添加图书请求，并将图书信息传给控制类。
- 控制类收到添加图书请求，执行一定方法，通过图书数据管理类向数据库中录入信息。
- 图书数据管理类录入成功，向控制类返回成功信息。
- 控制类返回成功信息，由界面类向管理员呈现最终的成功界面。

将全部过程转化成类与类之间的顺序图，如图15-6所示。

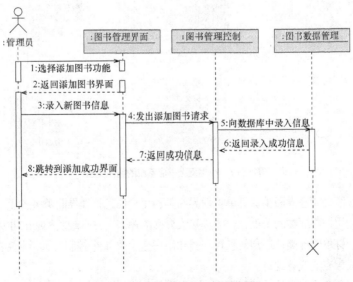

图15-6 "添加图书"用例的顺序图

15.3 类的设计与实现

本节主要介绍小型网上书店系统中类的设计与实现过程。

15.3.1　系统设计类

在系统的整体类图（见图 15-7）中可以清晰地看到分层结构。

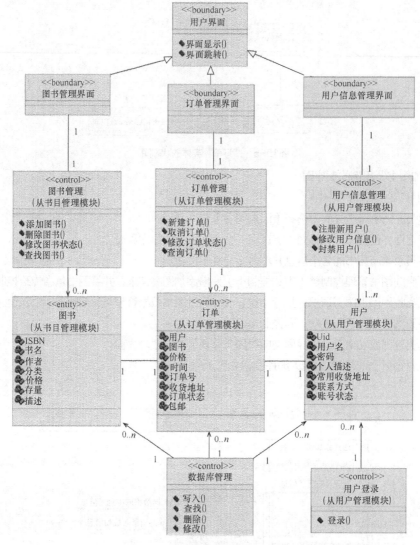

图15-7　小型网上书店系统的整体类图

用户界面类、图书管理界面类、订单管理界面类和用户信息管理界面类 4 个界面类属于业务动作层，其中后三者为用户界面类的子类，这些类接收界面的输入，并且触发相应的业务动作。

图书管理类、订单管理类、用户信息管理类和用户登录类 4 个控制类属于业务实现层，被业务动作层触发，并完成相应的业务逻辑。

图书类、订单类和用户类是系统范围内 3 个重要的实体类。

数据库管理类贯穿了各个层次，实现数据库读写的具体功能。

15.3.2　类的实现

使用 Rose 的代码生成功能，可以快速生成 Java 的类框架。因为具体实现逻辑比较复杂，不便在本书中涉及，以下仅附上部分类的框架代码。

图书管理类的代码生成结果如下。

```java
//Source file: D:\\UML and Rose\\rose\\BookManagement\\BookManagement.java
package BookManagement;
import BookManagementInterface;
public class BookManagement
{
   public BookManagementInterface theBookManagementInterface;
   public Book theBook[];

   /**
    * @roseuid 5639BEEA019B
    */
   public BookManagement()
   {

   }

   /**
    * @roseuid 562658C20030
    */
   public void addBook()
   {

   }

   /**
    * @roseuid 562658C8036F
    */
   public void deleteBook()
   {

   }

   /**
    * @roseuid 562658D00154
    */
   public void modifyBookState()
   {

   }

   /**
    * @roseuid 562658DA0083
    */
   public void findBook()
   {

   }
}
```

图书类的代码生成结果如下。

```
//Source file: D:\\UML and Rose\\rose\\BookManagement\\Book.java
package BookManagement;
import OrderManagement.Order;
public class Book
{
    private int ISBN;
    private int title;
    private int author;
    private int category;
    private int prize;
    private int quantity;
    private int description;
    public Order theOrder;

    /**
     * @roseuid 5639BEEA0119
     */
    public Book()
    {

    }
}
```

15.4　系统的组件图和部署图

本节主要介绍小型网上书店系统的组件图和部署图。

15.4.1　系统的组件图

为满足可扩展性的要求,对系统进行了分层设计。系统中有 4 个组件,其中 3 个组件是系统 3 个层次的抽象表达,另外还有一个组件代表数据库实体。

在系统的使用过程中,对用户可见的仅仅是界面层一层。在界面层上包含用户界面的显示逻辑代码,如对界面上 UI 元素的位置编排、不同分辨率显示时的自适应功能等。其中,界面层的交互 UI 元素(如按钮、表单等)是真正与业务动作层进行交互的事物。

界面层的下一层是业务动作层。业务动作层是一个接口层,它的主要任务是在保证高内聚、低耦合的基本要求下,实现界面层和业务实现层的交互。在业务动作层中,主要包含的是一些方法的定义(可以视为接口),这些方法的具体实现要通过下一层即业务实现层才可以完成。

业务实现层主要包含真正用来实现业务过程的代码。之所以将业务实现层与业务动作层分离,是因为在扩展时可能会涉及实现方法的改变,分离后的组件可以将修改范围限制在业务实现层这个单一组件之内,大大减轻修改量,增强灵活性。

小型网上书店系统的组件图如图 15-8 所示。

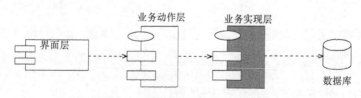

图15-8　小型网上书店系统的组件图

15.4.2 系统的部署图

通常，部署图包括系统运行时的硬件节点、在这些节点上运行的软件构件将在何处物理地运行，以及它们将如何彼此通信。在图 15-9 中，包含的节点有 Client、Server 和 Database Server，Client 和 Server 之间通过 HTTP 通信，Server 和 Database Server 通过 ADO 进行通信。各个节点所含的组件如下。

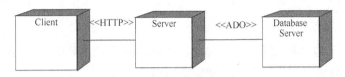

图15-9 小型网上书店系统的部署图

Client 节点：Client 节点基本不包含本系统的具体内容，仅接收并显示系统生成的动态网页。这些动态网页在 Server 端由界面层组件生成，使用 HTTP 传输到各个客户端（浏览器）进行显示。

Server 节点：本系统的主要部分均部署在该节点中，具体包括业务动作层、业务实现层以及界面层 3 种组件的代码和各种资源。

Database Server 节点：本系统的数据库组件部署在该节点中，通过 ADO 与系统主体进行连接，提供数据库的增删读写服务，并且通过硬件方式保证系统安全。

16 第16章 案例：小型二手货交易系统

本章将主要介绍一个小型二手货交易系统的建模案例。通过此案例，读者可以进一步熟练使用 UML 进行建模的过程。

16.1 需求分析

在项目的开端应当进行系统的需求分析。根据对客户的需求调研，我们得到了以下背景材料。

小型二手货交易系统的完整开发过程

大学生作为社会中不可忽视的团体，每学期对各类商品（如图书、电子产品等）都有不同程度的需求。考虑到部分大学生没有经济来源，以及部分商品在各年级学生间重复使用的特殊情况，每学期购买新商品并不划算。但大学生在校园内随意交易的行为不易管理，因此这里考虑建立校园二手货交易平台（即开发小型二手货交易系统），使校园二手货交易方便并易于管理。

吸取已有的网上商店项目的一些经验，并基于与客户交流的结果，本项目从"卖方""买方"两个方向进行功能获取。一次交易必然存在一个卖方和一个买方，在本项目的语境中，卖方手中持有一些使用过并且闲置或不再需要的商品（称为"二手货"），希望通过本系统卖出并获取收益；买方需要一些便宜、实用的商品，希望通过本系统找到并购买这些商品。所以本项目的核心任务是解决卖方的"出售"问题和买方的"需求"问题。

出售、需求问题的表述非常抽象，以下将逐步细化对这两个问题的描述。

传统的网上商店的模式是卖方只管卖指定分类、品牌或款式的商品，买方搜索卖方信息（或商品信息），之后对其感兴趣的物品进行购买，如图 16-1 所示。由于本系统的商品类型（二手货）比较特殊，而且使用环境（校园）也有所限定，故可以提高买方的主动性，给买方一个"提出需求"的功能，如图 16-2 所示。这样，在卖方手中有相应的闲置物品，并且认为买方报价合理的情况下，也可以进行交易。这样就提高了系统的利用率和交易数。

图16-1　传统的网上商店买卖关系

图16-2 小型二手货交易系统的买卖关系

根据客户描述和业务人员总结，我们得出"小型二手货交易系统"这个项目的基本功能包含登录注册、浏览商品、商品管理、线上交流、购买商品、需求管理和系统管理等。

16.1.1 子系统划分

为了便于管理，将每个重要的功能需求方向确定为一个子系统，则根据不同的功能需求方向，该系统可以划分为以下几个子系统。

- 系统管理。
- 登录注册。
- 浏览商品。
- 商品管理。
- 线上交流。
- 需求管理。
- 实用。

小型二手货交易系统的子系统可以表示为图16-3所示的包图。其中实用包包含一些通用控制类。

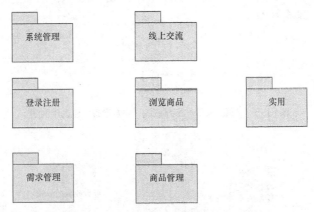

图16-3 小型二手货交易系统的子系统的包图

16.1.2 系统功能需求

1. "登录注册"子系统

该子系统有以下功能需求：

- 游客注册。
- 游客登录。
- 会员查看基本信息。
- 会员修改基本信息。
- 会员注销。

"登录注册"子系统的用例图如图16-4所示。

2. "线上交流"子系统

"线上交流"子系统有以下功能需求：

- 查看好友信息。
- 查看好友列表。
- 添加好友。
- 删除好友。
- 搜索会员。
- 查看会员信息。
- 删除私信。
- 查看收到的私信。
- 发私信。
- 回复私信。
- 查看已发私信。

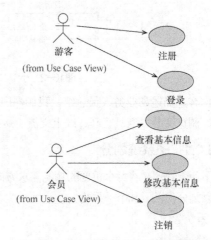

图16-4 "登录注册"子系统的用例图

由于"线上交流"子系统的内容过多，这里将其划分为两个子系统："好友管理"和"私信管理"。"线上交流"子系统的用例图如图16-5、图16-6所示。

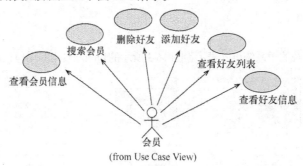

图16-5 "线上交流"子系统的"好友管理"包的用例图

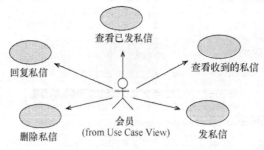

图16-6 "线上交流"子系统的"私信管理"包的用例图

3. "浏览商品"子系统

"浏览商品"子系统有以下功能需求：

- 分类浏览商品。
- 搜索商品。
- 查看商品详情。
- 收藏商品。

- 查看收藏。
- 取消收藏商品。
- 提交报价。
- 查看报价。
- 取消报价。

对于管理员而言，还存在以下功能需求：

- 删除商品；
- 修改商品信息。

"浏览商品"子系统的用例图如图16-7所示。

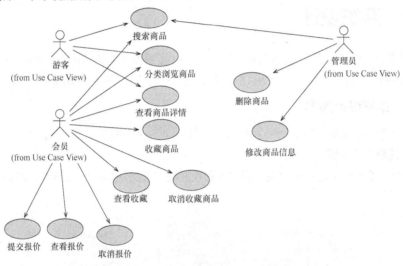

图16-7　"浏览商品"子系统的用例图

4. "需求管理"子系统

"需求管理"子系统功能需求如下：

- 发布需求。
- 查看需求。
- 修改需求。
- 删除需求。

"需求管理"子系统的用例图如图16-8所示。

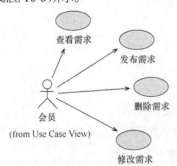

图16-8　"需求管理"子系统的用例图

221

16.1.3 系统非功能需求

根据需求分析的结果和开发人员的经验,我们得到了以下非功能需求。

- 安全性需求:卖方及买方在系统上发布的信息涉及个人财产,所以存储这些信息的数据库应具有很高的安全性。另外,游客登录的密码等私人信息应经过 MD5 加密,防止被他人盗取。

- 稳定性需求:本系统部署后,在硬件条件和支持软件条件没有发生变化的情况下,能够一直保持运行状态,直到系统被升级或替代。

- 数据管理能力需求:考虑到学校中学生的规模,本系统应至少能容纳 5000 名用户的个人信息和商品信息的存储,同时系统应能承受 500 人同时在线的提交请求。

16.2 系统设计

在对项目进行需求分析之后,我们明确了每个模块(子系统)的具体用例。在系统设计阶段,我们将把这些用例细化成过程和交互,使用 UML 图呈现出系统的静态模型和动态模型。

16.2.1 系统设计类图

对每个子系统设计类图,有了类图之后比较容易进行下一步分析。

1. "登录注册"子系统

"登录注册"子系统中含有用户类、用户界面控制类以及实用包中的数据库管理类,如图 16-9 所示。

图16-9 "登录注册"子系统的类图

其中,用户界面控制类具有 5 个方法。

- navigate()方法负责界面的跳转。
- login()、logout()方法分别负责登入和登出。
- register()方法用于注册。
- authenticate()方法负责验证用户信息。

用户类主要记录用户的关键信息。

- pid 属性为用户在系统中的唯一识别号。
- username 属性为用户名。
- password 属性为密码。

在数据库管理类中方法的功能如下。

- select()方法用于搜索数据库中的表项。
- modify()方法用于修改数据库中的表项。
- add()、remove()方法分别用于增加、删除数据库中的指定项。

数据库管理类是一个通用类，在之后的子系统中也会被不断地使用。在此不再重复描述数据库管理类的方法。

2. "浏览商品"子系统

"浏览商品"子系统中包含浏览信息控制类、收藏商品控制类、商品信息类、需求信息类以及来自实用包的数据库管理类。

"浏览商品"子系统的类图如图16-10所示。

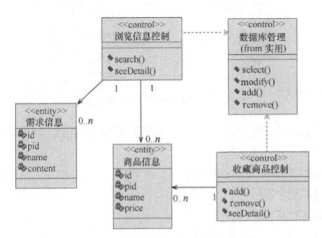

图16-10 "浏览商品"子系统的类图

其中，浏览信息控制类中各方法描述如下。

- search()：向数据库管理类发出一条获取信息请求。
- seeDetail()：返回商品信息展示界面。

需求信息类中各属性描述如下。

- id：需求编号。
- pid：发出需求者的唯一识别号。
- name：需求名。
- content：需求的具体内容。

商品信息类中各属性描述如下。

- id：商品编号。
- pid：商品持有者（卖方）编号。
- name：商品名。
- price：商品价格。

收藏商品控制类中add()、remove()和seeDetail()方法分别用于添加收藏、移除收藏和查看商品详细信息。

3. "商品管理"子系统

类似地，在"商品管理"子系统中，有商品管理控制类、来自实用包的数据库管理类，以及商品管理需要的实体类——商品信息类。

"商品管理"子系统的类图如图16-11所示。

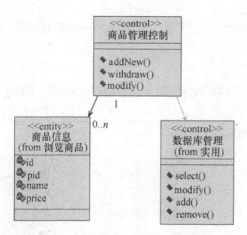

图16-11　"商品管理"子系统的类图

商品信息类的各个属性已经在"浏览商品"子系统的类图中介绍过，此处不再赘述。

商品管理控制类中各方法描述如下。

- addNew()：向系统中添加一个新的商品。
- withdraw()：从系统中撤回一个已有商品。
- modify()：修改商品信息。

4. "线上交流"子系统

"线上交流"有两个主要功能部分，一部分是对于好友的管理功能，另外一部分是对于信息（私信、短消息在本系统中均等价于"信息"，只是惯称不同）的管理功能。故"线上交流"子系统主要由线上交流控制类、好友管理类和信息管理类3个控制类来支撑。另有短消息实体类作为短消息的抽象。

- 线上交流控制类主要负责界面的访问和跳转。
- 好友管理类负责实现会员对好友的管理功能。
- 信息管理类负责实现会员对信息（私信、短消息）的管理功能。
- 短消息实体类的属性对应会员之间传递的短消息的属性。

"线上交流"子系统的类图如图16-12所示。

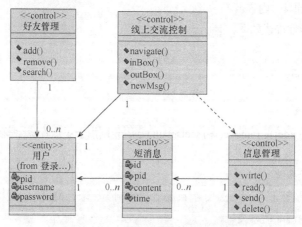

图16-12　"线上交流"子系统的类图

好友管理类中 add()、remove()和 search()方法分别用于添加好友、删除好友和搜索好友。

线上交流控制类中各方法描述如下。

- navigate()：控制界面跳转。
- inBox()：返回收件箱界面。
- outBox()：返回发件箱界面。
- newMsg()：返回撰写新消息界面。

以上 inBox()、outBox()和 newMsg()这 3 个方法需要依靠信息管理类的各个方法来实现功能，信息管理类中 write()、read()、send()和 delete()方法分别用于撰写新消息、阅读消息、发送消息和删除一条已有消息。

5. "需求管理"子系统

"需求管理"子系统由需求管理控制类、数据库管理类两个控制类和需求信息类一个实体类构成，如图 16-13 所示。

图16-13 "需求管理"子系统的类图

6. 实体类间的关联关系

因为短消息、需求信息和商品信息分别与会员建立起发送/接收者、需求发布者和商品供给方 3 种关系，所以在本系统中这些实体之间的关系应当使用关联关系来表述。

小型二手货交易系统各个实体类之间的关联关系如图 16-14 所示。

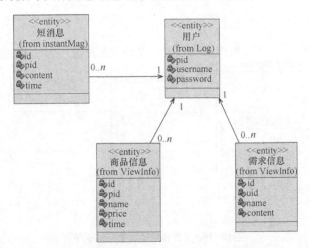

图16-14 小型二手货交易系统各个实体类之间的关联关系

16.2.2 关键用例的动态模型

根据需求分析阶段得到的需求模型，我们可以描述一些用例的事件流。这些事件流经过细化之后可以通过动态模型来表达。

1. "游客登录"用例的顺序图

"游客登录"用例是一个基础用例,游客通过用户界面单击登录,输入信息之后触发用户界面控制类的 login()方法,用户界面控制类通过数据库管理类来验证用户的身份信息,成功后将用户身份变成会员(记录一个 session)并跳转到会员主页。

本用例的顺序图比较简单,如图 16-15 所示。

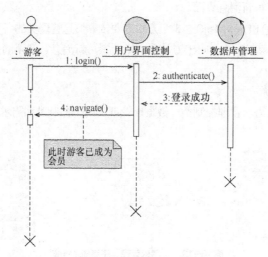

图16-15　"游客登录"用例的顺序图

2. "发布商品"用例的顺序图

通过"发布商品"用例的顺序图可以展示出许多基于 MVC 架构的相似用例的实现过程。"发布商品"用例的顺序图如图 16-16 所示。

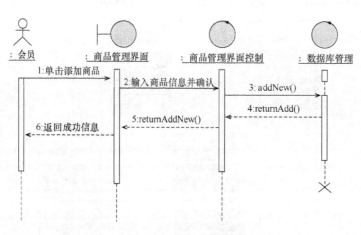

图16-16　"发布商品"用例的顺序图

3. "查看商品信息"用例的协作图

通过"查看商品信息"用例的协作图可以从类的协作——消息(本例中主要为方法调用)的角度去观察用例实现的过程。"查看商品信息"用例的协作图如图 16-17 所示。

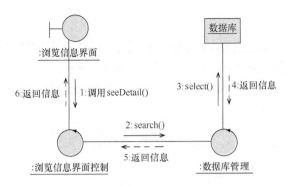

图16-17 "查看商品信息"用例的协作图

4. "发私信"用例的活动图

发私信是本系统中一个比较复杂的活动。首先用户需要登录以使用会员身份进入系统，并且进入发送私信界面。在这个界面中用户会看到消息内容的填写框，需要分别填写收件人、标题和内容。系统规定一个消息的标题和内容必须均非空，并且收件人必须是系统的有效会员。在接下来的步骤中系统（控制类）将对这一要求进行检验。消息发送成功后，收件人一方应当收到新私信提醒。

"发私信"用例的活动图如图 16-18 所示。

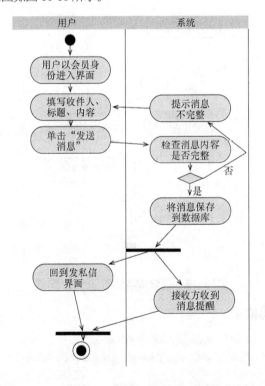

图16-18 "发私信"用例的活动图

5. "修改基本信息"用例的活动图

会员的基本信息中有一项是密码。当会员在修改基本信息的时候尝试修改密码，可能有两种不安

227

全情况出现。

（1）会员离开公用计算机但没有注销账号，恶意分子想要盗取该账号。

（2）会员在修改其他信息时不小心修改了密码，导致丢失密码。

出于以上安全性诉求，在会员修改密码时，系统应当再次验证会员的身份与意图。"修改基本信息"用例的活动图如图16-19所示。

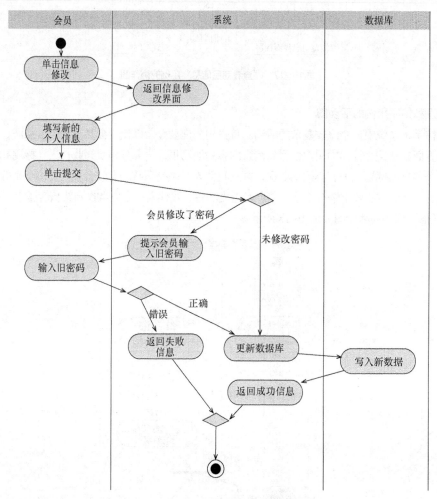

图16-19　"修改基本信息"用例的活动图

16.2.3　类的代码框架

以用户界面控制类为例，使用 Rose 自动生成的代码如下。

```
//Source file: D:\\STUDY\\UML and Rose\\rose\\LogIn\\UserInterfaceController.java
package LogIn;
public class UserInterfaceController
{
    public User theUser[];

    /**
     * @roseuid 5639B7EB00B7
```

```
    */
    public UserInterfaceController()
    {

    }

    /**
     * @roseuid 561D46A20118
     */
    public void navigate()
    {

    }

    /**
     * @roseuid 561D46A702CD
     */
    public void login()
    {

    }

    /**
     * @roseuid 561D46E80338
     */
    public void logout()
    {

    }

    /**
     * @roseuid 561D46AE0289
     */
    public void register()
    {

    }

    /**
     * @roseuid 561D46FA0250
     */
    public void authenticate()
    {

    }
}
```

本章将介绍一个汽车服务管理系统的具体建模案例。通过该案例，读者可以进一步了解在实际工程中如何使用 UML 来辅助软件产品的开发，加深对 UML 的理解和掌握。

17.1 需求分析

本节主要介绍汽车服务管理系统在需求分析阶段所要做的工作。

汽车服务管理系统
的完整开发过程

17.1.1 系统功能需求

汽车服务管理系统的项目背景如下。

某汽车公司（简称公司）的主要业务是面向校内学生的校车业务。公司拥有 40 辆汽车，服务对象是 1600 名学生。汽车日常行驶的路线有 30 条，在节假日等特殊时间里可能会临时增加新的路线。每条路线上还设有一些站点，乘坐校车的学生可以在这些站点上下车。目前公司雇用了 20 个全职司机和 30 个兼职司机。公司设有一个调度员，专门负责司机和路线的安排。当路线变更或新增路线时，调度员必须将这些信息传达给司机、学生和家长。公司经常会收到学生或家长对司机的投诉。如果投诉的情况相当严重，司机有可能会被停职甚至被解雇。另外，公司也可能会招募新员工，以替代被解雇或退休的员工，并配备新的路线。

根据该汽车公司业务的基本需求，确定以下几个系统主要任务。

（1）校车、路线、司机的调度管理

在公司对外提供服务时，确认服务所用车辆、指定车辆的行驶路线、为车辆指定司机（负责人）等是非常重要的管理任务。本系统应当负责校车的车牌、车型、指定乘坐人数等基本信息的登记和路线、路牌（站点）位置的记录，并且应当存有某时间某路线上某一车辆对应的司机（负责人）是谁等信息，以便公司对下属的人力、物力资源进行管理。

（2）司机、调度员的人员管理

在项目背景中我们了解到司机在遭到严重投诉的时候可能会被停职或解雇，并且一些老员工可能面临着退休的情况，公司也会在恰当的时候招募新员工。所以认为该汽车公司维护人员信息是恰当的，这也防止在实际应用系统进行调度时出现系统记录信息与实际员工信息不一致的情况。

（3）与学生和家长通信，协商问题和传达消息

公司在对外提供服务的时候，时常需要与学生和家长进行通信。一方面,在节假日汽车更换或新增路线的时候应当告知客户（学生和家长）；另一方面，评定现有员工的工作能力和职业素养，如项目背景所述，主要依靠学生和家长的反馈。由以上两个方面我们可以得出，与学生和家长通信应该是本系统的一个重要功能需求。

17.1.2 车辆及路线管理模块

车辆及路线管理模块的核心功能是提供并维护如下几种信息。

- 服务所用车辆信息。在某次服务中使用了哪一辆车，行驶过程中是否发生了某些情况。
- 指定车辆的行驶路线信息。在非节假日的时间里，某一辆车是否有固定的行驶路线。
- 车辆的负责人信息。是否有某个司机（负责人）对某一次服务或某一辆车、某一条路线负责。

17.1.3 人员管理模块

人员管理模块的核心功能是维护公司的人员信息，在人事变动时使数据库中的数据保持最新。根据项目背景，我们只考虑司机这一类员工的人事变动。严格地说，可以将其细分成全职司机和兼职司机两种员工的雇用、停职、解雇等情况。

17.1.4 信息管理模块

信息管理模块的一个重要的功能是负责管理和记录车辆、路线的临时变更信息，以及客户对员工的服务质量的反馈信息。另外一个重要的功能是提供公司向客户递送消息以及客户向公司发送消息的途径。总体来说，信息管理模块的功能类似电子邮箱的功能。根据项目背景叙述，在汽车行驶路线发生更改或出现其他突发情况的时候，调度员需要通过该信息模块告知学生及家长最新的情况；在学生或家长质疑服务质量的时候，应该可以经由该模块发送反馈信息，如投诉等；服务人员应当通过该系统及时获取反馈，并在反馈被处理后对消息进行管理。

17.2 系统的UML基本模型

本节主要介绍汽车服务管理系统的 UML 基本模型。

17.2.1 需求分析阶段模型

经过需求分析阶段，我们得出汽车服务管理系统的整体用例图（见图 17-1）。图中存在 5 个业务参与者，分别为管理员、调度员、人事管理员、客户和服务人员，这些业务参与者对应用例的详细描述如下。

1. 管理员

管理员主要负责车辆管理相关的业务。在本系统中管理员可以触发 3 个用例。

- 添加车辆：管理员通过此用例对新的汽车进行信息添加。
- 删除车辆：管理员通过此用例对已不存在的汽车进行删除。
- 管理车辆：管理员通过此用例维护车辆信息，及时更新车辆公里数、养护时间等重要信息。

2. 调度员

调度员负责指定出车信息和将出车情况变动通知给客户。在本系统中调度员可以触发 3 个用例。

- 设定路线：调度员使用此用例为每次出车（按时间、按车辆）设定路线。
- 指定司机：调度员使用此用例为车辆指定司机。
- 发送通知：调度员通过此用例将服务信息变更通知给学生和家长。

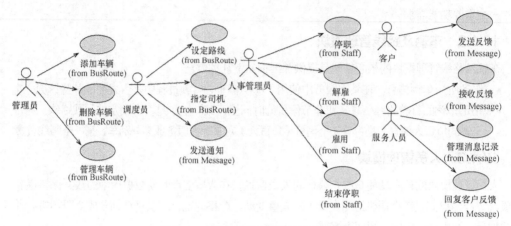

图17-1　汽车服务管理系统的整体用例图

3. 人事管理员

人事管理员负责对司机进行管理。在本系统中人事管理员可以触发4个用例。

- 停职：人事管理员通过该用例对收到投诉过多的司机进行停职处理，并记录停职状态。
- 解雇：人事管理员通过该用例对被解雇的司机的信息进行清除。
- 雇用：人事管理员通过该用例对新雇用的司机的信息进行录入。
- 结束停职：人事管理员通过该用例恢复停职司机的工作状态。

4. 客户

客户代表接受公司服务的学生和家长，客户通过本系统的"发送反馈"用例与服务人员进行交流。

5. 服务人员

服务人员的主要职责是接收客户反馈意见，并且对反馈进行合理的回复。在本系统中有关服务人员的用例有3个。

- 接收反馈：服务人员通过此用例查看客户发送的反馈。
- 管理消息记录：服务人员通过此用例对已处理消息或垃圾消息进行管理。
- 回复客户反馈：服务人员通过此用例回复客户的反馈。

17.2.2　基本动态模型

1. "添加车辆"用例的顺序图

"添加车辆"的过程涉及调度员与车辆管理类、数据库管理类之间的交互。首先调度员进入系统的车辆管理模块，之后在跳转到的车辆管理界面中选择添加车辆，在返回的车辆添加界面中填写新车辆信息，车辆管理类将车辆信息保存到数据库。

"添加车辆"用例的顺序图如图17-2所示。

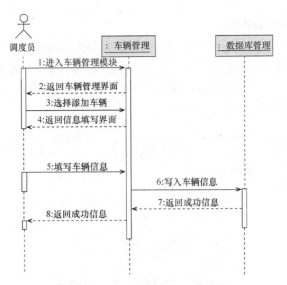

图17-2 "添加车辆"用例的顺序图

2. "回复客户反馈"用例的顺序图

回复客户反馈的核心步骤分为3个。

- 服务人员通过信息处理类得到一条未读消息。
- 服务人员对消息进行回复。
- 短信发送类将回复消息发给客户。

在这3个步骤之下还隐藏着一些其他类与类之间的交互，这些交互可以通过顺序图来详细描述。"回复客户反馈"用例的顺序图如图 17-3 所示。

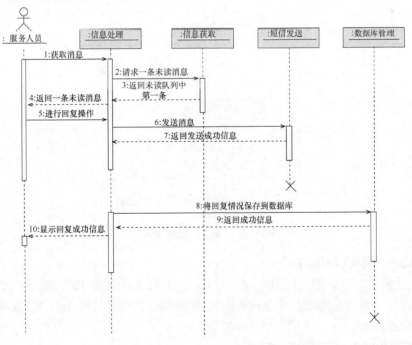

图17-3 "回复客户反馈"用例的顺序图

3. "发送通知" 用例的协作图

"发送通知" 用例需要调度员与 3 个类进行协作。调度员通过信息处理类创建新消息，信息处理类使用短信发送类发送消息，并且通过数据库管理类保存发送消息的记录。短信发送类和数据库管理类返回成功信息给信息处理类，信息处理类收到成功信息后向调度员返回成功信息。

"发送通知" 用例的协作图如图 17-4 所示。

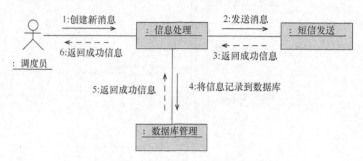

图17-4 "发送通知" 用例的协作图

4. "解雇" 用例的活动图

"解雇" 用例实质上是从系统中删除信息的过程，任何从系统中删除信息的事务都需要对操作者权限做细致的检查。在此用例中，管理员选择 "解雇" 操作，然后系统对管理员权限进行检查，若有权限，则管理员可以选择指定员工来删除其数据，过程中需要进行反复确认。

"解雇" 用例的活动图如图 17-5 所示。

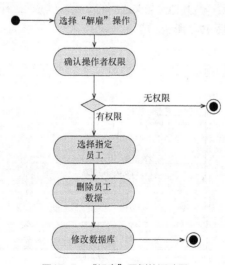

图17-5 "解雇" 用例的活动图

5. "信息管理模块" 的状态图

"信息管理模块" 每隔一段时间监听一次，当有新消息到达时将其转存到消息队列和数据库并且提示 "有新消息"，当服务人员获取一条未读消息后，从未读队列中移除这条消息，并且如果未读队列已空则提示 "无新消息"。

"信息管理模块" 的状态图如图 17-6 所示。

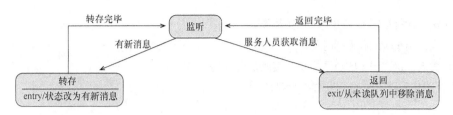

图17-6 "信息管理模块"的状态图

17.3 系统中的类

本节主要介绍汽车服务管理系统中的类的设计过程。

17.3.1 系统类图

在实际项目中，无论是对于需求分析来说，还是对于系统设计来说，类图都是一种必不可少的静态模型。在这里我们建立本系统的三大主要模块的类图。简单起见，有一些项目背景中没有给出的部分（如兼职司机和全职司机分别应当具有怎样的属性），在类图中也同样不注明。

1. 车辆及路线管理模块

车辆及路线管理模块含有路线管理、出车管理、车辆管理 3 个控制类，它们均依赖数据库管理控制类来实现具体功能，该模块存在路线、司机、车辆和出车 4 个实体类。

路线管理控制类的 3 个方法作为实现本模块的路线相关用例的接口存在，分别为添加路线、修改已有路线和删除路线。

出车管理控制类的两个方法同样作为接口存在，分别实现"添加出车记录"和"删除出车记录"的用例。

车辆管理控制类存在 4 个方法，其中添加车辆、修改车辆信息和删除车辆 3 个方法分别对应"添加车辆"用例、"修改车辆信息"用例和"删除车辆"用例等模型的控制器；添加常规负责人方法对应"指定司机"用例的控制器。

路线实体类的属性描述如下。

- 起点、终点、途径位置：表示路线的起点、终点和途径位置。
- 预计运行时间：一般情况下该路线的预计运行时间，便于公司进行调度。

司机实体类的属性描述如下。

- 工号：司机的唯一识别号。
- 停职状态：司机的停职状态，正在停职状态中的司机不能参与出车。

车辆实体类及其属性描述如下。

- 车牌号：车辆号牌信息。
- 型号：车辆品牌及发动机类型。
- 车辆状态：该车辆是否可以参与出车。
- 车辆描述：车辆的最大公里数、下一次车检时间等详细信息。
- 核载量：车辆的最大承载量（人数）。

出车实体类对应业务的具体信息，其属性描述如下。

- 路线：运行路线，实质是路线实体类。

- 车辆：运行车辆，实质是车辆实体类。
- 时间：出车时间和返回时间。
- 负责人：这次出车的负责司机，实质是司机实体类。

车辆及路线管理模块的类图如图 17-7 所示。

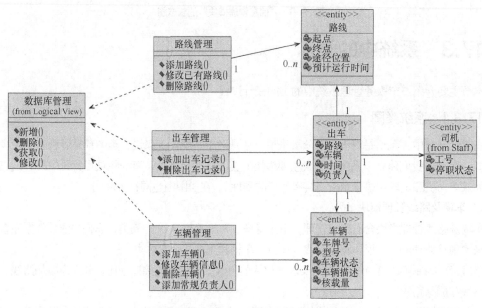

图17-7　车辆及路线管理模块的类图

2. 人员管理模块

人员管理模块由人员管理类、司机实体类和数据库管理类组成，其中人员管理类依赖数据库管理类实现具体功能。人员管理模块的类图如图 17-8 所示。

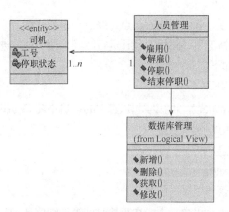

图17-8　人员管理模块的类图

人员管理类的方法描述如下。

- 雇用：将新雇用的员工的信息录入系统。

- 解雇：将已解雇的员工的信息移出系统。
- 停职：把受投诉的员工停职。
- 结束停职：为正在停职状态的员工恢复工作状态。

司机实体类拥有工号、停职状态两个属性。

3. 信息管理模块

信息管理模块中存在 3 个控制类，即短信发送类、信息处理类和信息获取类，除短信发送类外均需要数据库管理类来实现具体功能。

另外，此模块中还存在消息实体类，代表消息。

短信发送类仅含一个方法，用于发送短信。

信息处理类包含 4 个方法，描述如下。

- 发送新消息：创建新消息并发送出去，具体的发送逻辑依赖短信发送类。
- 获取未读消息：从数据库中获取未读的消息。
- 删除消息：对消息进行删除。
- 回复消息：对消息进行回复。

信息获取类包含两个方法，描述如下。

- 收到消息：将新到达的消息存入数据库。
- 返回消息：将某消息传给信息处理类进行处理。

信息管理模块的类图如图 17-9 所示。

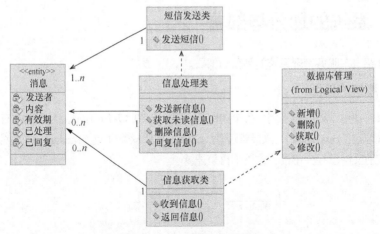

图17-9　信息管理模块的类图

17.3.2　生成类的代码框架

以下为使用 Rose 自动生成的信息获取类的 Java 源代码。其他类均可以通过自动生成来得到代码框架，此处仅以一个类作为样例。

```java
//Source file: MsgListener.java
package Message;
import DbManager;
public class MsgListener
{
```

```
    public Message theMessage[];

    /**
     * @roseuid 56387A280385
     */
    public MsgListener()
    {

    }

    /**
     * @roseuid 5623B2F20019
     */
    public void InMsg()
    {

    }

    /**
     * @roseuid 5623B2FC02B1
     */
    public void ReturnMsg()
    {

    }
}
```

17.4　系统的划分与部署

本节主要介绍汽车服务管理系统的划分与部署。

17.4.1　系统的包图

对于本项目，使用管理模块来划分各个包比较合适。如图 17-10 所示，包图中共有 3 个包，分别为车辆及路线管理包（BusRoute）、人员管理包（Staff）和信息管理包（Message）。划分方法以及各个包的详细内容在前文中已经介绍过，这里不再赘述。

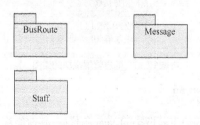

图17-10　汽车服务管理系统的包图

17.4.2　系统的部署图

如图 17-11 所示，本系统部署在 3 个位置，其中有一种设备、两种处理器。

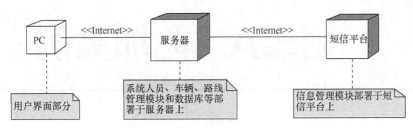

图17-11 汽车服务管理系统的部署图

设备：PC，将系统的用户界面部分部署在公司各部门的计算机上，便于相关员工使用。

处理器：服务器和短信平台。系统人员、车辆、路线管理模块和数据库等部署在公司的服务器上；信息管理模块部署在短信平台上，便于进行消息的收发。

附录A　附加案例

A.1　机票预订系统

机票预订系统是某航空公司推出的一款网上购票系统，其功能包括查询航班信息、购买机票、查看行程、退订机票、管理系统中的航班信息、信用评价等。

机票预订系统的开发过程可参看其微课视频和开发文档。

机票预订系统开发
过程讲解（视频）

机票预订系统的需求

机票预订系统软件
开发计划书

机票预订系统需求
规格说明书

机票预订系统软件
设计说明书

机票预订系统
测试报告

机票预订系统
部署文档

机票预订系统
用户使用说明书

A.2　青年租房管理系统

青年租房管理系统是为了满足广大青年的租房需求而开发的系统,其中包括租客注册、租客租房、租客保修与投诉、客服管理租客、客服管理合同、客服管理房间等基本功能。

青年租房管理系统的开发过程可参看其微课视频、开发文档等。

青年租房管理系统开
发过程讲解（视频）

青年租房管理系统
的需求

青年租房管理系统
软件开发计划书

青年租房管理系统
需求规格说明书

青年租房管理系统
软件设计说明书

青年租房管理系统
测试分析报告

青年租房管理系统
部署文档

青年租房管理系统
用户使用说明书

B.1　软件设计模式

所谓模式，就是解决某一类相似问题的方法论。某个模式描述了一个在我们的日常生活中不断出现的问题，并且描述了该问题的解决方案的核心。人们可以使用已有的解决方案来解决新出现的问题。模式可以应用在不同的领域中，在软件设计领域中，也出现了很多设计模式。

每种设计模式都包含 4 个要素，如图 B-1 所示。

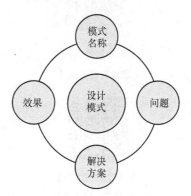

图B-1　设计模式的要素

- 模式名称相当于模式的助记符。
- 问题描述了模式的使用场景，即模式可以解决的某种设计问题。
- 解决方案描述了针对特定的设计问题，可以采用怎样的设计方法，包括设计的组成成分、各成分的职责和协作方式以及各成分之间的相互关系。
- 效果描述了特定模式的应用对软件灵活性、可扩展性、可移植性等各种特性的影响，它对评价设计选择以及对模式的理解非常有益。

目前，比较常用的是由埃里希·伽玛（Erich Gamma）、理查德·赫尔姆（Richard Helm）、拉尔夫·约翰逊（Ralph Johnson）和约翰·威利斯迪斯（John Vlissides）提出的 23 种设计模式，它们分为 3 种类型，即创建型模式、结构型模式和行为型模式，如图 B-2 所示。

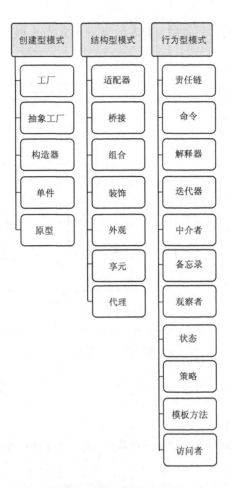

图B-2 设计模式的分类

创建型模式通过创建对象而不直接实例化对象的过程，使得程序在给定判定的情况下更加灵活地创建对象。很多时候，创建对象的本意随程序需求的不同而不同，如果将创建过程抽象成一个专门的"创造器"类，那么程序的灵活性和通用性将有很大的提高。下面以描述工厂模式为例，对创建型模式做进一步的介绍。

B.1.1 工厂模式

模式名称：工厂模式。

问题：在软件中，由于需求的变化，一些对象的实现可能会发生变化。为了应对这种"易变对象"的变化，人们提出了工厂模式。

解决方案：为对象的创建提供接口，使子类决定实例化哪一个类。如图 B-3 所示，produce()方法使对象的创建工作延迟到子类中。

效果：使用工厂模式在类的内部创建对象通常比直接创建对象更加灵活。而且，可以将对象的创建工作延迟到子类中，这对于用户不清楚对象的类型的情况非常有益。

结构型模式提供了不同类或对象之间的各异的静态结构，它描述了如何组合类或对象以获得更大的结构，如复杂的用户界面或报表数据。下面以描述桥接模式为例，对结构型模式做进一步的介绍。

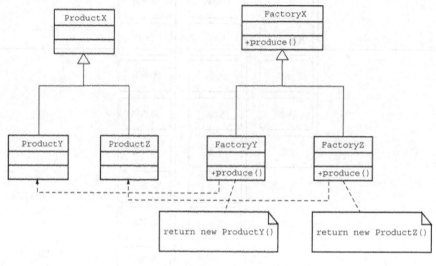

图B-3 工厂模式

B.1.2 桥接模式

模式名称：桥接模式。

问题：在软件中，有些类型可能存在多个维度的变化。为了降低变化的发生对软件的影响，可以使用桥接模式。

解决方案：将不变的内容框架用抽象类定义，将变化的内容用具体的子类分别实现。并且，将类的抽象与实现分离，从而使两端都可以独立变化。实际上，一个普通的控制多个电气设备的开关就是桥接的例子，如图 B-4 所示。开关可以是简单的拉链开关，也可以是调光开关。开关的实现，根据其控制的设备的不同也有所不同。由开关例子的桥接类图可以进一步抽象出表示桥接模式的示意图，如图 B-5 所示。Abstraction 相当于对某一概念的高级抽象，它包含对 Implementor 的引用。Implementor 是对上述概念及其实现方式的抽象。RefinedAbstraction 和 ConcreteImplementor 分别代表具体的概念及其实现方式。

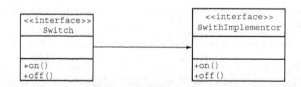

图B-4 开关的例子

效果：桥接模式最大的优点在于使抽象和实现可以独立地变化。如果软件系统需要在构件的抽象角色和实现角色之间增加更多的灵活性，那么可以使用该模式。

行为型模式定义了系统内对象间的通信，以及复杂程序中的流程控制。下面以描述策略模式为例，对行为型模式做进一步的介绍。

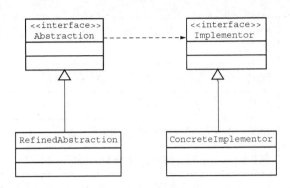

图B-5　桥接模式

B.1.3　策略模式

模式名称：策略模式。

问题：在软件中，多个算法之间通常具有相似性。它们的单独实现将增加代码的冗余度，增大系统的开销。

解决方案：把一系列的算法封装为具有共同接口的类，将算法的使用和算法本身分离，如图 B-6 所示。Context 表示算法使用的上下文环境，它含有对算法 Strategy 的引用。Strategy 抽象了所有具体策略，形成一个共同的接口。ConcreteStrategyX 和 ConcreteStrategyY 代表具体的算法实现。

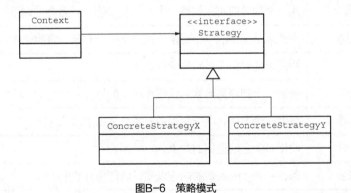

图B-6　策略模式

效果：策略模式降低了代码的耦合度，当软件的业务策略改变时，仅需要少量的修改即可。

B.1.4　其他模式

若想熟悉其他模式，请参见表 B-1，并且可阅读有关软件设计模式的图书。

表 B-1 设计模式的定义

分类	模式名称	定　义
创建型模式	工厂	提供一个简单的决策层，能够根据提供的数据返回抽象基类的多个子类中的一个
	抽象工厂	提供一个创建并返回一系列相关对象的接口
	构造器	将对象的构建与表示分离
	单件	在某个类只能有一个实例的前提下，提供一个访问该实例的全局访问点
	原型	先实例化一个类，然后通过该类来创建新的实例
结构型模式	适配器	可以将一个类的接口转换成另一个接口，从而使不相关的类在一个程序中一起工作
	桥接	将抽象部分和实现部分分离
	组合	对象的集合，可以构建部分-整体层次结构或构建数据的树形结构
	装饰	可以在不需要创建派生类的情况下改变单个对象的行为
	外观	可以将一系列复杂的类包装成一个简单的封闭接口，从而降低程序的复杂性
	享元	用于共享对象，其中的每个实例都不包含自己的状态，而是将状态存储在外部
	代理	用一个简单的对象代替一个比较复杂的、稍后会被调用的对象
行为型模式	责任链	把请求从链中的一个对象传递到下一个对象，直到请求被响应
	命令	用简单的对象表示软件命令的执行
	解释器	提供一个把语言元素包含在程序中的定义
	迭代器	提供一个顺序访问一个类中一系列数据的方式
	中介者	简化对象之间通信的对象
	备忘录	保存一个类的实例的内容以便日后能恢复它的方式
	观察者	可以把一种改动通知给多个对象
	状态	允许一个对象在其内部状态改变时修改它的行为
	策略	将算法封装到类中
	模板方法	提供算法的抽象定义
	访问者	在不改变类的前提下，为一个类添加多种操作

B.2 软件设计模式应用

【例 B-1】请举例阐述策略模式。

【解析】

在进行软件设计时，若对象的某个行为在不同场景中具有不同实现算法，可以采用策略模式。

例如，连接多个数据库时，需要涉及数据库的切换，即使用数据库操作这个行为，在不同场景下（不同数据库中）会存在多种实现算法，所以我们可以采用策略模式。

我们将创建一个定义数据库连接的策略接口（DBStrategy）和实现该策略接口的实体策略类。我们还将创建一个 Context 类，这是一个起承上启下作用的类，用数据库策略 DBStrategy 来配置，以维护对 DBStrategy 对象的引用。它屏蔽了高层模块对策略、算法的直接访问，封装了可能存在的变化。

类与类之间的关系如图 B-7 所示。

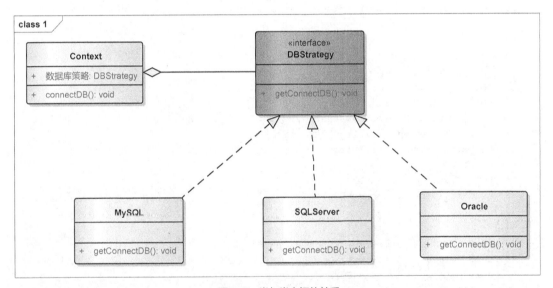

图B-7 类与类之间的关系

下面我们使用 Java 代码实现这一策略模式。

```
1.步骤1：创建一个接口
2.//DBStrategh.java
3.public interface DBStrategy{
4.    public void getConnectDB();
5.}
6.步骤2：创建实现接口的实体类
7.//MySQL.java
8.public class MySQL implements DBStrategy{
9.    @Override
10.    public void getConnectDB(){
11.        /*具体的数据库连接代码*/
12.        System.out.println("connect MySQL");
13.}
```

```
14.}
15.
16.//SQLServer.java
17.public class SQLServer implements DBStrategy{
18.    @Override
19.    public void getConnectDB(){
20.        /*具体的数据库连接代码*/
21.        System.out.println("connect SQLServer");
22.}
23.}
24.
25.//Oracle.java
26.public class Oracle implements DBStrategy{
27.    @Override
28.    public void getConnectDB(){
29.        /*具体的数据库连接代码*/
30.        System.out.println("connect Oracle");
31.}
32.}
33.
34.步骤 3：创建 Context 类
35.//Context.java
36.public class Context{
37.    private DBStrategy dbstrategy;
38.    public Context(Strategy strategy){
39.    this.strategy = strategy;
40.}
41.public void getConnectDB(){
42.    dbstrategy.getConnectDB();
43.}
44.}
45./*对以上的代码进行测试，可以编写如下的测试代码*/
46.public class StrategyTest {
47.public static void main(String[] args) {
48.    /**
49.    *策略模式实现对 MySQL 的连接操作
50.    **/
51.        Context MysqlContext = new Context(new MySQL());
52.    MysqlContext.getConnectDB();
53.    /**
54.    *策略模式实现对 SQL Server 的连接操作
55.    **/
56.    Context SQLServerContext = new Context(new SQLServer());
57.    SQLServerContext.getConnectDB();
58.    /**
59.    *策略模式实现对 Oracle 的连接操作
60.    **/
61.    Context OracleContext = new Context(new Oracle());
62.    OracleContext.getConnectDB();
63.}
64.}
```

这样，当创建的 Context 类的数据库策略 DBStrategy 发生改变时，就会动态地调用对应的实现算法。在需要连接使用不同数据库时，可向 Context 类传入不同的数据库策略，由 Context 类自动根据传入的数据库策略调用对应数据库的方法。当需要增加新的数据库时，也只需要新建类实现 DBStrategy 接口，因为代码的可扩展性较好。

通过这个例子我们可以看出，使用策略模式进行软件设计，可以增加代码的可扩展性，还避免了多重条件的判断，使代码更易维护。

【例 B-2】请用跨平台图像浏览系统阐述桥接模式。

【解析】

背景：某软件公司欲开发一个跨平台图像浏览系统，要求该系统能够显示 BMP、JPEG、GIF、PNG 等多种格式的文件，并且能够在 Windows、Linux、UNIX 等多个操作系统上运行。系统首先将各种格式的文件解析为像素矩阵，然后将像素矩阵显示在屏幕上，在不同的操作系统中可以调用不同的绘制函数来绘制像素矩阵。

如果采用多层继承结构，会导致系统中类的个数急剧增加，具体层的类的个数 = 所支持的图像文件格式数 × 所支持的操作系统数，而且系统扩展会变得很麻烦，无论是增加新的图像文件格式还是增加新的操作系统，都需要增加大量的具体类，这将导致系统变得非常庞大，增加运行和维护成本，如图 B-8 所示。

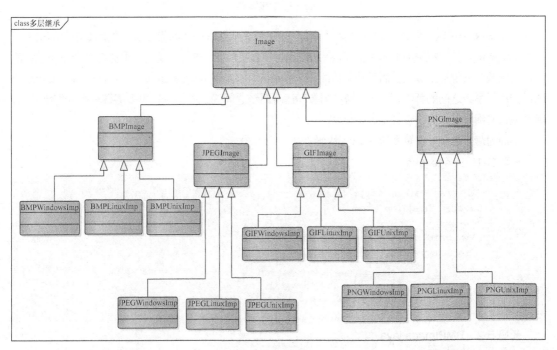

图B-8 多层继承

为了解决多层继承带来的问题，我们采用桥接的设计模式。桥接是指把抽象化与实现化解耦，使得二者可以独立变化，如图 B-9 所示。

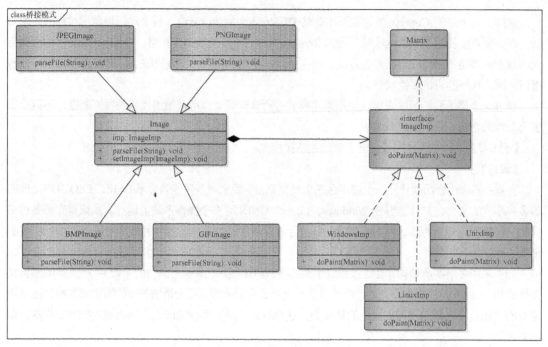

图B-9 桥接模式

从图 B-9 中可以看到，我们将"运行系统"这一概念从原本的类的第二层分类标准中分离出来，并用 ImageImp 这一顶层接口来表达"在××系统运行"这一功能。这样，我们不再让在某个系统运行的具体的图像类去继承上层类，而是让具体的"运行系统"去实现 ImageImp 接口。如此一来，就实现了图像和运行系统之间的解耦，即通过增加图像和运行系统之间的关联关系减少多层继承中的继承关系，降低系统的耦合度，实现设计上的优化。

下面为跨平台图像浏览系统的 Java 代码。

代码 B-1 Image.java

```java
//Image.java
public abstract class Image {
    protected ImageImp imp;

    public void setImageImp(ImageImp imp){
        this.imp=imp;
    }

    public abstract void parseFile(String fileName);
}
```

代码 B-2 BMPImage.java

```java
//BMPImage.java
public class BMPImage extends Image{

    @Override
    public void parseFile(String fileName){
        Matrix m = new Matrix();
        imp.doPaint(m);
        System.out.println("解析格式为 BMP");
```

```
    }

}
```

代码 B-3 GIFImage.java

```java
//GIFImage.java
public class GIFImage extends Image{

    @Override
    public void parseFile(String fileName){
        Matrix m = new Matrix();
        imp.doPaint(m);
        System.out.println("解析格式为GIF");
    }

}
```

代码 B-4 JPEGImage.java

```java
//JPEGImage.java
public class JPEGImage extends Image{

    @Override
    public void parseFile(String fileName){
        Matrix m = new Matrix();
        imp.doPaint(m);
        System.out.println("解析格式为JPEG");
    }

}
```

代码 B-5 PNGImage.java

```java
//PNGImage.java
public class PNGImage extends Image{

    @Override
    public void parseFile(String fileName){
        Matrix m = new Matrix();
        imp.doPaint(m);
        System.out.println("解析格式为PNG");
    }

}
```

代码 B-6 ImageImp.java

```java
//ImageImp.java
public interface ImageImp {
    public void doPaint(Matrix m);
}
```

代码 B-7 LinuxImp.java

```java
//LinuxImp.java
public class LinuxImp implements ImageImp{
    public void doPaint(Matrix m){
        System.out.println("在Linux中显示");
    }
}
```

代码 B-8　UnixImp.java

```
//UnixImp.java
public class UnixImp implements ImageImp{
    public void doPaint(Matrix m){
        System.out.println("在 Unix 中显示");
    }
}
```

代码 B-9　WindowsImp.java

```
//WindowsImp.java
public class WindowsImp implements ImageImp{
    public void doPaint(Matrix m){
        System.out.println("在 Windows 中显示");
    }
}
```

附录C 本书二维码索引列表

表 C-1　本书视频二维码索引列表

序号	视频内容标题	视频二维码位置
1	Rational Rose 的安装与使用	2.5 UML 建模工具
2	Enterprise Architect 的安装与使用	2.5 UML 建模工具
3	Rational Software Architect 的安装与使用	2.5 UML 建模工具
4	StarUML 的安装与使用	2.5 UML 建模工具
5	ProcessOn 的安装与使用	2.5 UML 建模工具
6	绘制机票预订系统的用例图	5.7.2 绘制机票预订系统的用例图
7	使用 Rose 实现类图的正向工程	6.4.2 正向工程与逆向工程
8	使用 Rose 实现类图的逆向工程	6.4.2 正向工程与逆向工程
9	使用 Rose 绘制机票预订系统的类图	6.5.2 绘制机票预订系统的类图
10	使用 Rose 绘制机票预订系统的对象图	6.5.2 绘制机票预订系统的类图
11	绘制机票预订系统的包图	7.5.2 绘制机票预订系统的包图
12	绘制机票预订系统中"登录"用例的顺序图	8.6.2 绘制机票预订系统"登录"用例的顺序图
13	绘制机票预订系统中其他用例的顺序图	8.6.2 绘制机票预订系统"登录"用例的顺序图
14	使用 Rose 绘制机票预订系统中"查询航班信息"用例的协作图	9.6.2 绘制机票预订系统中"查询航班信息"用例的协作图
15	使用 Rose 绘制机票预订系统中其他用例的协作图	9.6.2 绘制机票预订系统中"查询航班信息"用例的协作图
16	使用 Rose 绘制机票预订系统中"航班"类的状态图	10.5.2 绘制机票预订系统中"航班"类的状态图

续表

序号	视频内容标题	视频二维码位置
17	使用 Rose 绘制机票预订系统中其他类的状态图	10.5.2 绘制机票预订系统中"航班"类的状态图
18	使用 Rose 绘制机票预订系统中"购买机票"用例的活动图	11.6.2 绘制机票预订系统中"购买机票"用例的活动图
19	使用 Rose 绘制机票预订系统中其他用例的活动图	11.6.2 绘制机票预订系统中"购买机票"用例的活动图
20	使用 Rose 绘制机票预订系统的组件图	12.4.2 绘制机票预订系统的组件图
21	使用 Rose 绘制机票预订系统的部署图	13.4.2 绘制机票预订系统的部署图
22	小型网上书店系统的完整开发过程	15.1 需求分析
23	小型二手货交易系统的完整开发过程	16.1 需求分析
24	汽车服务管理系统的完整开发过程	17.1 需求分析
25	机票预订系统的开发过程	附录 A 附加案例
26	青年租房管理系统的开发过程	附录 A 附加案例

表 C-2　本书附加开发文档及代码的二维码索引列表

序号	文档及代码内容标题	文档及代码二维码位置
1	小型网上书店系统的开发文档	15.1 需求分析
2	小型二手货交易系统的开发文档	16.1 需求分析
3	汽车服务管理系统的开发文档	17.1 需求分析
4	机票预订系统的开发文档	附录 A 附加案例
5	青年租房管理系统的开发文档	附录 A 附加案例

参考文献

[1] RUMBAUGH J, JACOBSON I, BOOCH G. UML 参考手册[M]. 2 版. UML China, 译. 北京: 机械工业出版社, 2001.

[2] RUMBAUGH J, JACOBSON I, BOOCH G. The Unified Modeling Language User Guide[M]. Boston: Addison-wesley Publishing Company, 2001.

[3] JACOBSON I, BOOCH G, RUMBAUGH J. 统一软件开发过程[M]. 周伯生, 译. 北京: 机械工业出版社, 2002.

[4] ROSENBERG D, SCOTT K. 用 UML 进行用况对象建模[M]. 北京: 科学出版社, 2003.

[5] 余永红, 陈晓玲. UML 建模语言及其开发工具 Rose[M]. 北京: 中国铁道出版社, 2011.

[6] PENDER T. UML 宝典[M]. 耿国桐, 史立奇, 叶卓映, 等译. 北京: 电子工业出版社, 2004.

[7] BOGGS W, Michael BOGGS M. UML 与 Rational Rose 2002 从入门到精通[M]. 邱仲潘, 译.北京: 电子工业出版社, 2002.

[8] PILONE D, Neil PITMAN N. UML 2.0 技术手册[M]. 南京: 东南大学出版社, 2006.

[9] 吕云翔. 软件工程实用教程[M]. 北京: 清华大学出版社, 2015.

[10] 谭火彬. UML 2 面向对象分析与设计[M]. 北京: 清华大学出版社, 2013.

[11] ARLOW J, Ila NEUSTADT I. UML 和统一过程[M]. 方贵宾, 李侃, 张罡, 译. 北京: 机械工业出版社, 2003.

[12] WHITTEN J L, BENTLEY L D. 系统分析与设计方法[M]. 7 版. 肖刚, 孙慧, 译. 北京: 机械工业出版社, 2012.

[13] 谢星星. UML 基础与 Rose 建模实用教程[M]. 北京: 清华大学出版社, 2011.

[14] BLAHA M, RUMBAUG J. UML 面向对象建模与设计[M]. 2 版. 车皓阳, 杨眉, 译. 北京: 人民邮电出版社, 2006.

[15] SCHMULLER J. UML 基础、案例与应用[M]. 李虎, 王美英, 万里威, 译. 北京: 人民邮电出版社, 2002.

[16] ALHIR S S. UML 技术手册[M]. 常晓波, 译. 北京: 中国电力出版社, 2002.

[17] 吕云翔, 赵天宇, 丛硕. UML 与 Rose 建模实用教程[M]. 北京: 人民邮电出版社, 2016.

[18] BOOCH G, RUMBAUGH J, JACOBSON I. UML 用户指南[M]. 2 版. 邵维忠, 麻志毅, 马浩海, 等译. 北京: 人民邮电出版社, 2021.

[19] 薛均晓, 石磊. UML 面向对象设计与分析教程[M]. 北京: 清华大学出版社, 2021.

[20] 胡荷芬, 曹德胜, 陈如意, 等. UML 系统建模基础教程[M]. 3 版. 北京: 清华大学出版社, 2021.

[21] LARMAN C. UML 和模式应用[M]. 3 版. 李洋, 郑奕, 等译. 北京: 机械工业出版社, 2022.

[22] 薛均晓, 石磊, 李庆兵. UML 面向对象设计与分析教程[M]. 2 版. 北京: 清华大学出版社, 2024.